千華數位文化
Chien Hua Learning Resources Network

考前充分準備 臨場沉穩作答

千華公職資訊網
http://www.chienhua.com.tw
每日即時考情資訊 網路書店購書不出門

千華公職證照粉絲團 f
https://www.facebook.com/chienhuafan
優惠活動搶先曝光

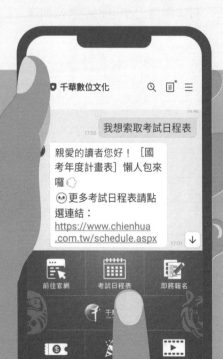

千華 Line@ 專人諮詢服務

☑ 有疑問想要諮詢嗎？
歡迎加入千華 LINE @！

☑ 無論是考試日期、教材推薦、
勘誤問題等，都能得到滿意的服務。

☑ 我們提供專人諮詢互動，
更能時時掌握考訊及優惠活動！

千華數位文化
Chien Hua Learning Resources Network

數學(C)工職 完全攻略 4G051121

作為108課綱數學(C)考試準備的書籍，本書不做長篇大論，而是以條列核心概念為主軸，書中提到的每一個公式，都是考試必定會考到的要點，完全站在考生立場，即使對數學一竅不通，也能輕鬆讀懂，縮短準備考試的時間。書中收錄了大量的範例與習題，做為閱讀完課文後的課後練習，題型靈活多變，貼近「生活化、情境化」，試題解析也不是單純的提供答案，而是搭配了大量的圖表作為輔助，一步步地推導過程，說明破題的方向，讓對數學苦惱的人也能夠領悟關鍵秘訣。

數位邏輯設計 完全攻略 4G321121

108新課綱強調實際應用的理解，這個特點在「數位邏輯設計」這項科目更顯重要。因此作者結合教學的實務經驗，搭配大量的邏輯電路圖，保證課文清晰易懂，以易於理解的方式仔細說明。各章一定要掌握的核心概念特別以藍色字體標出，加深記憶點，並搭配豐富題型作為練習，讓學生完整的學習到考試重點的相關知識。本書跳脫制式傳統，貼近實務應用，不只在考試中能拿到高分，日後職場上使用也絕對沒問題！

電機與電子群

共同科目

4G011121	國文完全攻略	李宜藍
4G021121	英文完全攻略	劉似蓉
4G051121	數學(C)工職完全攻略	高偉欽

專業科目

電機類	4G211121	基本電學(含實習)完全攻略	陸冠奇
	4G221121	電子學(含實習)完全攻略	陸冠奇
	4G231111	電工機械(含實習)完全攻略	鄭祥瑞、程昊
資電類	4G211121	基本電學(含實習)完全攻略	陸冠奇
	4G221121	電子學(含實習)完全攻略	陸冠奇
	4G321121	數位邏輯設計完全攻略	李俊毅
	4G331111	程式設計實習完全攻略	劉焱

了解教材

目 次

第一章　數位邏輯基本概念

第二章　基本邏輯閘

第七章　正反器

第八章　循序邏輯電路設計及應用

第九章　全真模擬試題

再版核心與本書特色

根據108課綱（教育部107年4月16日發布的「十二年國民基本教育課程綱要」）以及技專校院招生策略委員會107年12月公告的「四技二專統一入學測驗命題範圍調整論述說明」，本書改版調整，以期學生們能「結合探究思考、實務操作及運用」，培養核心能力。

隨著科技不斷的進步，電腦也越來越厲害，而電腦處理工作的時候，實際上是將外界的資訊以數位化的方式來處理。此外，越來越多數位化的產品出現，像是數位相機，數位MP3隨身聽，手機等東西，這些身邊隨處可見的產品絕大部分都是藉由數位化方式來處理，因此數位邏輯已經變成是電子系、資訊系、電機系、控制系等科系不得不學的一個重要科目。

本書特別為參加統測的同學設計一連串深入簡出、循序漸進的章節，如能詳讀本書，必能深入了解數位邏輯的世界，並在考試的時候掌握題目的重心，迅速解題獲得高分。

此外，因為在108課綱之中，數位邏輯設計可配合「可程式邏輯設計實習」進行觀察或驗證，為幫助熟悉課程知識與提升學習成效，本書也收錄了相關內容，希望閱讀本書的同學，除了能在升學考試方面得到助益，打好在數位世界中的基礎，也能夠提升對數位邏輯的興趣，以良好的心態應對後面像是微處理機、程式設計實習等相關科目。

本書的特色在於每一章節均有基本概念及例題以供參考練習，且在每個章節後面都有附上精選試題以供練習。第九章有全真模擬試題讓考生在讀完每一個章節之後可以藉由題目再重新複習內容，所以務必要將每一個題目再三練習，相信對考試會有十足的把握。

高分準備秘笈

數位邏輯設計是一個範圍很廣泛的科目，考試出題可以很簡單也可以很難，可以很理論也可以很應用化，因此想要在數位邏輯設計這科中拿到高分，就必須隨著本書的章節循序漸進的打好基礎才行。面對越後面的章節，只要之前的觀念沒有建立起來，很有可能在研讀的時候沒辦法讀懂，這時候需要多翻書多參考，才能融會貫通。

數位邏輯設計中特別重要的就當屬布林代數如何利用邏輯電路實現，當然考試中最需要融會貫通也就是這一點，為了要徹底了解這點就必須熟讀布林代數的特性、定理，懂得利用定理來達到化簡、運算，進而設計組合邏輯電路，這種一貫性是考試最常考的，也是整個數位邏輯的重點，一旦建立起數位邏輯的觀念，相信這個學科會是很有趣的一個科目。

數位邏輯設計有時候會跟電子學結合，將現實生活中的IC或是電晶體與數位邏輯設計結合，雖然在這門課程中我們大部分不會太深入的探討電晶體的物理特性，但是了解這些物理特性對理解數位邏輯設計會有很大的幫助，也可以對於考試題目中的題目有更深入的理解。

此外，勤練題目也是數位邏輯設計要考高分的一個重點，藉由不斷的練習題目可以將很多觀念熟記在腦海中，也能知道各種觀念的應用。數位邏輯設計說白了就只有0與1，不像數學中還有對數、根號、複數等艱難的運算，所以只要能夠讀懂觀念，知道應用，並勤練考題，相信考場上的贏家必會是讀者莫屬。

高分準備方向

想要考高分，必須注意幾個大方向：

一、二進位制系統，編碼方式

在數位邏輯中都是利用0與1來做訊號的處理與數字上的運算，由於機器只懂得0與1，該如何將機器的資料與人看得懂的資料來做連接就必須靠編碼系統來達成。

二、基本邏輯閘

為了要實現數位邏輯的功能必須使用到基本邏輯閘，而基本邏輯閘必須熟練到像是九九乘法表一樣的自然。

三、布林代數

布林代數在數位邏輯佔了相當大的份量，所以有關布林代數的特性、定理及簡化方式都一定要牢牢的熟記。

四、組合邏輯

經由種種的運算之後，最終就是要利用電路來實現我們所需要的功能，因此組合邏輯也是重點之一。

五、循序邏輯

除了組合邏輯之外，循序邏輯更是整合了數位邏輯中所有的觀念，所以將數位邏輯的觀念統整之後，相信循序邏輯也是非常有趣的一個章節。

中英名詞對照表

英文名詞	中文翻譯
ADC（Analog Digital Converter）	類比數位轉換器
DAC（Digital Analog Converter）	數位類比轉換器
rise time	脈波上升時間
fall time	脈波下降時間
pulse width	脈波寬度
SSI（Small Scale IC）	小型積體電路
MSI（Medium Scale IC）	中型積體電路
LSI（Large Scale IC）	大型積體電路
VLSI（Very Large Scale IC）	超大型積體電路
ULSI（Ultra Large Scale IC）	極大型積體電路
MSD	最高的權位（十進位）
MSB	最高的權位（二進位）
LSD	最低的權位（十進位）
LSB	最低的權位（二進位）
Decimal	十進位制
binary system	二進制的系統
Octal	八進位
Hexadecimal	十六進位

英文名詞	中文翻譯
Binary Code Decimal	二進碼十進制BCD碼
Excess-3 Code	加三碼
Gray Code	格雷碼
American Standard Code for Information Interchange Code	ASCII碼
Hamming Code	漢明碼
NOT gate	反相閘
OR gate	或閘
AND gate	及閘
NOR gate	反或閘
NAND gate	反及閘
XOR gate	互斥或閘
XNOR gate	反互斥或閘
Buffer	緩衝器
Tri-state	三態閘
Transmission Gate	傳輸閘
noise margin	雜訊邊限
Fan out	扇出數
Diode Logic, DL	二極體邏輯
Transistor Logic, TL	電晶體邏輯

英文名詞	中文翻譯
Direct Coupled Transistor Logic, DCTL	直接耦合電晶體邏輯
Resistor Transistor Logic, RTL	電阻電晶體邏輯
Resistor Capacitor Transistor Logic,RCTL	電阻電容電晶體邏輯
Diode Transistor Logic, DTL	二極體電晶體邏輯
High-Threshold Logic, HTL	高臨界電晶體邏輯
Transistor Transistor Logic, TTL	電晶體電晶體邏輯
Emitter Coupled Logic, ECL	射極耦合邏輯
Metal Oxide Semiconductor Logic,MOS	金屬氧化物半導體邏輯
Complementary Metal Oxide Semiconductor Logic, CMOS	互補式金屬氧化物半導體邏輯
Totem-pole	圖騰柱輸出
Open-collector	集極開路式
Boolean Algebra	布林代數
De Morgan's Laws	笛摩根定律
Sum Of Product	積項之和SOP
Product Of Sum	和項之積POS
Half Adder, HF	半加器
Full Adder, FA	全加器
Parallel Adder	並加器
Half Subtractor, HS	半減器

英文名詞	中文翻譯
Full Subtractor, FS	全減器
Decoder	解碼器
7 segment display	7段顯示器
Encoder	編碼器
Multiplexer, MUX	多工器
Demultiplexer, DeMUX	解多工器
Read Only Memory, ROM	唯讀記憶體
Mask ROM	光罩式ROM
Programmable ROM, PROM	可規劃的ROM
Erasable PROM, EPROM	可抹除規劃的ROM
Electrically EPROM, EEPROM	電子抹除可規劃的ROM
Flash ROM	快閃記憶體
Programmable Array Logic, PAL	可程式化邏輯陣列
Programmable Logic Device, PLD	可程式化邏輯裝置
Field Programmable Gate Array, FPGA	可程式化邏輯閘陣列
Flip Flop, FF	正反器

第一章 數位邏輯基本概念

課前導讀

本章重要性 ★★

1.比較數位與類比的差異及在訊號與系統上的各種優缺點。2.邏輯準位的判別、計算，與各參數所代表的物理意義。3.各種邏輯IC封裝方式。數位邏輯在電子電路中分別用0（低電壓）與1（高電壓）代表，電子工程師利用這種觀念來設計各式各樣不同功能的電路。

重點整理

1-1 數量表示法

數量的表示法可分為類比表示法和數位表示法。
1. 類比（Analog）表示法：
   (1) 又稱為「連續性變化的表示法」。
   (2) 數量都是連續性的，中間並沒有任何的間斷。
   (3) 無法很精確的用數字表示出來，一般可用指針來表示。
   (4) 例如：汽車的速度表、水銀溫度計。
2. 數位（Digital）表示法：
   (1) 又稱為「間斷性變化的表示法」。
   (2) 數量都是非連續性的、一個位階一個位階的。
   (3) 可用數字精確的表現出來，所以可以更方便的去計算或是記錄數量。
   (4) 例如日曆、電子鐘。

1-2 數位系統及類比系統

1. 類比信號：
   (1) 為「連續性的信號」。
   (2) 例如：自然界中的信號（聲音、溫度…等）幾乎都是類比信號、正弦波。
   (3) 特點：容易受雜訊干擾而失真、不易控制、不易儲存及還原。

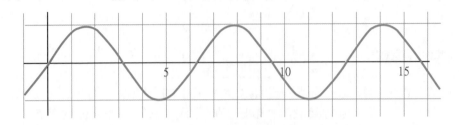

圖1-1　正弦波

2. 數位信號：
   (1) 為「非連續性的信號」。
   (2) 有明顯的階段性的分別。
   (3) 例如：電子電路中常出現的脈波（pulse）信號，**通常這類信號會有高電位以及低電位之分**，用來區分明顯的位階。
   (4) 特點：不易受雜訊干擾、傳送速度快、可程式控制、容易儲存及還原。

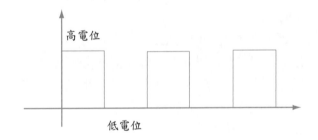

圖1-2　脈波圖

3. 類比系統：
   (1) 用來處理類比信號的系統。
   (2) 例如：類比放大器、水銀溫度計、指針式三用電表、指針式體重計。
4. 數位系統：
   (1) 用來處理數位信號的系統。
   (2) 例如：數位式三用電表、數位式溫度計、開關電路、電腦。
5. 混合系統：
   (1) 類比系統與數位系統同時存在於一個混合的電路系統中。
   (2) 例如：數位音波放大器，一開始先將外界的聲音信號經過取樣電路取樣成電壓的大小，再經過ADC（analog-to-digital converter類比數位轉換器）電路轉換成數位信號以方便做處理，處理完了之後再利

用DAC（digital-to-analog converter數位類比轉換器）電路轉換成聲音播放出來。

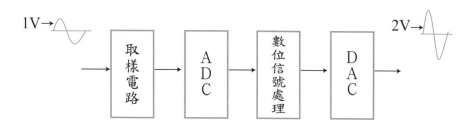

圖1-3　混合系統

6. 類比系統與數位系統的比較：
   (1) 數位系統運算較類比系統精準。
   (2) 數位系統較類比系統不容易受雜訊干擾。
   (3) 數位系統較類比系統容易儲存資料。
   (4) 數位信號較類比信號容易處理。

例 題

(　)　**1**　類比訊號經過何種電路轉成數位訊號？　(A)ADI　(B)CAD (C)DAC　(D)ADC。

(　)　**2**　下列何者非數位系統優於類比系統的優點？　(A)容易處理 (B)不易受雜訊干擾　(C)容易儲存　(D)運算不準確。

解答：**1 (D)**　　　　**2 (D)**
解題技巧：類比為連續性；數位為非連續性。

1-3　邏輯準位及二進位表示法

1. 邏輯準位：
   (1) 正邏輯：高電位以「H」或「1」表示，低電位以「L」或「0」表示。一般情況如無特別說明，則表示使用正邏輯。
   (2) 負邏輯高電位以「L」或「0」表示，低電位以「H」或「1」表示。

2. 脈波準位：

(1) 數位電路中的電壓準位只有高電位與低電位兩種狀態，若此兩種狀態交替出現，稱為脈波（pulse）。

(2) 正緣：脈波信號中，由低電位「0」轉變為高電位「1」時稱為正緣或前緣，一般以「↑」表示。

(3) 負緣：脈波信號中，由高電位「1」轉變為低電位「0」時稱為負緣或後緣，一般以「↓」表示。

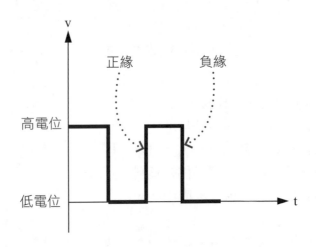

圖1-4　理想脈波

3. 實際脈波

(1) 上升時間（rise time，簡稱t_r）：由脈波振幅的10%處上升到90%處所需的時間。

(2) 下降時間（fall time，簡稱t_f）：由脈波振幅的90%處下降到10%處所需的時間。

(3) 脈波寬度（pulse width，簡稱t_w）：由脈波正緣振幅的50%處到負緣振幅50%處所需的時間。

(4) 工作週期（duty cycle，簡稱T_c）：假設整個脈波時間為T，則工作週期$T_c = \dfrac{t_w}{T} \times 100\%$。

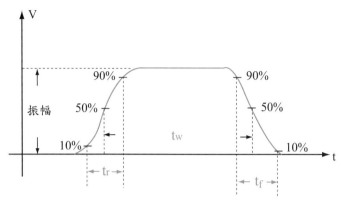

圖1-5　實際脈波

例 題

(　　) **3** 由振幅90%下降至振幅10%所需的時間稱　(A)上升時間 (B)下降時間　(C)延遲時間　(D)處理時間。

解答：**3 (B)**

解題技巧：熟記脈波圖形。

4. 二進位（binary)表示法：

(1) 僅有「1」與「0」兩種狀態，其中「1」代表高電位，「0」代表低電位。

(2) 以2為基底，逢2就進位。

(3) 如範例，右下角(2)或(B)表示為二進位制。

(4) 範例：$101.01_{(2)} = 101.01_{(B)} = 1 \times 2^2 + 0 \times 2^1 + 1 \times 2^0 + 0 \times 2^{-1} + 1 \times 2^{-2} = 5.25_{(10)}$。

最左邊的1為最高權位，稱為MSB（most significant bit）；最右邊的1為最低權位，稱為LSB（least significant bit）。

表1-1　二進位表示法的權位

權位	⋯	2^2	2^1	2^0	.	2^{-1}	2^{-2}	⋯
數值	⋯	1	0	1	.	0	1	⋯

例題 ⬇

(　　) **4** $(111)_2=$　(A)$111_{(10)}$　(B)$(111)_{10}$　(C)$111_{(D)}$　(D)$111_{(B)}$

解答：**4 (D)**。二進位可以$(111)2 = 111(2) = 111(B)$，故選(D)。

1-4　數位積體電路簡介

1. 積體電路：

電子元件由早期的真空管、電晶體，一直發展到現在常見的**積體電路**（Integrated Circuit 簡稱IC），而積體電路隨著技術的演進，其內含的邏輯閘也越來越多，功能越來越複雜，因此有以下的分類。

(1) SSI（Small Scale IC）小型積體電路：IC內含的**邏輯閘在12個以下**，如基本邏輯閘、正反器。

(2) MSI（Medium Scale IC）中型積體電路：IC內含**邏輯閘介於12個至100個之間**，如編碼器、多工器、計數器。

(3) LSI（Large Scale IC）大型積體電路：IC內含**邏輯閘介於100個至1000個之間**，如早期的RAM、ROM。

(4) VLSI（Very Large Scale IC）超大型積體電路：IC內含**邏輯閘1000個至10000**，如16 bit CPU。

(5) ULSI（Ultra Large Scale IC）極大型積體電路：IC內含**邏輯閘10000個以上**，如目前市面上個人電腦中的CPU。

例題 ⬇

(　　) **5** 某個IC內含20個NAND基本邏輯閘，則該IC屬於
　　　　(A)SSI　(B)MSI　(C)LSI　(D)VLSI。

(　　) **6** 如果你想買一顆Intel P4 2.8GHz的CPU，則該CPU屬於
　　　　(A)SSI　(B)LSI　(C)VLSI　(D)ULSI。

解答：**5 (B)**

　　　6 (D)。目前市面上Intel P4以上的CPU所含之邏輯閘10000個以上，故為ULSI。

2. 數位積體電路的優點：

相較於傳統的電子電路而言，數位積體電路擁有以下優點：

(1) 體積小：由於利用邏輯閘來設計功能，使得電路體積得以縮小。

(2) 穩定性高：因為電路性能較可靠，因此故障率低。

(3) 成本低：積體電路較電晶體式的電路價格便宜。

(4) 耗電量少：消耗功率以毫瓦特（mW）計算。

(5) 可高速工作：其延遲時間可以小至以奈秒（nS）為單位。

例題 ⬇

(　　) **7** 下列何者不是數位積體電路的優點？

(A)體積大　(B)成本低　(C)耗電量少　(D)穩定性高。

解答：**7(A)**

---

3. IC的封裝方式

	圖片	特性
DIP (Dual In-line Package) 包裝	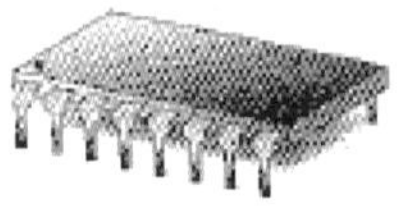	兩排接腳並列的包裝，IC的凹槽為第一隻接腳的地方
SOP (Small Outline Package) 包裝		此種接腳方式相較於DIP方式，印刷電路板上的面積可減少50%以上
PGA (Pin Grid Arrays Package) 包裝		接腳排列方式為矩陣式排列，會在IC背面標示第一隻腳的位置

圖片	特性
SPGA (Staggered Pin Grid Arrays Package) 包裝 	接腳排列方式為矩陣式，插空隙的方式，會在IC背面標示第一隻腳的位置
QFP (Quad Flat Package) 包裝 	類似正方形，四面皆有接腳
BGA (Ball Grid Arrays Package) 包裝 	常用於接腳多的VLSI元件，將PGA的針腳改為錫球接點
SBGA (Staggered Ball Grid Arrays Package) 包裝 	將SPGA的針腳改為錫球接點

例題 ⬇

(　　) **8** SOP的包裝方式可比DIP的包裝方式減少印刷電路板上的面積多少以上？　(A)5%　(B)10%　(C)25%　(D)50%。

(　　) **9** 當接腳很多的VLSI元件時，通常會選用那種IC包裝方式？　(A)DIP包裝　(B)SOP包裝　(C)QFP包裝　(D)BGA包裝。

解答：**8 (D)**
　　　9 (D)。BGA包裝常用於接腳多的VLSI元件。

1-5 工廠安全及衛生

1. CPR之重要步驟：簡稱為「叫、叫、C、A、B」。

   (1) 叫（檢查意識）：拍打病患之肩部，以確定傷患有無意識。

   (2) 叫（求救）：確定沒有意識，趕快找人幫忙，打119。

   (3) C（compression）：胸部按壓。若患者無脈搏無呼吸，則施行胸外按摩，量出正確的按壓位置。（手掌在劍突2指幅以上，胸骨下三分之一處），每分鐘至少按壓100次，下壓深度4~5公分。**口訣：用力壓、快快壓、胸回彈、莫中斷。**

   (4) A（airway）：暢通呼吸道，壓額抬下巴。

   (5) B（breathing）：檢查呼吸。看胸部有無起伏，以耳朵貼近口鼻，聽有無呼吸聲，以臉頰感覺有無出氣，如此五秒鐘：如果沒有呼吸，壓前額的手移來捏住患者的鼻子，並打開其嘴巴，以口對口慢吹兩大口氣，同時看患者胸部有無起伏，用食指及中指找到頸部中央位置喉嚨處，沿著己側下滑1.5~2公分處，微壓以感覺是否有脈搏。若有則持續進行口對口人工呼吸，對成人來講**每口氣之時間約為1.5秒至2秒，一分鐘吹10~12次。**

例題

( ) **10** 在急救的時候，下列那一種人工呼吸法最有用？ (A)仰式人工呼吸 (B)俯式人工呼吸 (C)口對口人工呼吸 (D)側式人工呼吸。

( ) **11** 當實施口對口人工呼吸的時候，每分鐘大概要實施 (A)15~20次 (B)10~12次 (C)50~60次 (D)60~70次。

( ) **12** 當施行胸外按摩時，應向下按壓約幾公分？ (A)0~1公分 (B)1~3公分 (C)4~5公分 (D)盡全力壓多深就多深。

解答：**10** (C)　　　**11** (B)　　　**12** (C)

解題技巧：CPR→叫叫CAB。

2. 消防安全：

火災的類型，大致可分為以下四種：

(1) A（甲）類火災：**普通火災**，普通可燃物如木製品、紙纖維、棉、布、合成只樹脂、橡膠、塑膠等發生之火災。**可利用泡沫滅火器、乾粉滅火器滅火。**

(2) B（乙）類火災：**油類火災**，可燃物液體如石油、或可燃性氣體如乙烷氣、乙炔氣、或可燃性油脂如塗料等發生之火災。**可利用泡沫滅火器、二氧化碳滅火器、乾粉滅火器滅火。**

(3) C（丙）類火災：**電氣火災**，涉及通電中之電氣設備，如電器、變壓器、電線、配電盤等引起之火災。**可利用二氧化碳滅火器、乾粉滅火器滅火。**

(4) D（丁）類火災：**金屬火災**，活性金屬如鎂、鉀、鋰、鋯、鈦等或其他禁水性物質燃燒引起之火災。**可利用乾粉滅火器滅火。**

例題 ⬇

(　) **13** 當我們使用泡沫式滅火器時，可以判斷此火災必不為下列那一種類型的火災？　(A)C類　(B)B類　(C)A類　(D)AB類。

(　) **14** 滅火器懸掛的位置應該要位於　(A)隱密的地方　(B)比身高還高　(C)放置於大樓外面　(D)約為腰部的位置。

(　) **15** 下列那種滅火器是A，B，C，D類型的火災皆適用？　(A)二氧化碳滅火器　(B)乾粉滅火器　(C)泡沫滅火器　(D)水滅火器。

解答：**13 (A)**。C類火災不能使用可導電的泡沫滅火器，必須將電源切斷後才可使用。

14 (D)。滅火器懸掛的位置應該要位於約為腰部的位置以方便火災發生時拿取使用。

15 (B)。乾粉滅火器適用於四種類別的火災使用。

解題技巧：火災為A普B油C電D金。

1-6　可程式邏輯裝置的認識

可程式邏輯裝置（programmable logic）是一種中大型的數位積體電路，可以讓使用者自行透過圖形輸入法或硬體描述語言（hardware description language，簡稱HDL）設計其邏輯功能。

1. 優點：
   (1) 彈性佳：使用者可自行設計邏輯功能。
   (2) 時效性高：可透過軟體及時模擬驗證設計的正確性，因此可縮短產品開發時間。
   (3) 容量高：可容納大量元件數，所以可以降低IC使用的個數與印刷電路板的面積，以節省成本。
   (4) 可靠度高：由於印刷電路板的面積降低且電路設計簡化，故可靠度提高。
   (5) 速度快：電路的包裝密度高，雜散電容小，所以可以在更高頻率下工作。
   (6) 保密性高：內部有保密性保險絲，可以防止產品被仿冒。
   (7) 容易設計與修改：可以透過硬體描述語言設計其邏輯功能，而且可重複修改，所以容易設計與修改。

2. 可程式邏輯的區分：
   (1) 可程式邏輯裝置（programmable logic devices，簡稱PLD）
      i.　簡易型PLD（simple PLD，簡稱SPLD）
      ii.　複雜型PLD（complex PLD，簡稱CPLE）
   (2) 現場可程式閘陣列（field-programmbale gate array，簡稱FPGA）

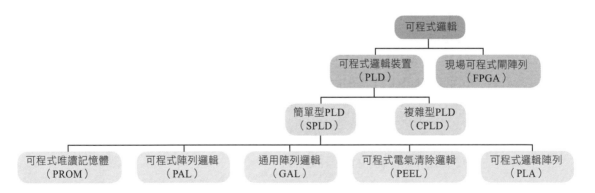

圖1-6　可程式邏輯分類

精選試題

模擬演練

(　) **1** 下列何者**非**數位系統的優點？
(A)運算不準確　　　　　　　(B)容易處理
(C)不易受雜訊干擾　　　　　(D)容易儲存。

(　) **2** 數位訊號處理的縮寫為
(A)ADC　(B)CAD　(C)DAC　(D)DSP。

(　) **3** 下列何者電壓**不**視為低電位
(A)0　(B)V_L　(C)V_{cc}　(D)$V<V_{L(max)}$。

(　) **4** 脈波寬度是指振幅的多少開始算起
(A)20%　(B)40%　(C)50%　(D)60%。

(　) **5** 若有顆IC內含15個NAND閘，15個NOR閘，則此IC為
(A)SSI　(B)MSI　(C)LSI　(D)VLSI。

(　) **6** 下列何者電壓**不**視為邏輯0
(A)0　(B)V_L　(C)V_{cc}　(D)$V<V_{L(max)}$。

歷屆考題

(　) **1** 積體電路中，依邏輯閘數據之多寡分類，且由多到少排序，何者正確？
(A)SSI>MSI>LSI>VLSI>　　(B)VLSI>ULSI>LSI>MSI
(C)ULSI>VLSI>SSI>LSI　　(D)ULSI>VLSI>MSI>SSI。

(　) **2** 下列何者為數位信號？
(A)方波信號　　(B)三角波信號
(C)正弦波信號　(D)斜波信號。

(　) **3** 有關CD4011邏輯IC之敘述，下列何者正確？
(A)為一種TTL邏輯IC　　　(B)為一種CMOS邏輯IC
(C)為一種MSI邏輯IC　　　(D)為一種LSI邏輯IC。

第二章　基本邏輯閘

課前導讀　　　　　　　　　　　　　　　　　本章重要性 ★★★

在實際電路或是IC中，利用最基本的七種邏輯閘去組成，因此**必須要熟記所有邏輯閘的功能**。課文會搭配電子學中的一些基本概念，主要就是TTL與CMOS IC之間的差異與各別的特性。而實驗儀器的使用則是以示波器最為重要。

重點整理

2-1　反閘

1. 反閘（NOT gate）的特性與符號
   (1) 通常都以NOT來稱呼，也可以稱為反相器（inverter），符號如圖 2-1。
   (2) 輸出和輸入的狀態相反。
   (3) 單端輸入單端輸出。

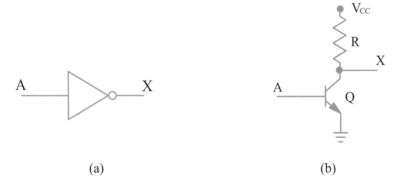

(a)　　　　　　　　　　　　　(b)

圖2-1　(a)反閘符號；(b)反閘電晶體電路

2. 反閘的真值表

真值表是一種將所有輸入與輸出的狀態陳列出來，幫助我們了解邏輯電路的表格，假設有n個輸入，就會有 2^n 種狀態。

反閘的真值表可以寫成：

A	X
0	1
1	0

布林代數中，NOT的邏輯閘表示式為 $X = \overline{A}$ 。

3. 反閘的波形跟電路

反閘的邏輯電路可以簡化如下：

圖2-2　反閘的模擬電路

假設開關A（輸入）是不關閉的（OFF）代表邏輯0，此時燈泡X（輸出）亮代表邏輯1；開關A（輸入）是關閉的（ON）代表邏輯1，此時燈泡X（輸出）不亮代表邏輯0。

實際電路上的數位波形時序圖，則可以很明顯的看出，當輸入A波形為邏輯0時（低電壓），輸出X波形為邏輯1（高電壓）；當輸入A波形為邏輯1時（高電壓），輸出X波形為邏輯0（低電壓）。

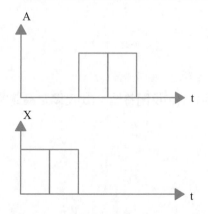

圖2-3　反閘的輸入與輸出的波形

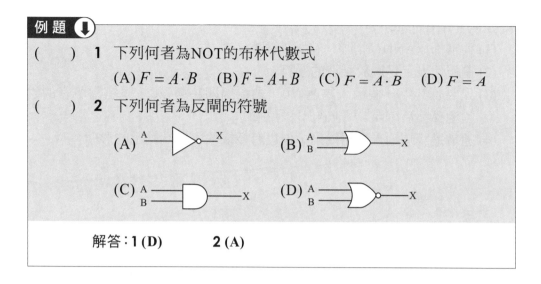

例題

( ) **1** 下列何者為NOT的布林代數式
(A)$F = A \cdot B$　(B)$F = A + B$　(C)$F = \overline{A \cdot B}$　(D)$F = \overline{A}$

( ) **2** 下列何者為反閘的符號

(A) A —▷○— X　(B) A,B ⫸— X

(C) A,B ⫤— X　(D) A,B ⫸○— X

解答：**1 (D)**　　**2 (A)**

2-2 **或、及閘**

1. 或閘（OR gate）：
   (1) 通常都以OR來稱呼，符號如圖2-4(a)。
   (2) 邏輯代表上是屬於加法的運算。
   (3) 只要有其中一個輸入為邏輯1，則輸出即為邏輯1，只有當所有的輸入全部都為邏輯0，則輸出才為邏輯0。
   (4) 通常是雙端輸入單端輸出，但也有多端輸入單端輸出的形態。

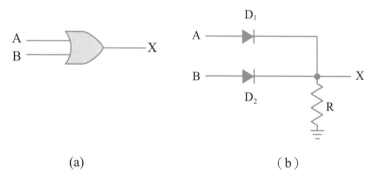

(a)　　　　　　　　（b）

圖2-4　(a)或閘符號；(b)或閘二極體電路

2. 及閘（AND gate）：

(1) 通常都以AND來稱呼，符號如圖2-5(a)。

(2) 邏輯代表上是屬於乘法的運算。

(3) 只要有其中一個輸入為邏輯0，則輸出即為邏輯0，只有當所有的輸入全部都為邏輯1，則輸出才為邏輯1。

(4) 通常是雙端輸入單端輸出，但也有多端輸入單端輸出的形態。

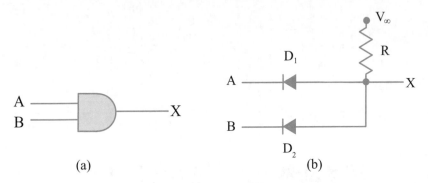

圖2-5　(a)及閘符號；(b)及閘二極體電路

3. 或閘與及閘的真值表

或閘在布林代數可表示為X=A+B

(a)雙端輸入的OR閘真值表

A	B	X
0	0	0
0	1	1
1	0	1
1	1	1

(b)三端輸入的OR閘真值表

A	B	C	X
0	0	0	0
0	0	1	1
0	1	0	1
0	1	1	1
1	0	0	1
1	0	1	1
1	1	0	1
1	1	1	1

4. 及閘的真值表

及閘在布林代數可表示為 $X = A \cdot B$

(a)雙端輸入的AND閘真值表　　(b)三端輸入的AND閘真值表

A	B	X
0	0	0
0	1	0
1	0	0
1	1	1

A	B	C	X
0	0	0	0
0	0	1	0
0	1	0	0
0	1	1	0
1	0	0	0
1	0	1	0
1	1	0	0
1	1	1	1

5. 或閘的波形跟電路

或閘的模擬電路如下

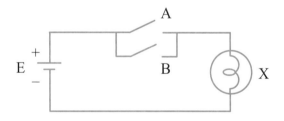

圖2-6　或閘模擬電路

當開關A及B都在OFF的位置時（$A = 0$、$B = 0$），燈泡X不亮（$X = 0$）；只要A或B當中其中一個是在ON的位置時（$A = 1$、$B = 0$或$A = 0$、$B = 1$），或是兩者都在ON的位置時（$A = 1$、$B = 1$）燈泡X亮（$X = 1$）。

實際電路上的數位波形時序圖，當輸入A與輸入B波形為邏輯0時（低電壓），輸出X波形為邏輯0（低電壓）；當輸入A或是輸入B波形兩者其中有一個為邏輯1時（高電壓），或是兩者波形都為邏輯1時（高電壓），輸出X波形為邏輯1（高電壓）。

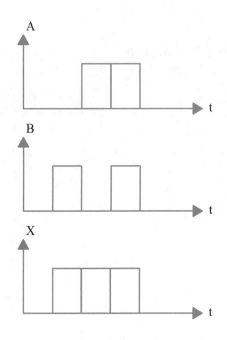

圖2-7　或閘的輸入與輸出的波形

6. 及閘的波形跟電路

　　及閘的模擬電路如下

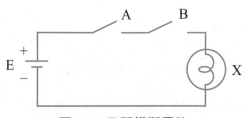

圖2-8　及閘模擬電路

　　當開關A及B都在OFF的位置時（$A=0$、$B=0$），A或B當中其中一個是在OFF的位置時（$A=1$、$B=0$或$A=0$、$B=1$），燈泡X不亮（$X=0$）；一定要兩者都在ON的位置時（$A=1$、$B=1$）燈泡X亮（$X=1$）。

　　實際電路上的數位波形時序圖，當輸入A與輸入B波形都為邏輯0時（低電壓），或是當輸入A或是輸入B波形為邏輯0時（低電壓），輸出X波形為邏輯0（低電壓）；一定要兩者波形都為邏輯1時（高電壓），輸出X波形為邏輯1（高電壓）。

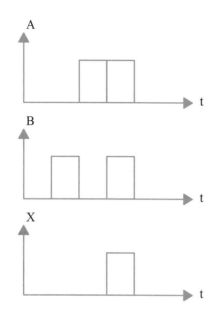

圖2-9 及閘的輸入與輸出的波形

例題

( ) 3 下列何者為OR閘的布林代數式？
(A) F=A·B (B) F=A+B
(C) F=$\overline{A·B}$ (D) F=$\overline{A}$

( ) 4 若有一邏輯閘輸入輸出波形如圖
2-10，則此邏輯閘為
(A)AND (B)OR
(C)NOT (D)NAND

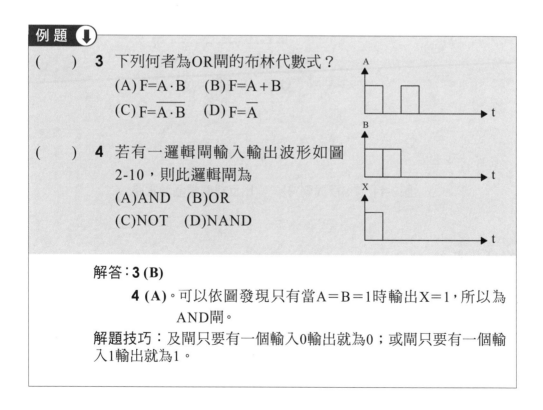

解答：3 (B)
4 (A)。可以依圖發現只有當A＝B＝1時輸出X＝1，所以為
AND閘。
解題技巧：及閘只要有一個輸入0輸出就為0；或閘只要有一個輸入1輸出就為1。

2-3　反或閘與反及閘

1. 反或閘（NOR gate）：
   (1) 通常都以NOR來稱呼，符號如圖2-11(a)。
   (2) 邏輯代表上是經過OR gate的輸出之後再經過NOT的運算。
   (3) 只要有其中一個輸入為邏輯1，則輸出即為邏輯0，只有當所有的輸入全部都為邏輯0，則輸出才為邏輯1。
   (4) 通常是雙端輸入單端輸出，但也有多端輸入單端輸出的形態。

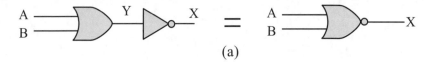

(a)

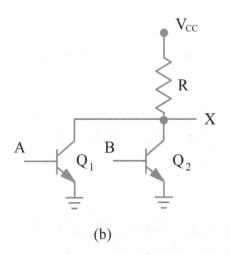

(b)

圖2-11　(a)反或閘符號；(b)反或閘電晶體電路

2. 反及閘（NAND gate）：
   (1) 通常都以NAND來稱呼，符號如圖2-12(a)。
   (2) 邏輯代表上是經過AND gate的輸出之後再經過NOT的運算。
   (3) 只要有其中一個輸入為邏輯0，則輸出即為邏輯1，只有當所有的輸入全部都為邏輯1，則輸出才為邏輯0。

(4) 通常是雙端輸入單端輸出，但也有多端輸入單端輸出的形態。

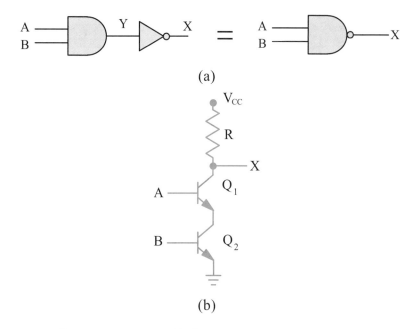

(a)

(b)

圖2-12　(a)反及閘符號；(b)反及閘電晶體電路

3. 反或閘與反及閘的真值表：

反或閘在布林代數可表示為 $X = \overline{A+B}$

(a)雙端輸入的NOR閘真值表 　　　　　　　(b)三端輸入的NOR閘真值表

A	B	X
0	0	1
0	1	0
1	0	0
1	1	0

A	B	C	X
0	0	0	1
0	0	1	0
0	1	0	0
0	1	1	0
1	0	0	0
1	0	1	0
1	1	0	0
1	1	1	0

反及閘在布林代數可表示為 $X = \overline{A \cdot B}$

(a)雙端輸入的NAND閘真值表

A	B	X
0	0	1
0	1	1
1	0	1
1	1	0

(b)三端輸入的NAND閘真值表

A	B	C	X
0	0	0	1
0	0	1	1
0	1	0	1
0	1	1	1
1	0	0	1
1	0	1	1
1	1	0	1
1	1	1	0

4. 反或閘的波形跟電路：

反或閘的模擬電路如下：

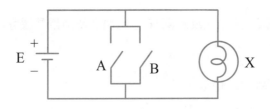

圖2-13　反或閘模擬電路

當開關A及B都在OFF的位置時（$A=0$、$B=0$），燈泡X亮（$X=1$）；只要A或B當中其中一個是在ON的位置時（$A=1$、$B=0$或$A=0$、$B=1$），或是兩者都在ON的位置時（$A=1$、$B=1$）燈泡X不亮（$X=0$）。實際電路上的數位波形時序圖，當輸入A與輸入B波形為邏輯0時（低電壓），輸出X波形為邏輯1（高電壓）；當輸入A或是輸入B波形兩者其中有一個為邏輯1時（高電壓），或是兩者波形都為邏輯1時（高電壓），輸出X波形為邏輯0（低電壓）。

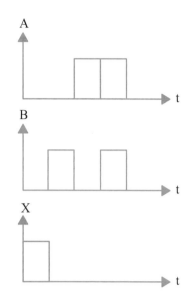

圖2-14　反或閘的輸入與輸出的波形

5. 反及閘的波形跟電路：

反及閘的模擬電路如下：

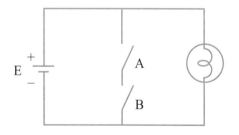

圖2-15　反及閘模擬電路

當開關A及B都在OFF的位置時（$A=0$、$B=0$），A或B當中其中一個是在OFF的位置時（$A=1$、$B=0$或$A=0$、$B=1$），燈泡X亮（$X=1$）；一定要兩者都在ON的位置時（$A=1$、$B=1$）燈泡X不亮（$X=0$）。

實際電路上的數位波形時序圖，當輸入A與輸入B波形為邏輯0時（低電壓），或是當輸入A或是輸入B波形全部都為邏輯0時（低電壓），輸出X波形為邏輯1（高電壓）；一定要兩者波形都為邏輯1時（高電壓），輸出X波形為邏輯0（低電壓）。

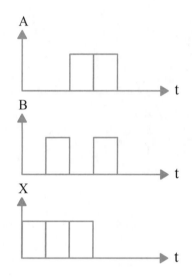

圖2-16 反及閘的輸入與輸出的波形

例 題

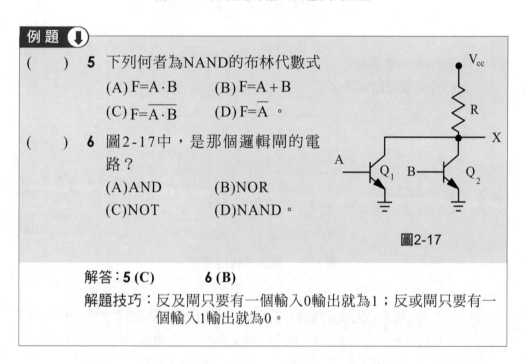

( ) **5** 下列何者為NAND的布林代數式

(A) $F=A \cdot B$ (B) $F=A+B$

(C) $F=\overline{A \cdot B}$ (D) $F=\overline{A}$ 。

( ) **6** 圖2-17中，是那個邏輯閘的電路？

(A)AND   (B)NOR

(C)NOT   (D)NAND。

圖2-17

解答：**5 (C)**   **6 (B)**

解題技巧：反及閘只要有一個輸入0輸出就為1；反或閘只要有一個輸入1輸出就為0。

2-4 互斥或、反互斥或閘

1. 互斥或閘（XOR gate）：
   (1) 通常都以XOR來稱呼，符號如圖2-18。
   (2) 邏輯代表上是一種奇數函數的運算。
   (3) 只要有奇數個輸入為邏輯1，則輸出即為邏輯1。
   (4) 通常是雙端輸入單端輸出，但也有多端輸入單端輸出的形態。

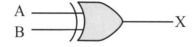

圖2-18　互斥或閘符號

2. 反互斥或閘（XNOR gate）：
   (1) 通常都以XNOR來稱呼，符號如圖2-19。
   (2) 邏輯代表上是一種偶數函數的運算。
   (3) 只要有偶數個輸入為邏輯1，則輸出即為邏輯1。
   (4) 通常是雙端輸入單端輸出，但也有多端輸入單端輸出的形態。

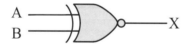

圖2-19　反互斥或閘符號

3. 互斥或閘與反互斥或閘的真值表：

   互斥或閘在布林代數可表示為 $X = A \oplus B = \overline{A}B + A\overline{B}$

   (a)雙端輸入的XOR閘真值表　　(b)三端輸入的XOR閘真值表

A	B	X
0	0	0
0	1	1
1	0	1
1	1	0

A	B	C	X
0	0	0	0
0	0	1	1
0	1	0	1
0	1	1	0
1	0	0	1
1	0	1	0
1	1	0	0
1	1	1	1

反互斥或閘在布林代數可表示為 $X = \overline{A \oplus B} = \overline{AB} + AB$

(a)雙端輸入的XNOR閘真值表   (b)三端輸入的XNOR閘真值表

A	B	X
0	0	1
0	1	0
1	0	0
1	1	1

A	B	C	X
0	0	0	1
0	0	1	0
0	1	0	0
0	1	1	1
1	0	0	0
1	0	1	1
1	1	0	1
1	1	1	0

4. 互斥或閘的波形：

實際電路上的數位波形時序圖，當輸入A或是輸入B波形其中有一個為邏輯1時（高電壓），輸出X波形為邏輯1（高電壓）。所有的輸入合起來必須要奇數個邏輯1（高電壓），輸出X波形才會為邏輯1（高電壓）。

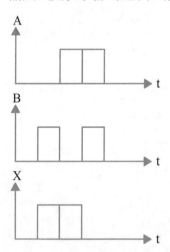

圖2-20　互斥或閘的輸入與輸出的波形

5. 反互斥或閘的波形跟電路：

實際電路上的數位波形時序圖，當輸入A或是輸入B波形都為邏輯1時（高電壓）或是當輸入A或是輸入B波形都為邏輯0時（低電壓），輸出X波形為邏輯1（高電壓）。所有的輸入合起來必須要偶數個邏輯1（高電壓），輸出X波形才會為邏輯1（高電壓）。

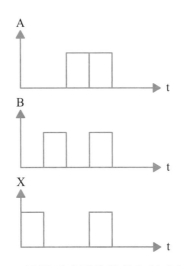

圖2-21　反互斥或閘的輸入與輸出的波形

例題

(D) 7 下列何者為XOR的布林代數式

(A)F=A·B　(B)F=A+B

(C)F=$\overline{A \cdot B}$　(D)F=$\overline{A}B+A\overline{B}$

A	B	X
0	0	1
0	1	0
1	0	0
1	1	1

(B) 8 若是某個邏輯閘的真值表如右，則此邏輯閘應為

(A)XOR　(B)XNOR　(C)NAND　(D)NOR

(C) 9 X=$\overline{A \oplus B}$=?

(A)A$\overline{B}$+AB　(B)AB+$\overline{A}B$　(C)$\overline{A}\,\overline{B}$+AB　(D)$\overline{A}B$+A$\overline{B}$

(D) 10 ^A_B ⊐— x 是那個邏輯閘？

(A)OR　(B)XOR　(C)NAND　(D)AND

解答：7 (D)　　8 (B)　　9 (C)　　10 (D)

解題技巧：互斥或及閘只要有奇數個輸入1輸出就為1；反互斥或閘只要有偶數個輸入1輸出就為1。

2-5　其它的邏輯閘

1. 緩衝器（Buffer）：
   (1) 輸出等於輸入。
   (2) 單端輸入單端輸出的邏輯閘。
   (3) 可以將輸入延遲一個時刻輸出，以提供輸出更大的推力。

A	X
0	0
1	1

(a)　　　　　　　　　　　(b)

圖2-22　(a)緩衝器的符號；(b)緩衝器的真值表

2. 三態閘（Tri-state）：
   (1) 輸出等於輸入。
   (2) 多了一個控制開關的狀態，只有當控制的開關打開的時候才會導通。
   (3) 通常都用來控制匯流排（Bus）。

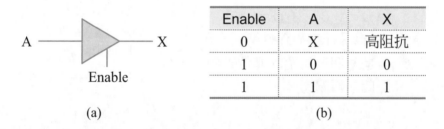

Enable	A	X
0	X	高阻抗
1	0	0
1	1	1

(a)　　　　　　　　　　　(b)

圖2-23　(a)三態閘的符號；(b)三態閘的真值表

3. 傳輸閘（Transmission Gate）：
   (1) 跟三態閘很像，只是它是雙面導通，兩邊都可以視為輸入或輸出
   (2) 可做類比訊號與數位訊號的開關。

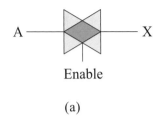

Enable	導通與否
0	不通
1	A與X互相導通

(a)　　　　　　　　　　　(b)

圖2-24　(a)傳輸閘的符號；(b)傳輸閘的真值表

例 題

(　) **11** Buffer的輸出與輸入關係為

(A) $X=\sqrt{A}$ 　(B) $X=A$ 　(C) $X=\overline{A}$ 　(D) $X=A^2$

(　) **12** 那一個邏輯閘是兩邊互相導通的？　(A)NOT　(B)Buffer

(C)Tri-state　(D)Transmission Gate

解答：**11 (B)**　　　**12 (D)**

2-6　各種邏輯電路

1. 在介紹各種邏輯電路族之前，我們先了解各種專有名詞：

(1) 電壓電流：

電壓電流符號

V_{IH} 輸入高準位電壓

V_{IL} 輸入低準位電壓

V_{OH} 輸出高準位電壓

V_{OL} 輸出低準位電壓

I_{IH} 輸入高準位電流

I_{IL} 輸入低準位電流

I_{OH} 輸出高準位電流

I_{OL} 輸出低準位電流

如 V_{IH}（I_{IH}）代表輸入時，判別為高準位的電壓（電流）是多少，或是 V_{OL}（I_{OL}）代表輸出時，判別為低準位的電壓（電流）是多少。

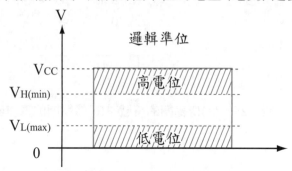

圖2-25　判別準位的電壓

(2) 雜訊邊限（noise margin）：

在邏輯閘的輸出不被改變的情形下，輸入端可以容許多大的雜訊電壓，稱為雜訊邊限。而高準位的雜訊邊限為 $V_{NH}=V_{OH(MIN)}-V_{IH(MIN)}$；低準位的雜訊邊限為 $V_{NL}=V_{IL(MAX)}-V_{OL(MAX)}$。

(3) 扇出數（Fan out）：在最差的情形之下，此邏輯閘所能推動多少個邏輯閘的輸出，公式為 $\text{fan out}=\dfrac{I_{o(MAX)}}{I_{I(MAX)}}$。

例 題 ⬇

（　　）**13** 若某一邏輯閘的 $V_{OH(MAX)}=5V$，$V_{IH(MAX)}=4V$，則高準位的雜訊邊限為 　(A)9　(B)1　(C)20　(D)0.8。

（　　）**14** 若某一邏輯閘輸出電流為5mA，輸入電流為2mA，則此邏輯閘輸出外接幾個邏輯閘　(A)2　(B)3　(C)4　(D)5。

解答：**13 (B)**

　　14 (A)。$\text{fan out}=\dfrac{I_{0(max)}}{I_{I(max)}}=\dfrac{5}{2}=2.5$，則最多只能外接2個邏輯閘。

2. 二極體邏輯（Diode Logic DL）：

利用二極體來組成邏輯閘的功能。

(1) 或閘：當A或B其中有一個為高電壓時，因為二極體其中一個導通，使得輸出X就會為高電壓，等同於OR閘。

(2) 及閘：當A或B其中一個為低電壓（邏輯0），因為二極體其中一個導通，使得輸出X變成低電壓（邏輯0），從真值表可以看出相當於及閘。

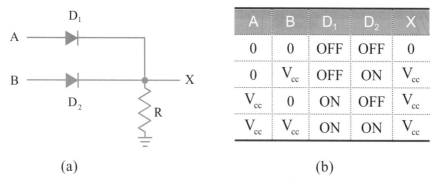

A	B	D$_1$	D$_2$	X
0	0	OFF	OFF	0
0	V$_{cc}$	OFF	ON	V$_{cc}$
V$_{cc}$	0	ON	OFF	V$_{cc}$
V$_{cc}$	V$_{cc}$	ON	ON	V$_{cc}$

(a)　　　　　　　　　　　(b)

圖2-26　(a)DL或閘電路；(b)DL或閘的真值表

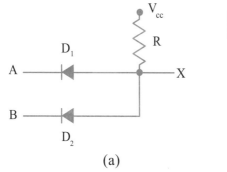

A	B	D$_1$	D$_2$	X
0	0	ON	ON	0
0	V$_{cc}$	ON	OFF	0
V$_{cc}$	0	OFF	ON	0
V$_{cc}$	V$_{cc}$	OFF	OFF	V$_{cc}$

(a)　　　　　　　　　　　(b)

圖2-27　(a)DL及閘電路；(b)DL及閘的真值表

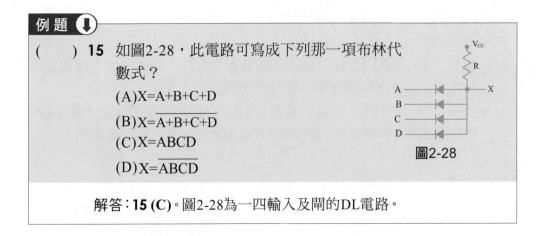

例題

(　　) **15** 如圖2-28，此電路可寫成下列那一項布林代
數式？
(A)X=A+B+C+D
(B)X=$\overline{A+B+C+D}$
(C)X=ABCD
(D)X=$\overline{ABCD}$

圖2-28

解答：**15 (C)**。圖2-28為一四輸入及閘的DL電路。

3. 電晶體邏輯（Transistor Logic TL）：

利用電晶體來達成邏輯閘的功能。

(1) 反相器：

當A輸入為低電壓時，因為此時電晶體會位於截止區即代表OFF，因
此輸出X為V_{CC}，相反的當A輸入為高電壓時，此時電晶體位於飽和
區即代表ON，此時輸出X會為低電壓。

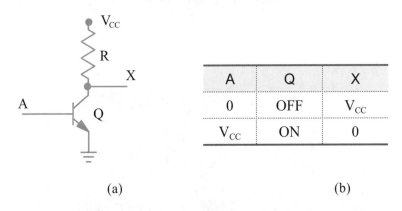

A	Q	X
0	OFF	V_{CC}
V_{CC}	ON	0

(a)　　　　　　　　　　(b)

圖2-29　(a)TL反相器電路；(b)TL反相器的真值表

(2) 反或閘：

當A、B同時輸入為低電壓時，因為此時電晶體Q_1、Q_2都會位於截止
區，因此輸出X為V_{CC}，相反的當A或是B其中有一個輸入為高電壓
時，此時電晶體Q_1或是Q_2位於飽和區即代表ON，此時輸出X會為低
電壓。

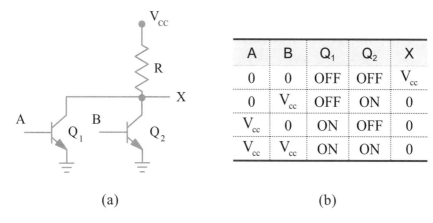

A	B	Q_1	Q_2	X
0	0	OFF	OFF	V_{cc}
0	V_{cc}	OFF	ON	0
V_{cc}	0	ON	OFF	0
V_{cc}	V_{cc}	ON	ON	0

(a)   (b)

圖2-30　(a)TL反或閘電路；(b)TL反或閘的真值表

4. 直接耦合電晶體邏輯（Direct Coupled Transistor Logic DCTL）：
   利用電晶體的輸出端直接接到電晶體的輸入端以組成邏輯功能，DCTL
   的優點是結構簡單、易用於低電壓電源，缺點是容易受雜訊干擾、工作
   速度慢，且扇出數目會因為溫度上升而減少。扇出數目N跟R_c有關，可
   以利用 $I_R = \dfrac{V_{cc} - 0.8}{R_c} = N \cdot I_B$ 來算出，其中I_R代表經過R_c的電流，I_B代表
   電晶體的基極電流。

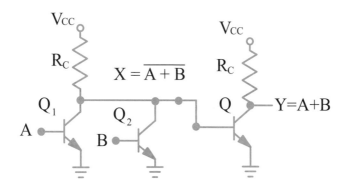

圖2-31　DCTL的邏輯電路

例 題

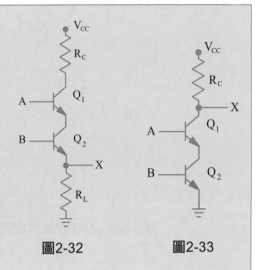

圖2-32　　　　　圖2-33

( ) **16** 如前頁圖2-31中的電路，若 $V_{cc}=5\,V$、$R_c=2K\Omega$、$I_B=0.3mA$ 則扇出數目為多少？ (A)5 (B)6 (C)7 (D)8。

( ) **17** 如圖2-32，此TL電路族相當於 (A)AND (B)OR (C)NAND (D)NOR。

( ) **18** 如圖2-33，此TL電路族相當於 (A)AND (B)OR (C)NAND (D)NOR。

解答

16 (C)。$\dfrac{V_{cc}-0.8}{R_c}=N\cdot I_B$　$\therefore \dfrac{5-0.8}{2k}=N\cdot 0.3$　$\therefore N=7$

17 (A)。我們可以利用當基極高電壓時，電晶體導通來推得TL的邏輯，由真值表可以發現此電路為AND閘。

A	B	Q_1	Q_2	X
0	0	OFF	OFF	0
0	V_{cc}	OFF	ON	0
V_{cc}	0	ON	OFF	0
V_{cc}	V_{cc}	ON	ON	V_{cc}

18 (C)。由真值表可以推得此為NAND閘。

A	B	Q_1	Q_2	X
0	0	OFF	OFF	V_{cc}
0	V_{cc}	OFF	ON	V_{cc}
V_{cc}	0	ON	OFF	V_{cc}
V_{cc}	V_{cc}	ON	ON	0

5. 電阻電晶體邏輯（resistor transistor logic RTL）：
在電晶體的基極端加上電阻 R_b 限流電阻，藉此改善DCTL 中將輸出端直接接到基極 而導致電流錯亂（current hogging）的問題，RTL的優 點是消耗功率低，但是缺點 就是扇出數目小，且工作速 度慢。

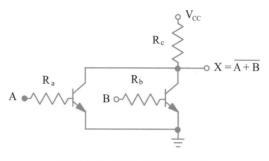

圖2-34　RTL的邏輯電路

6. 電阻電容電晶體邏輯：
在RTL邏輯電路族中的基極端加上電容，藉此改善RTL的輸出速度，RCTL缺點就是電容不適合IC化。

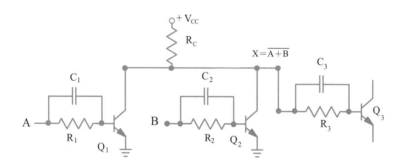

圖2-35　RCTL的邏輯電路

7. 二極體電晶體邏輯（diode transistor logic DTL）：
利用二極體的特性來改善TL邏輯電路族的缺點，而DTL的優點就是扇出 數目不會受到輸出電壓的影響，且雜訊邊限較好，缺點是工作速度慢。

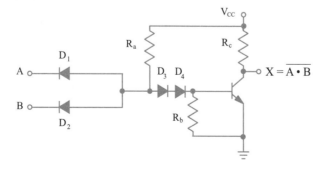

圖2-36　DTL的邏輯電路

8. 高臨界電晶體邏輯（high-threshold logic HTL）：

在DTL中，以Q_1代替D_3，以齊納二極體代替D_4，藉此提高邏輯閘的轉態電壓，HTL優點是雜訊邊限被大大提高，適用於高電壓的系統中，缺點則是工作速度相當的慢。

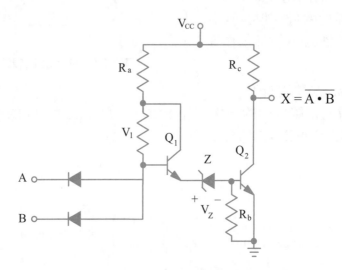

圖2-37　HTL的邏輯電路

例題

(　) **19** RTL中在基極端加上電阻Rb的用途是？
(A)增加雜訊邊限　　　　(B)增加工作速度
(C)降低消耗功率　　　　(D)消除電流錯亂現象。

(　) **20** DTL改善了TL的優點是？
(A)扇出數變高　　　　(B)工作速度變快
(C)降低消耗功率　　　　(D)提高輸出電壓。

(　) **21** HTL最大的優點是？
(A)增加雜訊邊限　　　　(B)增加工作速度
(C)降低消耗功率　　　　(D)扇出數變高。

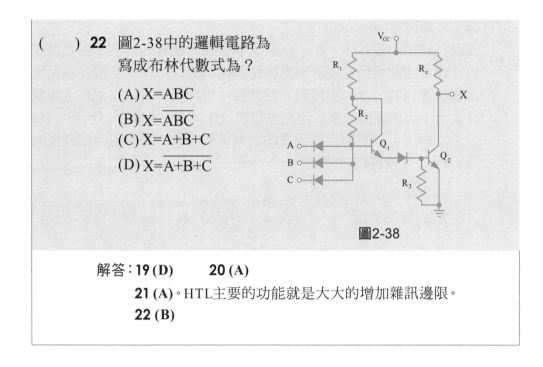

(　) **22** 圖2-38中的邏輯電路為
寫成布林代數式為？

(A) X=ABC

(B) X=$\overline{ABC}$

(C) X=A+B+C

(D) X=$\overline{A+B+C}$

圖2-38

解答：**19 (D)** 　 　 **20 (A)**

　 　 21 (A)。HTL主要的功能就是大大的增加雜訊邊限。

　 　 22 (B)

9. 電晶體電晶體邏輯（transistor transistor logic, TTL）：

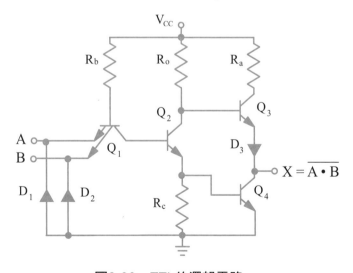

圖2-39　TTL的邏輯電路

目前運用最廣泛的邏輯電路族，即為TTL和CMOS電路，而TTL中又可
以分為三種輸出方式。

(1) 圖騰柱輸出（totem-pole）：

圖騰柱輸出如圖2-40，Q_3、D_3與Q_4就很像圖騰柱的形狀，主要是在於加快電路的轉換速度，缺點則是傳遞時間慢。D_3的功能在確保電晶體Q_4導通時，Q_3一定是截止的狀態，否則會導致Q_4被燒壞。圖騰柱輸出不可以直接並接，不然也會導致Q_4燒壞，如圖2-41所示，I為電流方向，可以看到當圖騰式輸出並接的時候，有可能會導致電流流經過Q_{4B}，使得Q_{4B}被燒壞。

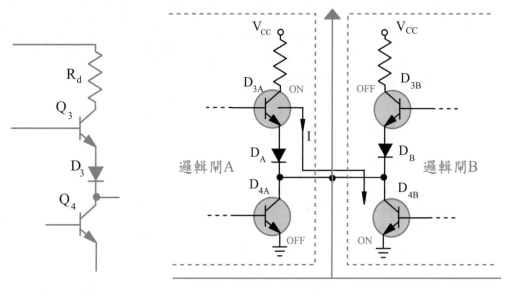

圖2-40
TTL的圖騰柱輸出

圖2-41
圖騰柱輸出並接時電流情形

(2) 集極開路式（open-collector）：

為了使電路能夠正常工作，因此我們在輸出端加上一個提升電阻R_L（pull resistor），此輸出結構通常應用於匯流排（bus）的電路中，優點就是可推動較大的負載，缺點則是交換速度慢。一般邏輯閘除了三態閘以及O.C（集極開路式輸出）閘之外都不能並接，在IC編號上如註明O.C，就代表是使用集極開路式輸出。當提升電阻RL（pull resistor）越大時可減少消耗功率，但是輸出阻抗變大使得延遲時間變長。

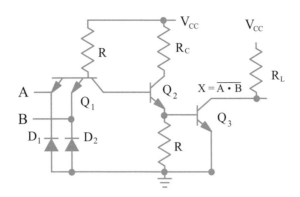

圖2-42　TTL的集極開路式輸出

(3) 三態閘（tri-state）：

三態閘輸出可以同時有許多輸出端並接在一起，由於可以利用 Enable來控制輸出變成高阻抗，所以可以輕易的在輸出端加上或是 移除IC，而不影響電路的正常操作。

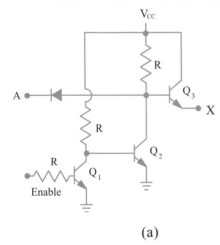

Enable	A	X
0	X	高阻抗
1	0	0
1	1	1

(a)　　　　　　　　　　　　　(b)

圖2-43　(a)TTL的三態閘輸出；(b)三態閘的真值表

10. 射極耦合邏輯（Emitter Coupled Logic, ECL）：

ECL以差動放大器為基礎，利用防止電晶體進入飽和區而加快交換 速度，因為主要的動作以電流轉移為主，故又可稱為電流式邏輯 （Current Mode Logic, CML）。其優點在於交換速度快、扇出數高、 具有互補的輸出；其缺點在於雜訊邊限小、功率消耗大。

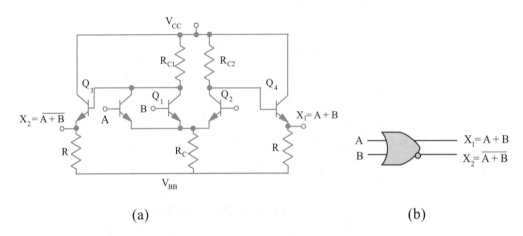

(a)　　　　　　　　　　　　　　　　　(b)

圖2-44　(a)ECL的邏輯電路；(b)ECL的邏輯閘符號

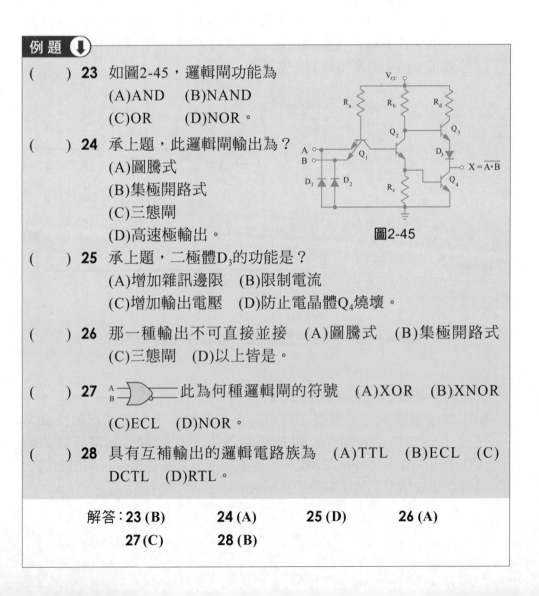

例題 ⬇

(　) **23** 如圖2-45，邏輯閘功能為
(A)AND　　(B)NAND
(C)OR　　　(D)NOR。

(　) **24** 承上題，此邏輯閘輸出為？
(A)圖騰式
(B)集極開路式
(C)三態閘
(D)高速極輸出。

圖2-45

(　) **25** 承上題，二極體D_3的功能是？
(A)增加雜訊邊限　　(B)限制電流
(C)增加輸出電壓　　(D)防止電晶體Q_4燒壞。

(　) **26** 那一種輸出不可直接並接　(A)圖騰式　(B)集極開路式
(C)三態閘　(D)以上皆是。

(　) **27** 此為何種邏輯閘的符號　(A)XOR　(B)XNOR
(C)ECL　(D)NOR。

(　) **28** 具有互補輸出的邏輯電路族為　(A)TTL　(B)ECL　(C)
DCTL　(D)RTL。

解答：**23 (B)**　　　　**24 (A)**　　　**25 (D)**　　　**26 (A)**
　　　　27 (C)　　　　**28 (B)**

11. 金屬氧化物半導體邏輯（metal oxide semiconductor logic, MOS）：
    MOS依其物理特性可以區分為NMOS以及PMOS兩種，而組成邏輯時我們可以看下方輸入端的地方，以PMOS而言並聯就代表AND，串聯代表OR；NMOS則是並聯代表OR，串聯代表AND。MOS的優點在於密度高、適合用於VLSI、雜訊邊限大、扇出數高、功率消耗低；缺點則是交換速度慢，PMOS又比NMOS慢。

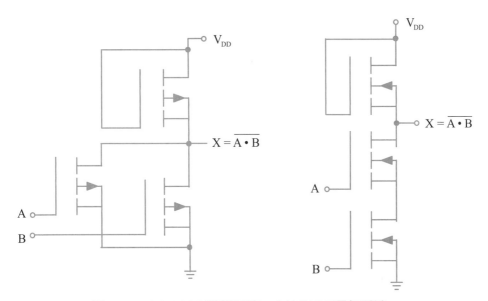

圖2-46 (a)PMOS邏輯電路；(b)NMOS邏輯電路

12. 互補式金屬氧化物半導體邏輯（complementary metal oxide semiconductor logic, CMOS）：
    如圖2-46，CMOS上半部用PMOS所組成，串聯代表OR，並聯代表AND；下半部用NMOS所組成的，串聯代表AND，並聯代表OR。由於上下剛好相反，且必須同時存在，這就是CMOS邏輯電路的特色，優點是功率消耗最小、扇出數最大、雜訊邊限大，缺點是工作速度慢，但是比NMOS邏輯電路族快。

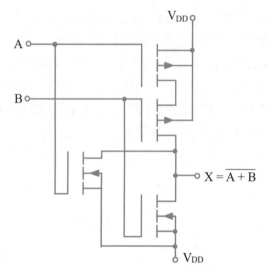

圖2-47　CMOS的邏輯電路

例題

( ) **29** 圖2-48為一CMOS邏輯電路，
此布林代數式為
(A) X=$\overline{A+B+C}$
(B) X=$\overline{ABC}$
(C) X=$\overline{A \oplus B \oplus C}$
(D) X=ABC

( ) **30** 以交換速度快慢而言，
下列何者正確？
(A)CMOS＝NMOS＝PMOS (B)CMOS<NMOS<PMOS
(C)CMOS>NMOS>PMOS (D)CMOS>PMOS>NMOS。

( ) **31** 下列何者不是CMOS的優點？ (A)功率消耗最小 (B)扇出數最大 (C)雜訊邊限大 (D)工作速度最快。

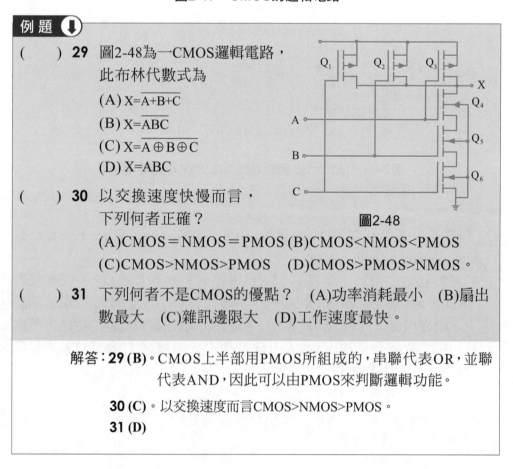

圖2-48

解答：**29 (B)**。CMOS上半部用PMOS所組成的，串聯代表OR，並聯代表AND，因此可以由PMOS來判斷邏輯功能。

30 (C)。以交換速度而言CMOS>NMOS>PMOS。

31 (D)

2-7　TTL邏輯IC

依TTL的用途我們可以分為軍事用（54XX系列）以及一般用（74XX系列），兩者的差別就在於軍事用的IC，不論在工作的溫度範圍以及工作的電壓範圍都比一般來的大。

1. 標準型TTL（74XX或54XX）：
   輸出電路是用圖騰柱的輸出，而每一個邏輯閘的消耗功率約為10mW，而傳遞延遲時間約為9nS。

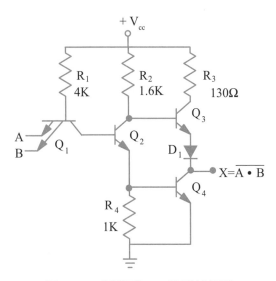

圖2-49　標準型TTL的邏輯電路

2. 低功率型TTL（74LXX或54LXX）：
   電路與標準型TTL差不多，只是利用將電阻值提高，使得電路的電流變小，進而達到消耗功率變低，而每一個邏輯閘的消耗功率約為1mW，而傳遞延遲時間約為33nS。

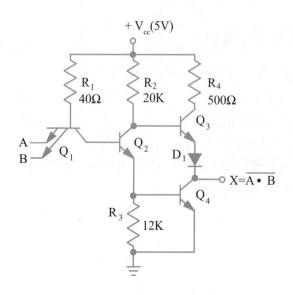

圖2-50　低功率型TTL的邏輯電路

3. 高速型TTL（74HXX或54HXX）：

在高速型TTL中除了將所有的電阻值降低之外，還將電晶體Q_3改成達靈頓對（darlington pair）電路，這樣可以具有更低的輸出阻抗，以及更大的輸出電流，也降低傳遞的延遲時間，但是增加了消耗功率。每一個邏輯閘的消耗功率約為23mW，而傳遞延遲時間約為6nS。

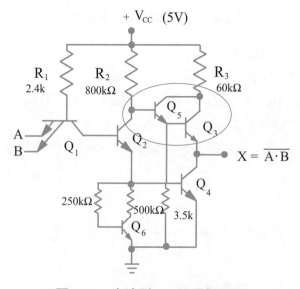

圖2-51　高速型TTL的邏輯電路

4. 蕭特基型TTL（74SXX或54SXX）：
   圖2-52(b)中的電晶體符號是利用蕭特基二極體（Schottky barrier diode）與電晶體所組成的蕭特基電晶體，這樣可以阻止電晶體進入飽和，因此可以加快電晶體轉換的速度。每一個邏輯閘的消耗功率約為23mW，而傳遞延遲時間約為3nS。目前已經由更優越的74ASXX（advanced Schottky）系列所取代。

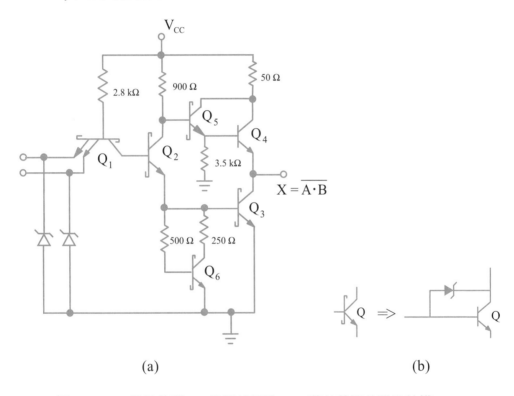

(a)   (b)

圖2-52　(a)蕭特基型TTL的邏輯電路；(b)蕭特基電晶體的結構

5. 低功率蕭特基型TTL（74LSXX或54LSXX）：
   除了將蕭特基型TTL電路中的電阻提高，使得電路的電流變小之外，還將電晶體Q_1改為兩個蕭特基二極體（D_1、D_2），並且增加兩個蕭特基二極體（D_3、D_4）用來降低其傳遞延遲時間。每一個邏輯閘的消耗功率約為2mW，而傳遞延遲時間約為9.5nS。目前也是由更優越的74ALSXX（advanced low power Schottky）系列來取代74LSXX系列。

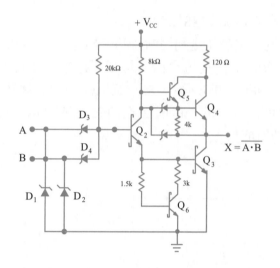

圖2-53 低功率蕭特基型TTL的邏輯電路

例 題

( ) 32 若某一IC的編號為74S01，則此顆IC為那一型TTL
(A)標準型TTL (B)低功率型TTL
(C)蕭特基型TTL (D)低功率蕭特基型TTL。

( ) 33 ![symbol]Q 稱為(A)電晶體 (B)蕭特基電晶體 (C)多射極電晶體
(D)二極體。

( ) 34 以傳遞時間來比較的話，下列何者傳遞時間最短？
(A)高速型TTL (B)低功率型TTL
(C)蕭特基型TTL (D)低功率蕭特基型TTL。

解答：32 (C)　　　　33 (B)

34 (C)。如右表，所以傳遞時
間由長到短為低功
率型TTL→低功率蕭
特基型TTL→標準型
TTL→高速型TTL→蕭特基型TTL

標準型TTL	9nS
低功率型TTL	33nS
高速型TTL	6nS
蕭特基型TTL	3nS
低功率蕭特基型TTL	9.5nS

解題技巧：請將TTL的表格熟記。

2-8 邏輯實驗儀器之使用

1. 示波器：

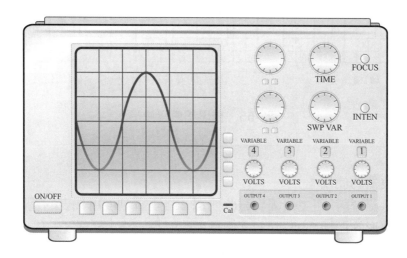

圖2-54　示波器

(1) 示波器的功能介紹：
   i. 振幅刻度旋鈕（VOLTS）：用來決定波形每一垂直刻度所代表的電壓值。
   ii. 時基刻度旋鈕（TIME）：用來決定波形每一水平刻度所代表的時間值。
   iii. 亮度旋鈕（INTEN）：用來調整波形的亮度。
   iv. 焦距旋鈕（FOCUS）：用來調整波形的清楚程度。
   v. 振幅微調（VARIABLE）：用來調整波形在顯示螢幕中的垂直位置。
   vi. 時基微調（SWP VAR）：用來調整波形在顯示螢幕中的水平位置。
(2) 示波器的校準步驟：
   i. 打開電源裝置後，調整水平與垂直旋鈕，使掃瞄線至於螢光幕中央。
   ii. 調整亮度，焦距旋鈕以保持波形的清晰。
   iii. 利用測試棒接至示波器的校正電壓端（1kHz,方波)，此時會得到方波。

　　iv. 可如圖2-54所示之波形調整測試棒的電容補償值以得到正確的方波。

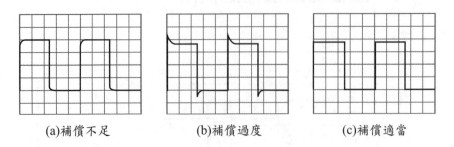

　　　　(a)補償不足　　　　　　　(b)補償過度　　　　　　(c)補償適當

圖2-55　　補償程度與波形

(3) 示波器的使用：

　　測量訊號時，可由振幅旋鈕改變每一格垂直刻度所代表的電壓值，可測
　　得波形的振幅；由時間刻度旋鈕來改變每一格水平刻度所代表的時間，
　　可測得波形的週期。波形的頻率可由週期來求得為f＝1/T。

2. 函數產生器：

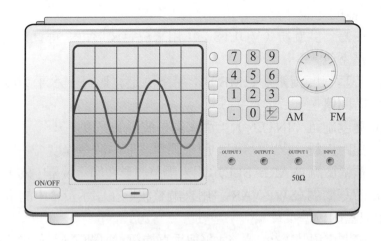

圖2-56　　函數產生器

函數產生器可產生三角波，方波，正弦波與脈波，並且可提供AM（振幅調
變），FM（頻率調變）訊號的輸出，由OUTPUT-50Ω輸出。可利用頻率旋鈕
來調整輸出波形的頻率，由振幅按鈕來調整輸出波形的振幅。

3. 邏輯探棒：

圖2-57　邏輯探棒

當開關位於TTL位置時，TTL電路的$V_{CC} = +5V$；當開關位於CMOS位置時，CMOS電路的$V_{DD} = +3V~+18V$，故可利用下列表格來說明邏輯探棒的使用狀況：

	邏輯位準為Low(0)	邏輯位準為High(1)	邏輯位準錯誤
邏輯探棒的LED指示	Lo	Hi	無顯示
邏輯探棒開關位於TTL時	電壓位準 < 0.8V	電壓位準 > 2.3V	電壓位準 0.8V~2.3V
邏輯探棒開關位於CMOS時	電壓位準 < $0.3V_{DD}$	電壓位準 > $0.7V_{DD}$	電壓位準 $0.3V_{DD} \sim 0.7V_{DD}$

例題

(　) 35 下列何種波形無法透過函數產生器來產生？ (A)方波 (B)三角波 (C)FM調變訊號 (D)QPSK調變訊號。

(　) 36 當利用邏輯探棒來測量CMOS邏輯位準，已知此電路之 V_{DD} 為5V，則當邏輯探棒的LED燈無顯示時，此時測量的位準電壓應為？ (A)1V (B)3V (C)4V (D)5V。

(　) 37 我們利用示波器的那一個旋鈕來調整刻度以使我們知道波形的頻率？ (A)VOLTS (B)TIME (C)FOCUS (D)INTEN。

解答：**35 (D)**。函數產生器無法產生QPSK數位調變的訊號。

　　　36 (B)。當LED燈無顯示時，電壓位準 $0.3V_{DD} \sim 0.7V_{DD} \Rightarrow 1.5V \sim 3.5V$。

　　　37 (B)。由TIME旋鈕來改變每一格水平刻度所代表的時間，可測得波形的週期。波形的頻率可由週期來求得為f＝1/T。

精選試題

模擬演練

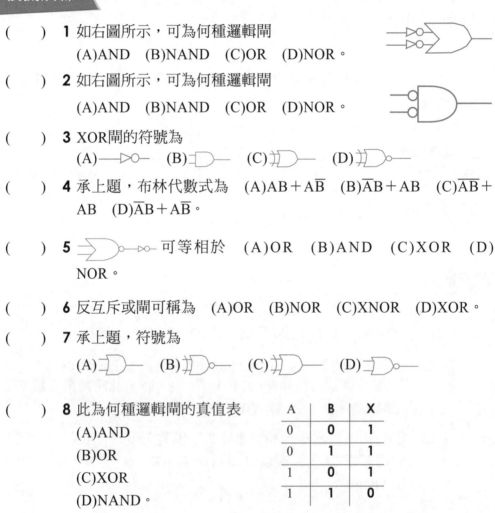

( )　**1** 如右圖所示，可為何種邏輯閘
　　　(A)AND　(B)NAND　(C)OR　(D)NOR。

( )　**2** 如右圖所示，可為何種邏輯閘
　　　(A)AND　(B)NAND　(C)OR　(D)NOR。

( )　**3** XOR閘的符號為
　　　(A)　　　(B)　　　(C)　　　(D)

( )　**4** 承上題，布林代數式為　(A)AB＋A$\overline{B}$　(B)$\overline{A}$B＋AB　(C)$\overline{AB}$＋AB　(D)$\overline{A}$B＋A$\overline{B}$。

( )　**5** 　　　　可等相於　(A)OR　(B)AND　(C)XOR　(D)NOR。

( )　**6** 反互斥或閘可稱為　(A)OR　(B)NOR　(C)XNOR　(D)XOR。

( )　**7** 承上題，符號為
　　　(A)　　　(B)　　　(C)　　　(D)

( )　**8** 此為何種邏輯閘的真值表
　　　(A)AND
　　　(B)OR
　　　(C)XOR
　　　(D)NAND。

A	B	X
0	0	1
0	1	1
1	0	1
1	1	0

( )　**9** 當輸入中只要有一個為 "1" 時，輸出即為 "1" ，此為何種邏輯閘　(A)AND　(B)OR　(C)XOR　(D)NAND。

( ) **10** 當輸入有奇數個為 "1" 時，輸出即為 "1"，此為何種邏輯閘
(A)XOR (B)XNOR (C)OR (D)NOT。

( ) **11** 若XOR閘的A端輸入1010，B端輸入0110，則輸出為 (A)0011
(B)1010 (C)0101 (D)1100。

( ) **12** 若有一邏輯閘輸入與輸出關係為X＝A，則此邏輯閘為
(A) (B) (C) (D)

( ) **13** 若一邏輯的電壓位準如
下，則高準位雜訊邊限
為
(A)－1V (B)－0.5V
(C) 0.5V (D) 1V。

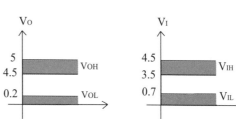

( ) **14** 承上題，低準位雜訊邊限為 (A)0V (B)3.3V (C)0.5V
(D)4.3V。

( ) **15** 若一邏輯閘的$I_o(max)$為5mA，$I_I(max)$為0.5mA，則扇出數(Fan
out)為 (A)10 (B)5 (C)20 (D)1。

( ) **16** 下列何種邏輯電路族消耗功率最少 (A)TTL (B)RTC (C)ECL
(D)CMOS。

( ) **17** 下列TTL的輸出何者最適合接上負載 (A)圖騰柱輸出 (B)三態
閘輸出 (C)集極開路式輸出 (D)差動輸出。

( ) **18** 下列何種邏輯閘速度最快 (A)DTL (B)TTL (C)PMOS (D)
ECL。

( ) **19** 下列TTL IC何種速度最快 (A)標準型 (B)低功率型 (C)高速
型 (D)蕭特基型。

( ) **20** 如右圖此為何種系列
(A)74XX (B)74LXX
(C)74HXX (D)74SXX。

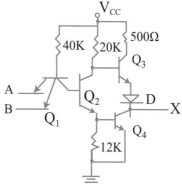

(   ) **21** 承上題，此種輸出為
      (A)圖騰柱輸出
      (B)三態閘輸出
      (C)集極開路式輸出
      (D)差動輸出。

(   ) **22** 承上題，D的功能為   (A)用於邏輯輸出   (B)防止Q_4燒壞   (C)增加
      雜訊邊限   (D)增加速度。

(   ) **23** 承上題，此邏輯輸出為   (A)$X=AB$ (B)$X=A+B$ (C) $X=\overline{AB}$
      (D) $X=\overline{A+B}$ 。

(   ) **24** 此為何種邏輯閘   (A)TTL   (B)DTL   (C)ECL。
      (D)CMOS

(   ) **25** 承上題，Y的輸出為   (A)$\overline{A}+\overline{B}$ (B)$\overline{A+B}$ (C)AB   (D)A+B

(   ) **26** 如圖(一)，則X＝？
      (A)$\overline{AB}+\overline{C}$ (B)$\overline{AB}+\overline{C}$
      (C)$(\overline{A}+\overline{B})\overline{C}$ (D)AB+C

圖(一)

(   ) **27** 如圖(二)，X＝？
      (A)$X=A+B$ (B)$X=\overline{A+B}$
      (C)$X=AB$ (D)$X=\overline{AB}$ 。

圖(二)

(   ) **28** 若有一顆TTL IC編號為54LS00，則此為
      (A)標準型TTL
      (B)低功率蕭特基型TTL
      (C)蕭特基型TTL
      (D)低功率型TTL。

(   ) **29** 如右圖，則X＝？
      (A)$X=AB$ (B)$X=A+B$
      (C) $X=\overline{AB}$ (D) $X=\overline{A+B}$ 。

(   ) **30** 承上題，若當A＝1，B＝0時，D_1與D_2的情形為
      (A)D_1＝ON，D_2＝ON   (B)D_1＝OFF，D_2＝OFF
      (C)D_1＝ON，D_2＝OFF   (D)D_1＝OFF，D_2＝ON。

歷屆考題

( ) **1** 下列TTL邏輯系列之速度關係，由快至慢依序排列，何者正確？ (A)74H>74S>74L>74LS (B)74S>74H>74LS>74L (C)74S>74LS>74H>74L (D)74LS>74L>74S>74H。

( ) **2** 下列何種邏輯電路的交換速率最快？
(A)DTL (B)ECL (C)TTL (D)MOS。

( ) **3** 如圖所示之數位電路，若 D_1 與 D_2 均為理想二極體，當輸入電壓為 V_1 與 V_2，輸出電壓為 V_o，則其等效邏輯電路為：
(A)NAND閘
(B)AND閘
(C)NOR閘
(D)OR閘。

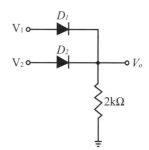

( ) **4** 一真值表如表所示，其輸入分別為A與B，而輸出為Y，此為何種邏輯閘？
(A)NOR
(B)NAND
(C)OR
(D)AND。

A	B	Y
0	0	1
0	1	1
1	0	1
1	1	0

( ) **5** 兩個輸入的NAND閘真值表中，下列何者為輸出欄所含1之個數？ (A)1 (B)2 (C)3 (D)4。

( ) **6** 邏輯分析儀主要的功能為何？ (A)量測線性電壓 (B)時序分析 (C)功率分析 (D)失真分析。

( ) **7** 如下圖所示之數位邏輯電路，各接腳測得之邏輯狀態如表所示，則是下列那一個編號之邏輯閘壞掉？ (A)1 (B)2 (C)3 (D)4。

接腳	A	B	C	D	E	F	G	H	I	Y
邏輯狀態	1	0	1	1	0	1	0	1	0	0

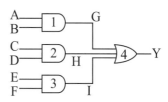

(　　) **8** 如圖所示為一邊緣取出電路，下列何者為該電路中連接點A、B及Y之正確波形？(所選用邏輯閘之延遲時間均相同)

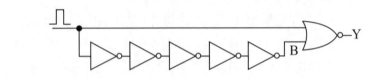

(A)	(B)
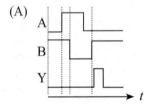	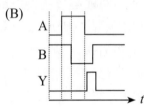
(C)	(D)
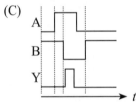	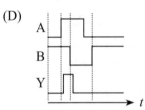

(　　) **9** 一個邏輯閘之真值表如圖所示，其中A、B、C為輸入，F為輸出，請問此為何種邏輯閘？
(A)NOR閘　　　　(B)XOR閘
(C)NAND閘　　　　(D)XNOR閘。

A	B	C	F
0	0	0	0
0	0	1	1
0	1	0	1
0	1	1	0
1	0	0	1
1	0	1	0
1	1	0	0
1	1	1	1

(　　) **10** 在進行數位電路實驗時，下列何者可輸出不同頻率之時脈信號？　(A)示波器　(B)函數波信號產生器　(C)邏輯探測棒　(D)數位電表。

(　　) **11** 右圖有三個開集極(open collector)反相閘，將三輸出端相接，則Y函數為？
(A)Y＝$\overline{ABC}$
(B)Y＝$\overline{A+B+C}$
(C)Y＝ABC
(D)Y＝A＋B＋C。

(   ) **12** 右圖的邏輯閘符號為何種功能？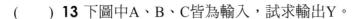
        (A)AND   (B)XOR
        (C)NOR   (D)OR。

(   ) **13** 下圖中A、B、C皆為輸入，試求輸出Y。

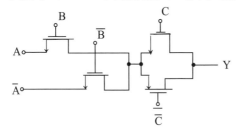

        (A)$\overline{ABC}+ABC$ (B)$\overline{ABC}+\overline{A}\,\overline{B}C$
        (C)$\overline{ABC}+AB\overline{C}$ (D)$ABC+\overline{A}\,\overline{B}C$。

第三章　布林代數及第摩根定理

課前導讀　　　　　　　　　　　　　　　　　　　本章重要性 ★★★★

布林代數定理與第摩根定理是運算的基本，務必熟記布林代數的定理與熟練第摩根定理相關的計算題型。

◆ 重點整理 ◆

3-1　布林代數之特質、基本運算

1. 布林代數的特質：
   (1) **只適用於處理0與1的數值**（布林值0與1並不表示真正的數值，而是代表電壓變數或邏輯位準的狀態，例如邏輯0表示邏輯電路的低電位（0到0.8V），1表示邏輯電路的高電位（2V到5V））。
   (2) 因為只有0與1，故**僅有二進位制**，沒有十進制、次方、對數等十進位制中的數學運算。
   (3) 在設計邏輯閘時，可以簡化問題的思考過程，並盡量可以使用最少的元件。

2. 布林代數的基本運算
   (1) 邏輯OR：
   　　只要其中有一個輸入為1，則輸出即為1，運算符號為＋

運算方式	
$X = A + B$	$0 + 0 = 0$
	$0 + 1 = 1$
	$1 + 0 = 1$
	$1 + 1 = 1$

(2) 邏輯AND：
　　只要其中有一個輸入為0，則輸出即為0，運算符號為‧

運算方式	
$X = A \cdot B$ 　　$= AB$	$0 \cdot 0 = 0$
	$0 \cdot 1 = 0$
	$1 \cdot 0 = 0$
	$1 \cdot 1 = 1$

(3) 邏輯NOT（補數）：
　　輸入與輸出相反，輸入0輸出變1，輸入1輸出變0，運算符號為⁻

運算方式	
$X = \overline{A}$	$\overline{0} = 1$
	$\overline{1} = 0$

3. 基本邏輯閘與布林代數的關係

基本邏輯閘	簡稱	運算方式
反向閘	NOT	$X = \overline{A}$
及閘	AND	$X = A \cdot B$
或閘	OR	$X = A + B$
反及閘	NAND	$X = \overline{A \cdot B}$
反或閘	NOR	$X = \overline{A + B}$
互斥或閘	XOR	$X = A \oplus B$
互斥反或閘	XNOR	$X = \overline{A \oplus B}$

例題 ⬇

( ) **1** 若雙輸入及閘的輸出為1，則輸入為　(A)0,0　(B)0,1　(C)1,0　(D)1,1。

( ) **2** 對變數Y取補數則為　(A)0　(B)1　(C)$\overline{Y}$　(D)Y。

( ) **3** 布林代數的運算中1＋0＝　(A)0　(B)1　(C)2　(D)$\overline{0}$。

( ) **4** 若布林代數為X＝$\overline{AB}$，則邏輯閘為　(A)NAND閘　(B)OR閘　(C)AND閘　(D)XOR閘。

解答：**1 (D)**　　**2 (C)**　　**3 (B)**　　**4 (A)**

3-2　布林代數基本定理

單變數定理：
1. 對偶定律：
   (1) $x \cdot 1 = x$
      x用0代入，$0 \cdot 1 = 0$；x用1代入$1 \cdot 1 = 1$，由此可以得知$x \cdot 1 = x$成立。
   (2) $x + 0 = x$
      x用0代入，$0 + 0 = 0$；x用1代入，$1 + 0 = 1$，由此可以得知$x + 0 = x$成立。
2. 吸收定律：
   (1) $x \cdot 0 = 0$
      x用0代入，$0 \cdot 0 = 0$；x用1代入，$1 \cdot 0 = 0$，由此可以得知$x \cdot 0 = 0$成立。
   (2) $x + 1 = 1$
      x用0代入，$0 + 1 = 1$；x用1代入，$1 + 1 = 1$，由此可以得知$x + 1 = 1$成立。
3. 全等定律：
   (1) $x \cdot x = x$
      x用0代入，$0 \cdot 0 = 0$；x用1代入，$1 \cdot 1 = 1$，由此可以得知$x \cdot x = x$成立。
   (2) $x + x = x$
      x用0代入，$0 + 0 = 0$；x用1代入，$1 + 1 = 1$，由此可以得知$x + x = x$成立。

4. 補數定律：

(1) $x \cdot \overline{x} = 0$

x用0代入，$0 \cdot 1 = 0$；x用1代入，$1 \cdot 0 = 0$，由此可以得知 $x \cdot \overline{x} = 0$ 成立。

(2) $x + \overline{x} = 1$

x用0代入，$0 + 1 = 1$；x用1代入，$1 + 0 = 1$，由此可以得知 $x + \overline{x} = 1$ 成立。

5. 自補定律：

$\overline{\overline{x}} = x$

x用0代入，$\overline{\overline{0}} = 0$；x用1代入，$\overline{\overline{1}} = 1$　由此可以得知 $\overline{\overline{x}} = x$ 成立。

例 題

5 (1) $xyz + 0 = ?$　(2) $ab + \overline{ab} = ?$　(3) $ab \cdot \overline{ab} = ?$　(4) $\overline{\overline{wz}} = ?$

( )　**6** $xz \cdot xz = ?$　(A) xz^2　(B) xz　(C) $\overline{xz}$　(D) x

( )　**7** ABCD $\cdot$ 0 = ?　(A)0　(B)ABCD　(C)$\overline{ABCD}$　(D)A+B +C+D

解答：

5 (1)根據對偶定律，xyz＋0＝xyz；(2)根據補數定律，ab＋$\overline{ab}$＝1；
(3)根據補數定律，ab·$\overline{ab}$＝0；(4)根據自補定律，$\overline{\overline{wz}}$＝wz。

6 (B)。根據全等定律，xz·xz＝xz

7 (A)。根據吸收定律，ABCD·0＝0

解題技巧：代數與邏輯0做AND運算結果為0；代數與邏輯1做OR 運算結果為1。

多變數定理：

1. 交換定律：

(1) $x \cdot y = y \cdot x$

X	Y	X·Y	Y·X
0	0	0	0
0	1	0	0
1	0	0	0
1	1	1	1

由此可以得知 $x \cdot y = y \cdot x$ 成立。

(2) $x + y = y + x$

X	Y	X+Y	Y+X
0	0	0	0
0	1	1	1
1	0	1	1
1	1	1	1

由此可以得知 $x + y = y + x$ 成立。

2. 結合定律：

(1) $x \cdot (y \cdot z) = (x \cdot y) \cdot z = x \cdot y \cdot z$

X	Y	Z	Y·Z	X(Y·Z)	X·Y	(X·Y)·Z
0	0	0	0	0	0	0
0	0	1	0	0	0	0
0	1	0	0	0	0	0
0	1	1	1	0	0	0
1	0	0	0	0	0	0
1	0	1	0	0	0	0
1	1	0	0	0	1	0
1	1	1	1	1	1	1

由此可以得知 $x \cdot (y \cdot z) = (x \cdot y) \cdot z = x \cdot y \cdot z$ 成立。

(2) $x + (y + z) = (x + y) + z = x + y + z$

X	Y	Z	Y+Z	X+(Y+Z)	X+Y	(X+Y)+Z
0	0	0	0	0	0	0
0	0	1	1	1	0	1
0	1	0	1	1	1	1
0	1	1	1	1	1	1
1	0	0	0	1	1	1
1	0	1	1	1	1	1
1	1	0	1	1	1	1
1	1	1	1	1	1	1

由此可以得知 $x + (y + z) = (x + y) + z = x + y + z$ 成立。

3. 分配定律：

(1) $x \cdot (y + z) = x \cdot y + x \cdot z$

X	Y	Z	Y+Z	X·(Y+Z)	X·Y	X·Z	X·Y+X·Z
0	0	0	0	0	0	0	0
0	0	1	1	0	0	0	0
0	1	0	1	0	0	0	0
0	1	1	1	0	0	0	0
1	0	0	0	0	0	0	0
1	0	1	1	1	0	1	1
1	1	0	1	1	1	0	1
1	1	1	1	1	1	1	1

由此可以得知 $x \cdot (y + z) = x \cdot y + x \cdot z$ 成立。

(2) $x + (y \cdot z) = (x + y) \cdot (x + z)$

X	Y	Z	Y·Z	X+(Y·Z)	X+Y	X+Z	(X+Y)·(X·Z)
0	0	0	0	0	0	0	0
0	0	1	0	0	0	1	0
0	1	0	0	0	1	0	0
0	1	1	1	1	1	1	1
1	0	0	0	1	1	1	1
1	0	1	0	1	1	1	1
1	1	0	0	1	1	1	1
1	1	1	1	1	1	1	1

由此可以得知 $x + (y \cdot z) = (x + y) \cdot (x + z)$ 成立。

4. 消去定律：

(1) $x + xy = x$

X	Y	X·Y	X+XY
0	0	0	0
0	1	0	0
1	0	0	1
1	1	1	1

利用定律證明：

$x + xy = x \cdot 1 + xy = x(1 + y) = x \cdot 1 = x$

由此可以得知 $x + xy = x$ 成立。

(2) $x \cdot (x + y) = x$

X	Y	X+Y	X · (X+Y)
0	0	0	0
0	1	1	0
1	0	1	1
1	1	1	1

利用定律證明：

$x \cdot (x + y) = x \cdot x + xy = x + xy = x$

由此可以得知 $x \cdot (x + y) = x$ 成立。

(3) $x + \bar{x}y = x + y$

X	Y	$\bar{X}$	$\bar{X}Y$	X+$\bar{X}$Y	X+Y
0	0	1	0	0	0
0	1	1	1	1	1
1	0	0	0	1	1
1	1	0	0	1	1

利用定律證明：

$x + \bar{x}y = x \cdot 1 + \bar{x}y$

$\qquad = x(1+y) + \bar{x}y$

$\qquad = x \cdot 1 + xy + \bar{x}y$

$\qquad = x \cdot 1 + (x + \bar{x})y$

$\qquad = x + y$

由此可以得知 $x + \bar{x}y = x + y$ 成立

(4) $x \cdot (\bar{x} + y) = xy$

X	Y	$\bar{X}$	$\bar{X}$+Y	X · ($\bar{X}$+Y)	XY
0	0	1	1	0	0
0	1	1	1	0	0
1	0	0	0	0	0
1	1	0	1	1	1

利用定律證明：

$x \cdot (\bar{x} + y) = x \cdot \bar{x} + xy = 0 + xy = xy$

由此可以得知 $x \cdot (\bar{x} + y) = xy$ 成立。

例 題 ⬇

(　) 8 下列何者布林代數的不等式有誤？

(A)$x + \overline{x}y = xy + \overline{x}y$ 　　　(B)$x \cdot (y + z) = x \cdot y + x \cdot z$

(C)$x \cdot (y \cdot z) = x \cdot y \cdot z$ (D)$x \cdot y = y \cdot x$

(　) 9 $(x + z) \cdot (x + y) = ?$

(A)$x + zx + xy + zy$ 　(B)$x + y$ 　(C)$x + z + y$ 　(D)$x + zy$

(　) 10 $(x + \overline{y}) \cdot (\overline{x} + y) = ?$

(A)$x + y$ 　(B)$xy + \overline{x}\,\overline{y}$ 　(C)xy 　(D)$\overline{x}\,\overline{y}$

解答：**8 (A)**。根據消去定律，$x + \overline{x}y = x + y$

9 (D)。$(x + z) \cdot (x + y) = xx + xz + xy + zy$(分配定律，全等定律 $xx = x$)

$= x + xy + zy$ 　（消去定律$x + xz = x$）

$= x + zy$ 　（消去定律$x + xy = x$）

10 (B)。$(x + \overline{y}) \cdot (\overline{x} + y) = x\overline{x} + x\overline{y} + \overline{x}\,\overline{y} + \overline{y}y$ 　（分配定律）

$= 0 + xy + \overline{x}\,\overline{y} + 0$

$= xy + \overline{x}\,\overline{y}$（補數定律$x\overline{x} = 0$，$y\overline{y} = 0$）

解題技巧：AND運算類似四則運算的乘法但不完全一樣；OR運算類似四則運算的加法但不完全一樣。

3-3 第摩根定理

1. 第摩根第一定理：$\overline{A \cdot B} = \overline{A} + \overline{B}$

(1) 真值表

A	B	A·B	$\overline{A \cdot B}$	$\overline{A}$	$\overline{B}$	$\overline{A} + \overline{B}$
0	0	0	1	1	1	1
0	1	0	1	1	0	1
1	0	0	1	0	1	1
1	1	1	0	0	0	0

(2) 邏輯閘

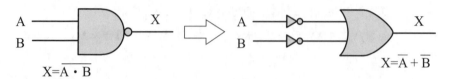

$$X = \overline{A \cdot B}$$

$$X = \overline{A} + \overline{B}$$

(3) 公式

$$\overline{A \cdot B \cdot C \cdots} = \overline{A} + \overline{B} + \overline{C} + \cdots$$

例 題 ⬇

(　) **11** $\overline{x} + \overline{y} + \overline{z} = ?$ 　(A)$\overline{\overline{x} + \overline{y} + \overline{z}}$ 　(B)$\overline{\overline{xyz}}$ 　(C)xyz 　(D)$\overline{x}\,\overline{y}\,\overline{z}$

解答：**11 (B)**。第摩根的第一定理是$\overline{A \cdot B \cdot C......} = \overline{A} + \overline{B} + \overline{C}......$。

2. 第摩根第二定理：$\overline{A + B} = \overline{A} \cdot \overline{B}$
   (1) 真值表

A	B	A+B	$\overline{A+B}$	$\overline{A}$	$\overline{B}$	$\overline{A} \cdot \overline{B}$
0	0	0	1	1	1	1
0	1	1	0	1	0	0
1	0	1	0	0	1	0
1	1	1	0	0	0	0

(2) 邏輯閘

$$X = \overline{A + B}$$

$$X = \overline{A} \cdot \overline{B}$$

(3) 公式

$$\overline{A + B + C \cdots} = \overline{A} \cdot \overline{B} \cdot \overline{C} \cdots$$

例 題 ⬇

(　) **12** $\overline{x} \cdot \overline{y} \cdot \overline{z} =$ 　(A)$\overline{x+y+z}$　(B)$\overline{xyz}$　(C)xyz　(D)$x+y+z$。

(　) **13** 化簡 $xy + \overline{x} + \overline{y}$ 　(A)1　(B)0　(C)$xy + \overline{xy}$　(D)$x+y$。

(　) **14** $(\overline{a+b}) \cdot (\overline{\overline{a}+\overline{b}}) = ?$ 　(A)1　(B)0　(C)ab　(D)$a+b$。

解答：**12 (A)**。第摩根的第二定理是 $\overline{A+B+C......} = \overline{A} \cdot \overline{B} \cdot \overline{C}......$。

　　　　13 (A)。$xy + \overline{x} + \overline{y} = xy + \overline{xy} = 1$

　　　　　　（第摩根第一定理 $\overline{x} + \overline{y} = \overline{xy}$）

　　　　　　（補數定律 $xy + \overline{xy} = 1$）

　　　　14 (B)。$(\overline{a+b}) \cdot (\overline{\overline{a}+\overline{b}}) = \overline{a}\,\overline{b} \cdot \overline{\overline{a}}\,\overline{\overline{b}} = \overline{a}\,\overline{b} \cdot ab = 0$

解題技巧：第摩根定理中AND運算變OR；OR運算變AND，之後再取補數。

3-4　邏輯閘互換

只需要NAND閘以及NOR閘，就可以構成所有的邏輯閘，NAND閘跟NOR閘也因此被稱為萬用閘。舉例如下：

1. 反閘NOT

　　用NAND來組成：$\overline{A \cdot A} = \overline{A}$

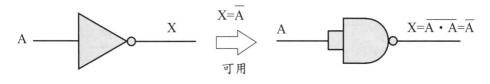

　　用NOR來組成：$\overline{A + A} = \overline{A}$

2. 及閘AND

用NAND來組成：$\overline{\overline{A\cdot B}} = A\cdot B$

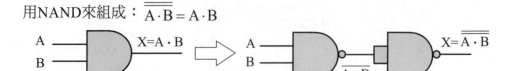

用NOR閘來組成：$\overline{\overline{A}+\overline{B}} = \overline{\overline{A}}\cdot\overline{\overline{B}} = A\cdot B$

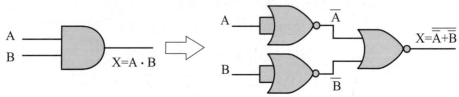

3. 或閘OR

用NAND來組成：$\overline{\overline{A}\cdot\overline{B}} = \overline{\overline{A}}+\overline{\overline{B}} = A+B$

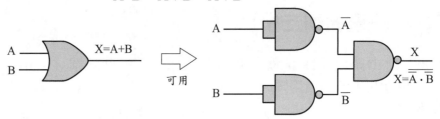

用NOR閘來組成：$\overline{\overline{A+B}} = A+B$

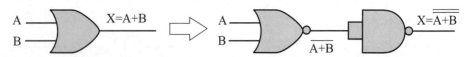

4. 反及閘NAND

以NOR閘來組成：$\overline{\overline{\overline{A}+\overline{B}}} = \overline{\overline{\overline{A}}\cdot\overline{\overline{B}}} = \overline{A\cdot B}$

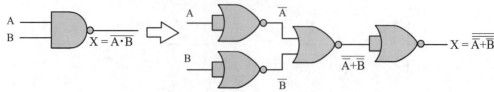

5. 反或閘NOR

　用NAND來組成：$\overline{A \cdot B} = \overline{\overline{A} + \overline{B}} = \overline{A + B}$

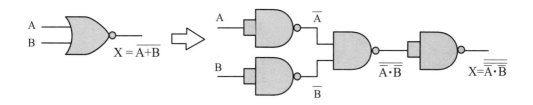

6. 互斥或閘XOR

　以NAND閘來組成：$\overline{\overline{\overline{A \cdot B} \cdot \overline{A \cdot \overline{B}}}} = \overline{\overline{A \cdot B}} + \overline{\overline{A \cdot \overline{B}}} = \overline{A} \cdot B + A \cdot \overline{B}$

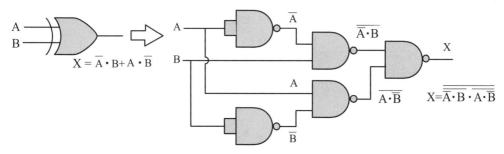

　　　以NOR閘來組成：$\overline{\overline{\overline{A + B}} + \overline{\overline{\overline{A} + \overline{B}}}} = (\overline{\overline{A + B}})(\overline{\overline{\overline{A} + \overline{B}}})$

$$= (A + B) \cdot (\overline{A} + \overline{B})$$

$$= A \cdot \overline{A} + A \cdot \overline{B} + B \cdot \overline{A} + B \cdot \overline{B}$$

$$= 0 + A \cdot \overline{B} + B \cdot \overline{A} + 0$$

$$= A \cdot \overline{B} + B \cdot \overline{A}$$

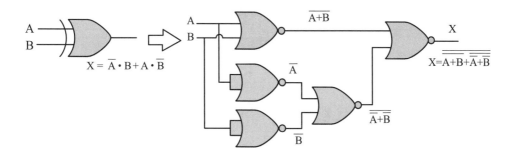

7. 互斥反或閘XNOR

以NAND閘來組成：$\overline{\overline{\overline{A\cdot B}\cdot\overline{A\cdot B}}}=\overline{\overline{A\cdot B}}+\overline{\overline{A\cdot B}}=\overline{A}\cdot\overline{B}+A\cdot B$

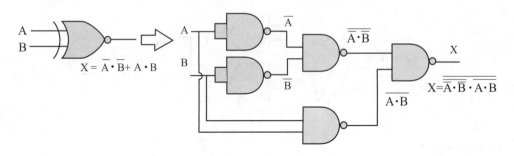

以NOR閘來組成：$\overline{\overline{\overline{A+B}+\overline{A+\overline{B}}}}=\overline{(\overline{A}+B)}\cdot\overline{(A+\overline{B})}$

$$=(\overline{A}+B)\cdot(A+\overline{B})$$

$$=\overline{A}\cdot A+\overline{A}\cdot\overline{B}+B\cdot A+B\cdot\overline{B}$$

$$=0+\overline{A}\cdot\overline{B}+A\cdot B+0$$

$$=\overline{A}\cdot\overline{B}+A\cdot B$$

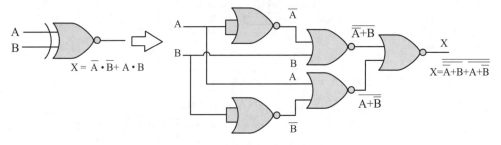

精選試題

模擬演練

(　　) **1** 下列布林代數定律何者有誤？　(A) $x\cdot 1=x$　(B) $x+0=0$　(C) $x\cdot 0=0$　(D) $x+1=1$。

(　　) **2** 下列布林代數定律何者正確？　(A) $x\cdot x=x^2$　(B) $x+x=2x$　(C) $x\cdot\overline{x}=1$　(D) $x+\overline{x}=1$。

( ) **3** 下列布林代數定律何者有誤？

(A) $x \cdot y = y \cdot x$ (B) $x \cdot (y \cdot z) = x \cdot y \cdot z$

(C) $x \cdot (y + z) = x \cdot y + z$ (D) $x + (y \cdot z) = (x + y) \cdot (x + z)$ 。

( ) **4** 試化簡 $a \cdot b \cdot \bar{b} = ?$ (A) a (B) b (C) 0   (D) 1 。

( ) **5** 下列布林代數的恆等式有誤？

(A) $x + xy = x$ (B) $x \cdot (x + y) = x$

(C) $x + \bar{x}y = x + y$ (D) $x \cdot (\bar{x} + y) = 1$ 。

( ) **6** $ab + \overline{ab} = ?$ (A) a (B) b (C) 0   (D) 1 。

( ) **7** 試化簡 $w + wx + wy + wz = ?$

(A) w (B) $w + x + y + z$ (C) 0   (D) $x + y + z$ 。

( ) **8** 試化簡 $w + \overline{wx} + \overline{wy} + \overline{wz} = ?$

(A) w (B) $w + x + y + z$ (C) 0   (D) $x + y + z$ 。

( ) **9** $\overline{xy} + \overline{x}\,\overline{y} = ?$ (A) 1   (B) $\overline{xy}$ (C) 0   (D) xy 。

( ) **10** $\overline{(x + y)}(\overline{\overline{x} + \overline{y}}) = ?$ (A) 1   (B) $\overline{xy}$ (C) 0   (D) xy 。

( ) **11** $\overline{wxyz} = ?$ (A) 1   (B) $w + x + y + z$ (C) $\overline{w} + \overline{x} + \overline{y} + \overline{z}$ (D) xy 。

( ) **12** 萬用閘是指？   (A)AND閘   (B)NAND閘   (C)OR閘   (D)XOR 閘。

( ) **13** 下列何者為OR閘？

( ) **14** 下列邏輯電路中，何者為XOR閘？

( ) **15** 下列何者不為布林代數的基本運算？

(A)AND (B)NAND (C)OR (D)NOT。

( ) **16** A B ⊐— 此電路是做布林代數的何種運算？

(A)AND (B)XOR (C)OR (D)NOT。

( ) **17** 寫出此電路的布林代數為何？

(A)AB (B)$\overline{AB}$ (C)$\overline{A+B}$ (D)$\overline{A}+\overline{B}$。

( ) **18** A B ⊐◦— 寫出此電路的布林代數為何？

(A)AB＋AB (B)AB＋$\overline{AB}$ (C)$\overline{A}\,\overline{B}$＋AB (D)A＋B。

歷屆考題

( ) **1** $F=\left(AB+\overline{C}\right)\left(A+BC\right)$ 的互補函數為何？

(A)$\overline{A}+\overline{B}\cdot C$ (B)$\overline{B}+\overline{A}\cdot C$ (C)$A\left(B+\overline{C}\right)$ (D)$B\left(A+\overline{C}\right)$。

( ) **2** 如圖所示電路，其輸出F的布林代數為何？

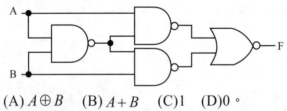

(A)$A\oplus B$ (B)$A+B$ (C)1 (D)0。

( ) **3** 圖為XOR閘的電路，其邏輯方程式為下列何者？

(A)$Y=AB+\overline{AB}$

(B)$Y=A\overline{B}+\overline{A}B$

(C)$Y=A\cdot B$

(D)$Y=A+B$。

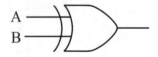

(　　) **4** 圖為7400 TTL數位IC接腳圖，若連接下面各接腳：1與4號腳、2與13號腳、3與5號腳、5與12號腳、6與9號腳、10與11號腳；且1與2號腳為所連接成的邏輯電路之輸入端A、B，8號腳為電路的輸出端F，則下列何者為此一邏輯電路之功能？

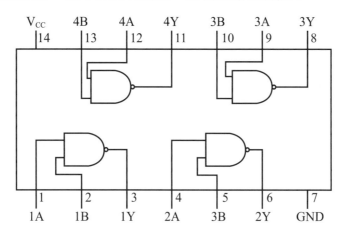

(A) F ＝ A B ' ＋ A ' B ' ＋ A　(B) F ＝ A ' B ＋ A ' B ' ＋ B '
(C) F ＝ (A ' B ＋ A B ') '　　(D) F ＝ (A B ＋ A ' B ') '

(　　) **5** 化簡布林代數 $\overline{\overline{A+B+C}\cdot\left(\overline{B}+\overline{D}\right)}$ 其結果為何？

(A)A＋B＋C　　(B)A＋B
(C)A＋C　　　(D)A＋D。

(　　) **6** 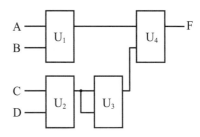 所示之邏輯閘輸出F為下列何者？

(A)A　(B)$\overline{A}$　(C)0　(D)1。

(　　) **7** 如右圖所示之電路，A，B，C，D為輸入，F為輸出，U1，U2，U3，U4均為兩個輸入的反及閘 (NAND)，則下列何者為 F的邏輯式？

(A)F ＝ A'B'C'D'
(B)F ＝ A'B'＋C'D'
(C)F ＝ (A＋B＋C＋D)'
(D)F ＝ AB＋(CD)'。

(　　) **8** 下列布林代數式之運算，何者有錯誤？

(A)$X \cdot (Y + Z + \overline{Y}) = X$

(B)$Y + Y \cdot Z \cdot 1 \cdot \overline{Z} = Y$

(C)$(A + \overline{B} + C) \cdot B = \overline{A} \cdot B \cdot \overline{C} + \overline{B}$

(D)$\overline{(A + \overline{BC})} = \overline{A} \cdot (B + \overline{C})$。

(　　) **9** 若欲以兩輸入之反及閘來製作一個兩輸入之反或閘的功能時，則至少需要使用多少個兩輸入之反及閘？

(A)3個　(B)4個　(C)5個　(D)6個。

(　　) **10** 如圖所示，若要使F輸出為0，則A、B、C的輸入為何？

(A)$A = 0$，$B = 0$，$C = 1$

(B)$A = 0$，$B = 1$，$C = 0$

(C)$A = 0$，$B = 0$，$C = 0$

(D)$A = 0$，$B = 1$，$C = 1$。

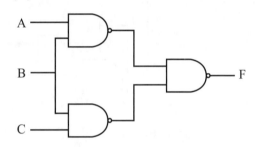

(　　) **11** 如圖所示，若 $A_3 A_2 A_1 A_0$ 輸入1010，C輸入1，則下列何者為 $B_3 B_2 B_1 B_0$ 之輸出？

(A)0101　(B)1010

(C)0011　(D)1100。

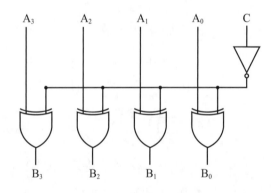

第四章　布林代數化簡

課前導讀

最重要的就是所謂的「卡諾圖化簡」，這是最好用的圖形化簡法，可以幫助讀者快速的將考題中的最簡布林代數式給求出來，**務必要將卡諾圖熟練**。近年來SOP轉換成POS也是熱門的考題之一。

· 重點整理 ·

4-1　布林代數式的表示法

1. 積之和（sum of product，簡稱SOP）
(1) 積項：兩個或多個變數執行AND運算稱為乘積項或積項（product），例如AB、$\overline{A}C$、$AB\overline{C}$
(2) 標準積項：一個積項中包含所有的輸入變數，則這個積項稱為標準積項（standard product）、全及項或最小項（minterm），例如變數為A、B、C三個時，ABC、$\overline{A}\,\overline{B}C$、$AB\overline{C}$等包含三個輸入變數的積項。
(3) 通常以m_i表示標準積項，其中i為相對應的十進位數，例如$000_{(2)}=\overline{A}\,\overline{B}\,\overline{C}=m_0$、$001_{(2)}=\overline{A}\,\overline{B}C=m_1$、$012_{(2)}=\overline{A}B\overline{C}=m_2$……，如表4-1所示，假設共有n個變數，則總共有$2^n$個輸入情況。

表4-1　三個輸入變數的標準積項表示法

十進制值	輸入變數			標準積項	
	A	B	C	布林代數	m_i
0	0	0	0	$\overline{ABC}$	m_0
1	0	0	1	$\overline{AB}C$	m_1
2	0	1	0	$\overline{A}B\overline{C}$	m_2
3	0	1	1	$\overline{A}BC$	m_3
4	1	0	0	$A\overline{B}\overline{C}$	m_4
5	1	0	1	$A\overline{B}C$	m_5

十進制值	輸入變數			標準積項	
	A	B	C	布林代數	m_i
6	1	1	0	$AB\overline{C}$	m_6
7	1	1	1	ABC	m_7

(4) 標準積之和（SSOP）：將數個標準積項做OR運算，

例如 $f(A,B,C) = \overline{A}\overline{B}C + \overline{A}BC + A\overline{B}C = m_1 + m_3 + m_5 = \sum(1,3,5)$

(5) 積之和（SOP）：數個積項做OR運算，

例如 $f(A,B,C) = \overline{A}\overline{B} + \overline{A}BC + A\overline{B}C$

(6) 積之和轉換成標準積之和：將欠缺的變數本身加上其補數，乘上原

有積項，例如 $AB = AB \cdot 1 = AB \cdot (C + \overline{C}) = ABC + AB\overline{C}$

2. 和之積（product of sum，簡稱POS）

(1) 和項：兩個或多個變數執行OR運算稱為和項，

例如 A+B 、$\overline{A}+C$、 $A+B+\overline{C}$

(2) 標準和項：一個和項包含所有輸入變數則這個和項稱為標準和項

（standard sum）、全或項或最大項（maxterm），例如變數為A、B、C三

個時， A+B+C 、$\overline{A}+B+C$、 $A+B+\overline{C}$ 等包含三個輸入變數的積項。

(3) 通常以M_i表示標準和項，其中i為相對應的十進位數，

例如 $000_{(2)} = A + B + C = M_0$ 、

$001_{(2)} = A + B + \overline{C} = M_1$ 、

$010_{(2)} = A + \overline{B} + C = M_2 \cdots$

如表4-2所示，假設共有n個變數，則總共有 2^n 個輸入情況。

表4-2　三個輸入變數的標準和項表示法

十進制值	輸入變數			標準和項	
	A	B	C	布林代數	M_i
0	0	0	0	$A + B + C$	M_0
1	0	0	1	$A + B + \overline{C}$	M_1

十進制值	輸入變數			標準和項	
	A	B	C	布林代數	M_i
2	0	1	0	$A+\overline{B}+C$	M_2
3	0	1	1	$A+\overline{B}+\overline{C}$	M_3
4	1	0	0	$\overline{A}+B+C$	M_4
5	1	0	1	$\overline{A}+B+\overline{C}$	M_5
6	1	1	0	$\overline{A}+\overline{B}+C$	M_6
7	1	1	1	$\overline{A}+\overline{B}+\overline{C}$	M_7

(4) 標準和之積（SPOS）：將數個標準和項做AND運算，例如

$$f(A,B,C)=(A+B+C)(A+\overline{B}+C)(\overline{A}+B+C)=M_0\cdot M_2\cdot M_4=\prod(0,2,4)$$

(5) 和之積（POS）：數個和項做AND運算，

例如 $f(A,B,C)=(A+B)(A+\overline{B}+C)(\overline{A}+B+C)$

(6) 和之積轉換成標準和之積：將欠缺的變數本身乘上其補數，加上原有和項，

例如 $\overline{A}+B=\overline{A}+B+0=\overline{A}+B+C\cdot\overline{C}=(\overline{A}+B+C)(\overline{A}+B+\overline{C})$

3. SSOP與SPOS的互換：兩者剛好形成補數關係

(1) SOP（POS）取補數時為另外未出現的 2^n 個的SOP（POS），n為變數的個數。

(2) SOP（POS）取補數時為POS（SOP）

(3) 例如 $f(A,B,C)=\sum(2,3,4,5,6,7)$ 可用定理化簡為：

$f(A,B,C)=\sum(2,3,4,5,6,7)$

$=\overline{A}\cdot B\cdot\overline{C}+\overline{A}\cdot B\cdot C+A\cdot\overline{B}\cdot\overline{C}+A\cdot\overline{B}\cdot C+A\cdot B\cdot\overline{C}+A\cdot B\cdot C$

$=(\overline{A}\cdot B\cdot\overline{C}+\overline{A}\cdot B\cdot C)+(A\cdot\overline{B}\cdot\overline{C}+A\cdot\overline{B}\cdot C)+(A\cdot B\cdot\overline{C}+A\cdot B\cdot C)$

$=\overline{A}\cdot B+A\cdot\overline{B}+A\cdot B$

$=\overline{A}\cdot B+A\cdot\overline{B}+A\cdot B(1+1)$

$=\overline{A}\cdot B+A\cdot\overline{B}+A\cdot B+A\cdot B$

$=(\overline{A}\cdot B+A\cdot B)+(A\cdot\overline{B}+A\cdot B)$

$=A+B$

我們將 $\sum(0,1)$ 化簡　$f(A,B,C) = \sum(0,1)$

$$= \overline{A} \cdot \overline{B} \cdot \overline{C} + \overline{A} \cdot \overline{B} \cdot C$$

$$= \overline{A} \cdot \overline{B}$$

$$= \overline{A+B}$$

$$= \overline{\sum(2,3,4,5,6,7)}$$

我們將 $\prod(0,1)$ 化簡

$f(A,B,C) = \prod(0,1)$

$$= (A+B+C) \cdot \left(A+B+\overline{C}\right)$$

$$= AA + AB + A\overline{C} + BA + BB + B\overline{C} + CA + CB + C\overline{C}$$

$$= A + (AB + BA) + \left(A\overline{C} + AC\right) + \left(B\overline{C} + CB\right) + 0 + B$$

$$= A + AB + A + B + 0 + B$$

$$= A + AB + B$$

$$= A + (AB + AB) + B$$

$$= (A+B) \cdot (A+B)$$

$$= A + B$$

$$= \sum(2,3,4,5,6,7)$$

$$= \overline{\sum(0,1)}$$

例 題 ⬇

1 將 $f(A,B,C) = A\overline{B} + AB\overline{C}$ 轉換成標準積之和的布林代數式與簡易式。

2 求 $f(A,B,C,D) = \sum(1,2,5,7)$ 的布林代數。

3 $f(A,B,C) = \prod(0,2,5)$

4 請將 $f(A,B,C,\mathrm{D}) = \sum(1,2,5,12,14,15)$ 換成POS。

5 請將 $f(A,B,C,\mathrm{D}) = \overline{\sum(1,2,5,12,14,15)}$ 換成POS。

6 $f(A,B,C) = \overline{\sum(1,2,5)}$，請找出 $f(A,B,C)$ 的SOP。

解答：

1 布林代數式：

$$f(A,B,C) = A\overline{B} + AB\overline{C}$$
$$= A\overline{B} \cdot 1 + AB\overline{C}$$
$$= A\overline{B} \cdot (C + \overline{C}) + AB\overline{C}$$
$$= A\overline{B}C + A\overline{B}\overline{C} + AB\overline{C}$$

簡易式：

$$f(A,B,C) = A\overline{B}C + A\overline{B}\overline{C} + AB\overline{C}$$
$$= m_4 + m_5 + m_6$$
$$= \sum(4,5,6)$$

2 布林代數式：

$$f(A,B,C,D) = \sum(1,2,5,7)$$
$$= m_1 + m_2 + m_5 + m_7$$
$$= 0001 + 0010 + 0101 + 0111$$
$$= \overline{A}\,\overline{B}\,\overline{C}D + \overline{A}\,\overline{B}C\overline{D} + \overline{A}B\overline{C}D + \overline{A}BCD$$

3 $f(A,B,C) = \prod(0,2,5)$

$$= M_0 + M_2 \cdot M_5$$
$$= (A + B + C) \bullet (A + \overline{B} + C) \bullet (\overline{A} + B + \overline{C})$$

4 $f(A,B,C,D) = \sum(1,2,5,12,14,15) = \prod(0,3,4,6,7,8,9,10,11,13)$

5 $f(A,B,C,D) = \overline{\sum(1,2,5,12,14,15)} = \prod(1,2,5,12,14,15)$

6 $f(A,B,C) = \overline{\sum(1,2,5)} = \sum(0,3,4,6,7)$

4-2　代數演算法

1. 利用定理化簡

例題 ⬇

7 $F=(A+\overline{B})(A+B)$ 的最簡式為何？

8 $F=XY\overline{B}+ACD\overline{B}+AC\overline{B}+\overline{C}\,\overline{D}\,\overline{B}+\overline{B}$ 的最簡式為何？

解答：**7** $F=(A+\overline{B})(A+B)$

$=AA+\overline{B}A+AB+\overline{B}B$ (分配定律)

$=A+\overline{B}A+AB+0$ （補數與全等定律$AA=A$，$\overline{B}B=0$）

$=A(1+\overline{B}+B)$ （分配定律）

$=A(1+1)$ （補數定律$\overline{B}+B=1$）

$=A$

8 $F=XY\overline{B}+ACD\overline{B}+AC\overline{B}+\overline{C}\,\overline{D}\,\overline{B}+\overline{B}$

$=(XY+ACD+AC+\overline{C}\,\overline{D}+1)\overline{B}$ （分配定律）

$=[(XY+ACD+AC+\overline{C}\,\overline{D})+1]\overline{B}$ （分配定律）

$=(1)\overline{B}$ （吸收定律$1+(XY+......)=1$）

$=\overline{B}$

解題技巧：用定理化簡要熟記定理

2. 利用增加項化簡

例 題 ⬇

9 $F = A\overline{B}\,\overline{C} + A\overline{B}C + ABC$ 的最簡式為何？

10 $F = X + \overline{Y} + \overline{X}Y + (X + \overline{Y})\overline{X}Z$ 的最簡式為何？

解答：9 $F = A\overline{B}\,\overline{C} + A\overline{B}C + ABC$

$= A(\overline{B}\,\overline{C} + \overline{B}C + BC)$ 　　(分配定律)

$= A(\overline{B} + BC)$ 　　　　　　(消去定律 $\overline{B}\,\overline{C} + \overline{B}C = \overline{B}$)

$= A(\overline{B}(1 + C) + BC)$ 　　(吸收定律 $1 + C = 1$)

$= A(\overline{B} + \overline{B}C + BC)$ 　(分配定律)

$= A(\overline{B} + C)$ 　　　　　　(消去定律 $\overline{B}C + BC = C$)

$= A\overline{B} + AC$ 　　　　　　(分配定律)

10 $F = X + \overline{Y} + \overline{X}Y + (X + \overline{Y})\overline{X}Z$

$= X + \overline{Y} + \overline{X}Y + X\overline{X}Z + \overline{Y}\,\overline{X}\,Z$ 　(分配定律)

$= X + \overline{Y} + \overline{X}Y + \overline{Y}\,\overline{X}\,Z$ 　　　(消去定律 $X\overline{X}Z = 0$)

$= X(Y + \overline{Y}) + \overline{Y} + \overline{X}Y + \overline{Y}\,\overline{X}\,Z$ 　(補數定律 $Y + \overline{Y} = 1$)

$= XY + X\overline{Y} + \overline{Y} + \overline{X}Y + \overline{Y}\,\overline{X}\,Z$ 　(分配定律)

$= Y(X + \overline{X}) + \overline{Y}(X + 1 + \overline{X}\,Z)$ 　(分配定律)

$= Y + \overline{Y}$ 　　　　　　　　(補數定律)

$= 1$ 　　　　　　　　　　(補數定律)

解題技巧：利用消去定理反增加項

3. 利用第摩根定理化簡

例 題 ⬇

11 $F = X + \overline{Y} + Z + \overline{XY\overline{Z}}$ 的最簡式為何？

12 $F = \overline{A\left(\overline{AB}\right)\left(\overline{C} + \overline{D}\right)}$ 的最簡式為何？

解答：

11 $F = X + \overline{Y} + Z + \overline{X}Y\overline{Z}$

$= \overline{\overline{X} \cdot Y \cdot \overline{Z}} + \overline{X}Y\overline{Z}$　　(第摩根第一定理)

$= 1$　　　　　　　　(補數定律$\overline{\overline{X} \cdot Y \cdot \overline{Z}} + \overline{X}Y\overline{Z} = 1$)

12 $F = \overline{A(A\overline{B})(\overline{C+D})}$

$= \overline{A} + \overline{(A\overline{\overline{B}})} + \overline{(\overline{C+D})}$　　(第摩根第一定理)

$= \overline{A} + A\overline{B} + CD$

$= \overline{A}(1 + \overline{B}) + A\overline{B} + CD$　　(吸收定律$1 + \overline{B} = 1$)

$= \overline{A} + \overline{A}\,\overline{B} + A\overline{B} + CD$　　(分配定律)

$= \overline{A} + \overline{B} + CD$　　　　(消去定律$\overline{A}\,\overline{B} + A\overline{B} = \overline{B}$)

$= \overline{(A \cdot B)} + CD$　　　　(第摩根第一定理)

$= \overline{AB} + CD$

4-3　卡諾圖法

卡諾圖是由一些小方格所組成，**當有n個輸入變數時，卡諾圖就必須有2個小方格**，雖然卡諾圖使用起來比利用定律來化簡快，但是只要變數太多的時候，就必須借用電腦來運算。小方格的編排還有一個原則，就是**任意相鄰的兩格（相鄰的兩項），其對應的變數只有一個是不相同的**。

1. 卡諾圖

卡諾圖每一個小方格就代表一個最小項，而雙變數的最小項以下面的表格來表示：

方格代表的最小項	x	y	最小項
m_0　(0)	0	0	$\overline{x}\,\overline{y}$
m_1　(1)	0	1	$\overline{x}y$
m_2　(2)	1	0	$x\overline{y}$
m_3　(3)	1	1	xy

至於雙變數所對應的卡諾圖為以下圖所示：

<table>
<tr><td colspan="3">x＼y</td></tr>
<tr><td></td><td>$\overline{y}$</td><td>y</td></tr>
<tr><td>$\overline{x}$</td><td>00</td><td>01</td></tr>
<tr><td>x</td><td>10</td><td>11</td></tr>
</table>

<table>
<tr><td colspan="3">x＼y</td></tr>
<tr><td></td><td>$\overline{y}$</td><td>y</td></tr>
<tr><td>$\overline{x}$</td><td>0 $\overline{x}\,\overline{y}$</td><td>1 $\overline{x}\,y$</td></tr>
<tr><td>x</td><td>2 $x\,\overline{y}$</td><td>3 $x\,y$</td></tr>
</table>

我們也可以將 x, y 互換，不過小方格裡所代表的最小項要特別注意。

<table>
<tr><td colspan="3">y＼x</td></tr>
<tr><td></td><td>$\overline{x}$</td><td>x</td></tr>
<tr><td>$\overline{y}$</td><td>00</td><td>10</td></tr>
<tr><td>y</td><td>01</td><td>11</td></tr>
</table>

<table>
<tr><td colspan="3">y＼x</td></tr>
<tr><td></td><td>$\overline{x}$</td><td>x</td></tr>
<tr><td>$\overline{y}$</td><td>0 $\overline{x}\,\overline{y}$</td><td>2 $\overline{x}\,y$</td></tr>
<tr><td>y</td><td>1 $x\,\overline{y}$</td><td>3 $x\,y$</td></tr>
</table>

三變數的最小項以下面的表格來表示：

方格代表的最小項	x	y	z	最小項
m_0 (0)	0	0	0	$\overline{x}\,\overline{y}\,\overline{z}$
m_1 (1)	0	0	1	$\overline{x}\,\overline{y}\,z$
m_2 (2)	0	1	0	$\overline{x}\,y\,\overline{z}$
m_3 (3)	0	1	1	$\overline{x}\,y\,z$
m_4 (4)	1	0	0	$x\,\overline{y}\,\overline{z}$
m_5 (5)	1	0	1	$x\,\overline{y}\,z$
m_6 (6)	1	1	0	$x\,y\,\overline{z}$
m_7 (7)	1	1	1	$x\,y\,z$

至於三變數所對應的卡諾圖為：

x \ yz	$\overline{y}\,\overline{z}$	$\overline{y}\,z$	$y\,z$	$y\,\overline{z}$
$\overline{x}$	000	001	011	010
x	100	101	111	110

x \	$\overline{y}\,\overline{z}$	$\overline{y}\,z$	$y\,z$	$y\,\overline{z}$
$\overline{x}$	0 $\overline{x}\,\overline{y}\,\overline{z}$	1 $\overline{x}\,\overline{y}\,z$	3 $\overline{x}\,y\,z$	2 $\overline{x}\,y\,\overline{z}$
x	4 $x\,\overline{y}\,\overline{z}$	5 $x\,\overline{y}\,z$	7 $x\,y\,z$	6 $x\,y\,\overline{z}$

四變數的最小項以下面的表格來表示：

方格代表的最小項	w	x	y	z	最小項
m_0 (0)	0	0	0	0	$\overline{w}\,\overline{x}\,\overline{y}\,\overline{z}$
m_1 (1)	0	0	0	1	$\overline{w}\,\overline{x}\,\overline{y}\,z$
m_2 (2)	0	0	1	0	$\overline{w}\,\overline{x}\,y\,\overline{z}$
m_3 (3)	0	0	1	1	$\overline{w}\,\overline{x}\,y\,z$
m_4 (4)	0	1	0	0	$\overline{w}\,x\,\overline{y}\,\overline{z}$
m_5 (5)	0	1	0	1	$\overline{w}\,x\,\overline{y}\,z$
m_6 (6)	0	1	1	0	$\overline{w}\,x\,y\,\overline{z}$
m_7 (7)	0	1	1	1	$\overline{w}\,x\,y\,z$
m_8 (8)	1	0	0	0	$w\,\overline{x}\,\overline{y}\,\overline{z}$
m_9 (9)	1	0	0	1	$w\,\overline{x}\,\overline{y}\,z$
m_{10} (10)	1	0	1	0	$w\,\overline{x}\,y\,\overline{z}$
m_{11} (11)	1	0	1	1	$w\,\overline{x}\,y\,z$
m_{12} (12)	1	1	0	0	$w\,x\,\overline{y}\,\overline{z}$
m_{13} (13)	1	1	0	1	$w\,x\,\overline{y}\,z$
m_{14} (14)	1	1	1	0	$w\,x\,y\,\overline{z}$
m_{15} (15)	1	1	1	1	$w\,x\,y\,z$

至於四變數所對應的卡諾圖為

wx ＼ yz	$\bar{y}\,\bar{z}$	$\bar{y}\,z$	$y\,z$	$y\,\bar{z}$
$\bar{w}\bar{x}$	0000	0001	0011	0010
$\bar{w}x$	0100	0101	0111	0110
wx	1100	1101	1111	1110
$w\bar{x}$	1000	1001	1011	1010

wx ＼ yz	$\bar{y}\,\bar{z}$	$\bar{y}\,z$	$y\,z$	$y\,\bar{z}$
$\bar{w}\bar{x}$	0 $\bar{w}\,\bar{x}\,\bar{y}\,\bar{z}$	1 $\bar{w}\,\bar{x}\,\bar{y}\,z$	3 $\bar{w}\,\bar{x}\,y\,z$	2 $\bar{w}\,\bar{x}\,y\,\bar{z}$
$\bar{w}x$	4 $\bar{w}\,x\,\bar{y}\,\bar{z}$	5 $\bar{w}\,x\,\bar{y}\,z$	7 $\bar{w}\,x\,y\,z$	6 $\bar{w}\,x\,y\,\bar{z}$
wx	12 $w\,x\,\bar{y}\,\bar{z}$	13 $w\,x\,\bar{y}\,z$	15 $w\,x\,y\,z$	14 $w\,x\,y\,\bar{z}$
$w\bar{x}$	8 $w\,\bar{x}\,\bar{y}\,\bar{z}$	9 $w\,\bar{x}\,\bar{y}\,z$	11 $w\,\bar{x}\,y\,z$	10 $w\,\bar{x}\,y\,\bar{z}$

2. SOP的卡諾圖化簡

SOP利用卡諾圖化簡的步驟如下：

(1) 將SOP中的每個項，對應的填入卡諾圖的空格中，並標記為1。

(2) 依序圈出相鄰的 2^n 個1（2個1，4個1，8個1，…）。每個方格的1可重覆使用，以便消除更多的變數。

(3) 如果有留下獨立的一個1，也要個別圈選。

(4) **必須要讓有1的空格都被圈到，而圈選的組數要愈少愈好。**

(5) 每一個圈選的結果，將不變的變數留下是一個乘積項，將每個乘積項OR起來就是最後化簡的結果。

例 題

13 試化簡 $F = \bar{x}y\bar{z} + xy\bar{z}$

14 試化簡 $F = \bar{w}\bar{x}yz + \bar{w}\bar{x}y\bar{z} + \bar{w}x\bar{y}z + \bar{w}x\bar{y}\bar{z}$

15 試化簡 $F(a,b,c) = \sum(3,5,6,7)$

解答

13

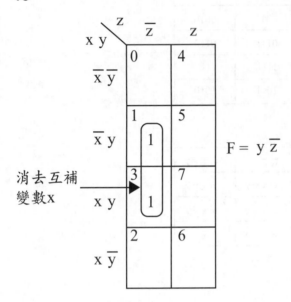

消去互補
變數x

$F = y\,\overline{z}$

14

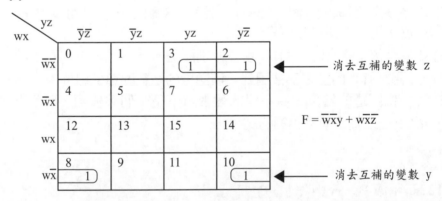

消去互補的變數 z

$F = \overline{w}\overline{x}y + w\overline{x}\overline{z}$

消去互補的變數 y

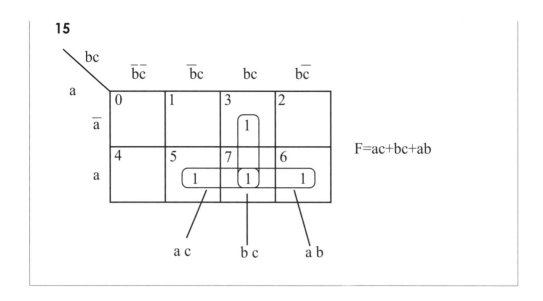

3. POS的卡諾圖化簡

POS利用卡諾圖化簡的步驟如下：

(1) 將POS中的每個項，對應的填入卡諾圖的空格中，並標記為0。

(2) 依序圈出相鄰的 2^n 個0（2個0，4個0，8個0，…）。每個方格的0可重覆使用，以便消除更多的變數。

(3) 如果有留下獨立的一個0，也要個別圈選。

(4) 必須要讓有0的空格都被圈到，而圈選的組數要愈少愈好。

(5) 每一個圈選的結果將不變的變數留下是一個乘積項，將每個乘積項 OR起來就是函數的補數，最後再取整個函數的補數就是結果。

例題 🔽

16 試化簡 $F(w, x, y, z) = \prod(1, 3, 4, 9, 11, 12, 13, 14, 15)$

17 試化簡 $F = (A + B + C + D)(A + B + C + \overline{D})(A + B + \overline{C} + D)(A + B + \overline{C} + \overline{D})$

解答：

16

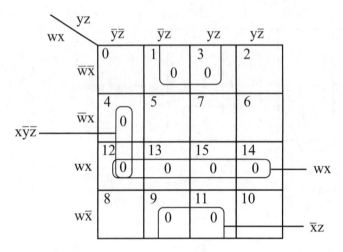

$$\therefore \overline{F}(w,x,y,z) = wx + \overline{x}z + x\overline{y}\overline{z}$$

$$F(w,x,y,z) = \overline{wx + \overline{x}z + x\overline{z}\overline{y}}$$

$$= (\overline{w}+\overline{x}) \cdot (x+\overline{z}) \cdot (\overline{x}+y+z)$$

17

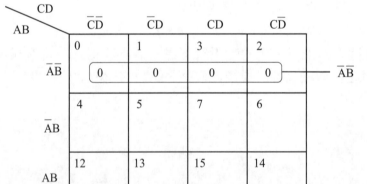

$$\overline{F} = \overline{A}\overline{B}$$

$$\overline{\overline{F}} = \overline{\overline{A}\overline{B}} = (A+B)$$

4. 隨意項的卡諾圖

　　在布林代數中，並不是每一個都是以SOP或是POS的形式所表示，因此我們**通常借助真值表來釐清問題**，其中我們以x代表不管是0或是1都可以，這類的項就叫做隨意項，通常我們以 $F = d(0,1,\cdots)$ 來代表隨意項的空格。

利用卡諾圖化簡的步驟如下

(1) 將真值表中輸出為1的項寫入卡諾圖，如果某個項缺少變數，就代表只要有那個項的變數方格都填1。

(2) 依序圈出相鄰的　個1（2個1，4個1，8個1，…）。每個方格的1可重覆使用，以便消除更多的變數，當有x可以將之當成1。

(3) 如果有留下獨立的一個1也要個別圈選，如果有獨立的x就當成0。

(4) 必須讓有1的空格都被圈到，而圈選的組數要愈少愈好。

(5) 每一個圈選的結果，將不變的變數留下是一個乘積項，將每個乘積項OR起來就是最後化簡的結果。

例題 ⬇

18 利用卡諾圖化簡 $F = w + \bar{x} + y + \overline{w}x\bar{y}$ 之布林代數式。

19 試化簡 $F(w,x,y,z) = \sum(1,3,5,9,13) + d(0,2,7)$。

20 試寫出下列SOP真值表的最簡布林代數。

x	y	z	輸出
0	0	0	1
0	0	1	0
0	1	0	1
0	1	1	X
1	0	0	X
1	0	1	X
1	1	0	1
1	1	1	0

解答：

18

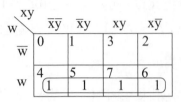

只要有 w 的空格就要填1

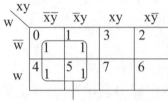

只要有 x̄ 的空格就要填1

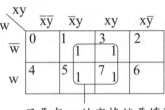

只要有 y 的空格就要填1

所以卡諾圖可以表示成

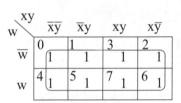

$F=w+\bar{x}+y+\bar{w}x\bar{y}=1$

19

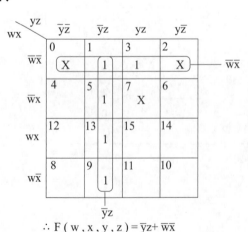

$\therefore F(w,x,y,z)=\bar{y}z+\overline{wx}$

20

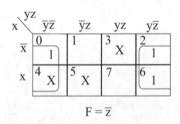

$F=\bar{z}$

解題小技巧：利用卡諾圖
化簡比用定理化簡快速跟
直覺。

4-4　組合邏輯電路化簡

將化簡之後的布林代數，利用最少的邏輯閘完成電路功能，以便節省硬體成本以及空間，此即為化簡的最大效果。化簡電路的步驟如下：

(1) 依照邏輯電路推算出布林代數式。

(2) 用卡諾圖化簡布林代數。

(3) 依最簡布林代數式畫出電路。

例 題

21 請化簡下圖中的電路。

22 請化簡下圖中的電路。

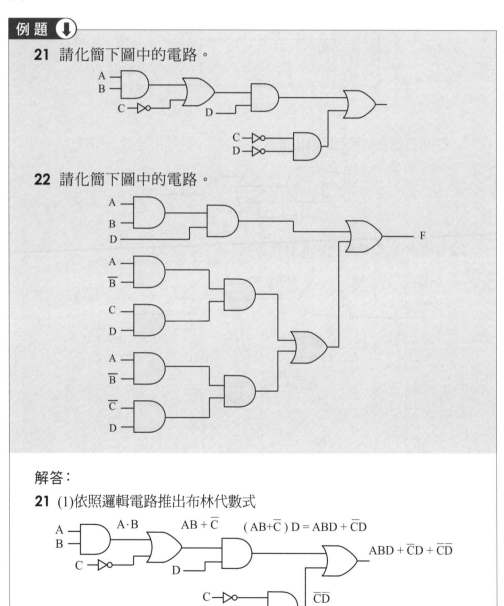

解答：

21 (1)依照邏輯電路推出布林代數式

(2)用卡諾圖化簡布林代數

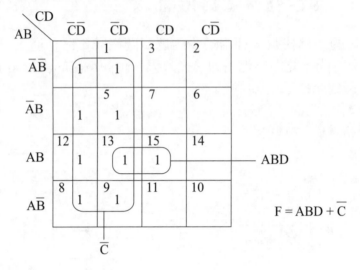

$$F = ABD + \overline{C}$$

(3)依最簡布林代數式畫出電路

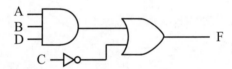

22 (1)依照邏輯電路推出布林代數式

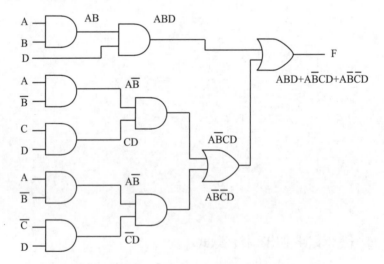

(2)用卡諾圖化簡布林代數

AB＼CD	$\overline{CD}$	$\overline{C}D$	CD	$C\overline{D}$
$\overline{AB}$	0	1	3	2
$\overline{A}B$	4	5	7	6
AB	12	13	15 1	14
$A\overline{B}$	8	9 1	11 1	10

AD

F = AD

(3)依最簡布林代數式畫出電路

A —
D — F=AD

精選試題

模擬演練

( )　**1** 若 $F(A,B,C,D)=\sum(0,1,2,3,4,5,8,9,12,13)$，則下列何者正確

　　(A)$F = AD^{'} + B^{'}$

　　(B)$F = A^{'}B^{'} + C^{'}$

　　(C)$F = \left(A^{'} + C^{'}\right)B^{'}$

　　(D)$F = \left(A + B^{'}\right)D$。

( )　**2** 表為一邏輯電路輸入與輸出關係之真值表，下列何者為其F之布林代數最簡式？

　　(A)$A + \overline{BC}$　　(B)$A + BC$

　　(C)$\overline{AC} + B$　　(D)$AB + C$。

輸入			輸出
A	B	C	F
0	0	0	1
0	0	1	0
0	1	0	1
0	1	1	1
1	0	0	0
1	0	1	0
1	1	0	1
1	1	1	1

(　　)　**3** 布林式 F（A,B,C,D）＝ A'B'C'D＋A'B'CD＋A'BC'D＋A'BCD＋
AB'C'D'＋AB'CD'＋ABC'D，若以標準和項之積（POS）數字式表
示 F，則下列何者為 F的表示式？
(A)∏（1,3,5,7,8,10,13）　　　　　(B)∏（15,13,11,9,8,6,3）
(C)∏（0,2,4,6,9,11,12,14,15）　　(D)∏（2,3,4,6,9,11,12,14,15）。

(　　)　**4** 設計邏輯電路時，假設輸入變數之反相與非反相值皆已提供，
則下列敘述何者錯誤？　(A)使用NAND-NAND製作邏輯電路
時，於卡諾圖中是取1的方格產生積項 之和　(B)使用NOR-NOR
製作邏輯電路時，於卡諾圖中是取0的方格產生和項 之積　(C)
使用AND-OR製作邏輯電路時，於卡諾圖中是取1的方格產生積
項 之和　(D)使用OR-AND製作邏輯電路時，於卡諾圖中是取0
的方格產生積項 之和。

(　　)　**5** 布林代數式F(A,B,C,D)＝Σ(1,5,6,7,11,12,13,15)，下列何者為其化
簡結果？　(A)$\overline{A}\,\overline{C}D＋\overline{A}BC＋AB\overline{C}＋ACD$　(B)$\overline{A}B\overline{C}＋\overline{A}C\overline{D}＋$
$A\overline{C}D＋BD$　(C)$\overline{A}B\overline{C}＋\overline{A}C\overline{D}＋A\overline{C}D＋ABC$　(D)$\overline{A}B\overline{C}＋\overline{A}C\overline{D}$
$＋\overline{A}BC＋ABC\overline{D}$。

(　　)　**6** F(X,Y,Z)＝∏(0,1,4)＝$\overline{\Sigma(?)}$　(A)$\overline{\Sigma(2,3,5,6,7)}$　(B)$\overline{\Sigma(1,2,3)}$　(C)
$\overline{\Sigma(0,1,4)}$　(D)$\overline{\Sigma(2,3,5)}$。

(　　)　**7** F(A,B,C)＝$\overline{\Sigma(2,3,5,7)}$ ，則F(A,B,C)＝
Σ(?)　(A)Σ(1,4,6)　(B)Σ(0,1,4,6)
(C)Σ(2,3,5,7)　(D)Σ(1,2,3,4)。

x	y	z	輸出
0	0	0	1
0	0	1	0
0	1	0	1
0	1	1	1
1	0	0	1
1	0	1	0
1	1	0	0
1	1	1	1

(　　)　**8** 若F(A,B,C)＝$\overline{A}B＋\overline{B}\,\overline{C}$，則F(A,B,C)＝
Σ(?)　(A)Σ(0,1,2,3)　(B)Σ(1,2,3,4)
(C)Σ(0,2,3,4)　(D)Σ(0,2,3,5)。

(　　)　**9** 若圖(一)為 F(X,Y,Z)的真值表，則
F(X,Y,Z)＝∏(?)
(A)∏(2,3,4,5)　(B)∏(0,3,4,7)
(C)∏(1,2,5,6)　(D)∏(1,3,5,7)。

圖(一)

( ) **10** 如圖(二)所示之卡諾圖，則F(A,B,C,D)之最簡布林代數為
(A)$\overline{A}B+\overline{B}C$
(B)$\overline{A}CD+BD+A\overline{B}\,\overline{D}$
(C)BC
(D)$\overline{B}CD+AD+BC\overline{D}$

AB\\CD	00	01	11	10
00			1	
01		1	1	
11			1	
10	1			1

圖(二)

( ) **11** 試化簡F(W,X,Y,Z)＝$\overline{W}\,\overline{X}\,\overline{Y}\,\overline{Z}+$
$W X \overline{Y} Z + \overline{W} X \overline{Y} \overline{Z}+W X \overline{Y} Z$
(A)$\overline{W} Y \overline{Z}+W Y \overline{Z}$　(B)$\overline{W}\,\overline{Y}\,\overline{Z}+$
WYZ　(C)$\overline{W}\,\overline{Y}\,\overline{Z}+WX\overline{Y}$　(D)
$\overline{W}\,\overline{Y}\,\overline{Z}$

( ) **12** 試化簡F(A,B,C)＝$\Sigma(1,2,5,7)$　(A)$AB+\overline{B}C$　(B)$AC+\overline{A}B\overline{C}$　(C)
$\overline{B}C+AC$　(D)$AC+\overline{B}C+\overline{A}B\overline{C}$

( ) **13** 試化簡F(A,B,C,D)＝$\Sigma(0,1,2,4,5)+d(3,6,7,13)$　(A)$\overline{A}$　(B)$\overline{A}+$
$AB\overline{C}D$　(C)$\overline{A}+B\overline{C}D$　(D)$\overline{B}$

( ) **14** 試化簡F(X,Y,Z)＝$\overline{X}+XZ$　(A)XZ　(B)$\overline{X}+Z$　(C)$\overline{X}$　(D)Z

( ) **15** 已知F(X,Y,Z)中有一項為XYZ，稱為　(A)積項　(B)和項　(C)
全及項　(D)全或項

( ) **16** 若F(A,B,C,D)＝$\Pi(0,1,13,15)$，則最簡布林代數為　(A)(A+B+C)
(B)$(A+B+D)(\overline{A}+\overline{B}+\overline{C})$　(C)$(\overline{A}+B+\overline{D})(A+C+D)$　(D)(A+B+C)
$(\overline{A}+\overline{B}+\overline{D})$

( ) **17** 若F(A,B,C,D)＝$\Pi(0,1,13)+d(4,5,7,15)$,則最簡布林代數為　(A)
(A+B)(C+D)　(B)$(A+B+C+D)(\overline{A}+\overline{B}+C)$　(C)(A+C)(B+D)
(D)$(A+C)(\overline{B}+\overline{D})$

( ) **18** 若F(A,B,C)＝$\Pi(0,1,2)$則與下列函數何者相等　(A)$\Sigma(1,2,3,4,5)$
(B)$\Sigma(0,1,2)$　(C)$\Sigma(3,4,5)$　(D)$\Sigma(3,4,5,6,7)$

( ) **19** 請寫出右圖中電路的布林代數式

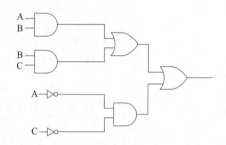

(A)$(A+B)(B+C)(\overline{A}+\overline{C})$

(B)$AB+BC+\overline{A}\overline{C}$

(C)$AB+BC+AC$

(D)$AB+BC\overline{AC}$

( ) **20** 承上題，請化簡上題中的布林代數式

(A)B　(B)$\overline{A}\overline{C}$　(C)AB　(D)$\overline{A}\overline{C}+B$

( ) **21** 承上題，則最簡化合電路為？

(A)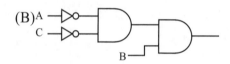

(B)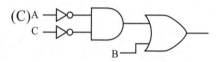

(C)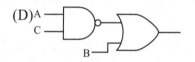

(D)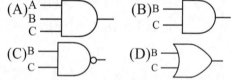

( ) **22** 如右圖，此電路與那一個電路相同

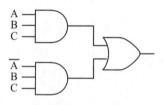

(A) (B)

(C) (D)

歷屆考題

( ) **1** 布林代數$Y = ABC+BCD+A\overline{B}$可轉換成

(A)$\overline{Y}=\overline{ABC}+\overline{BCD}+A\overline{B}$

(B)$\overline{Y}=(A+B+C)(B+C+D)(A+\overline{B})$

$(C)\overline{Y}=(\overline{A+B+C})(\overline{B+C+D})(A+\overline{B})$

$(D)\overline{Y}=(\overline{A}+\overline{B}+\overline{C})(\overline{B}+\overline{C}+\overline{D})(\overline{A}+B)$。

( )　**2** 試化簡布林代數$F=AC+\overline{A}C+\overline{C}\overline{D}$　(A)1　(B)AC　(C)$C+\overline{D}$　(D)$C\overline{D}$。

( )　**3** 試化簡$F(a, b, c, d)=\Sigma(1, 3, 4, 5, 10, 11, 12, 13, 14, 15)$　(A)$\overline{a}\overline{b}+b\overline{c}+ab+ac$　(B)$\overline{a}\overline{b}d+b\overline{c}+ac$　(C)$ab+ac$　(D)$\overline{a}bc+abd+ac$。

( )　**4** 對於布林代數$F(a, b, c, d)=\Sigma(0, 1, 3, 7, 8, 9, 13, 15)+d(4, 5, 11)$而言(d為Don't Care)，其最簡積項和(Minimum Sum-of-product)表示式為何？　(A)$ab+c$　(B)$\overline{a}\overline{b}+d$　(C)$\overline{b}\overline{c}+d$　(D)$\overline{a}\overline{c}+b$。

( )　**5** 若組合邏輯電路函數$Z(A, B, C, D)=\Sigma(1, 4, 6, 7, 8, 9, 10, 11, 15)$則下列哪一個不是基本質隱含項(Essential Prime Implicant)？　(A)$A\overline{B}$　(B)ACD　(C)$\overline{A}B\overline{D}$　(D)$\overline{B}\overline{C}D$。

( )　**6** 布林代數$(A+B\overline{D}+\overline{E}+FG)(A+B\overline{D}+\overline{\overline{E}}+FG)$可化簡為
$\qquad$(A)$A+B\overline{D}+\overline{E}+FG$　　　　　　　(B)$A+B\overline{D}$
$\qquad$(C)$\overline{E}+FG$　　　　　　　　　　　　(D)$B\overline{D}+\overline{E}$。

( )　**7** 已知$F(x, y, z)=\Sigma(1, 2, 3)$與$G(x, y, z)=d(5, 6, 7)$則$F+G=$？
$\qquad$(A)$y+z$　(B)$x+z$　(C)$\overline{y}+\overline{z}$　(D)$\overline{x}+\overline{z}$。

( )　**8** 若$F(A, B, C)=\Sigma(1, 3, 7)+d(2, 5)$，其中d表示don't care condition則F等於　(A)A　(B)C　(C)$C+\overline{A}B$　(D)$\overline{A}B$。

( )　**9** 假設邏輯函數$NAND(A, B, C)=\overline{ABC}$ 則 $NAND(NAND(A, B, C), \overline{A}, C)$等於　(A)0　(B)1　(C)$A+\overline{C}$　(D)$ABC+\overline{C}$。

( )　**10** 對於布林代數$F_1(a, b, c, d)=\Sigma(1, 4, 6, 7, 8, 9, 10, 11, 15)$而言，下列何者不是必要質隱項(essential prime implicant)？　(A)$\overline{b}\overline{c}d$ (B)$\overline{a}b\overline{d}$　(C)bcd　(D)$a\overline{b}$。

第五章　　數字系統

課前導讀　　　　　　　　　　　　　　　　　　　本章重要性 ★★★★★

電腦語言是利用一連串的0和1所組成的，因此在電腦中數字的運算也是由二進位制來表示的，而人類語言最常使用的是十進位制的系統，其他常見的有十六進位制、八進位制，而數位邏輯中最重要的當屬二進位制的系統了。至於利用0與1所組成的編碼方式也為常考之題型，因此非常重要，**務必熟讀二進位制以及偵錯誤碼的觀念。**

· 重點整理 ·

5-1　十、二、八、十六進位表示法

1. 數字碼分類
   (1) 加權碼：一般用來表示數值，且可以做算術運算。
   (2) 非加權碼：一般用來表示文字與符號，不可以做算術運算。

數字碼	名稱	用途
加權碼	十進位	1.用來表示數值 2.可以做算術運算
	二進位	
	八進位	
	十六進位	
	二進碼十進數（BCD）	
非加權碼	加三碼	1.用來表示文字與符號 2.不可以做算術運算 3.做為控制碼使用
	格雷碼	
	美國資訊交換標準代碼（ASCII）	

2. 十進位（decimal）表示法

表5-1 十進位表示法的權位

權位	⋯	10^2	10^1	10^0	.	10^{-1}	10^{-2}	⋯
數值	⋯	1	2	3	.	2	5	⋯

(1) 以10為基底，逢10就進位。

(2) 如範例，右下角(10)表示為十進位制。

(3) 範例：$123.25_{(10)}=1\times10^2+2\times10^1+3\times10^0+2\times10^{-1}+5\times10^{-2}=123.25$ 。最左

邊的1為最高權位，稱為MSD；最右邊的5為最低權位，稱為LSD。

例題 ⬇

( ) **1** 101不等於下列何者 (A)$101_{(10)}$ (B)$(101)_{10}$ (C)$101_{(D)}$ (D)$101_{(2)}$

解答：**1 (D)**。通常沒標下限即表示為十進位制，因此$101=101_{(10)}=(101)_{10}=101_{(D)}$，故選(D)。

---

3. 二進位（binary）表示法

表5-2 二進位表示法的權位

權位	⋯	2^2	2^1	2^0	.	2^{-1}	2^{-2}	⋯
數值	⋯	1	0	1	.	0	1	⋯

(1) 僅有「1」與「0」兩種狀態，其中「1」代表高電位，「0」代表低電位。

(2) 以2為基底，逢2就進位。

(3) 如範例，右下角(2)或(B)表示為二進位制。

(4) 範例：$101.01_{(2)}=101.01_{(B)}=1\times2^2+0\times2^1+1\times2^0+0\times2^{-1}+1\times2^{-2}=5.25_{(10)}$ 。

最左邊的1為最高權位，稱為MSB；最右邊的1為最低權位，稱為LSB。

例 題 ⬇

(　) **2** $(111)_2 =$ 　(A)$111_{(10)}$ 　(B)$(111)_{10}$ 　(C)$111_{(D)}$ 　(D)$111_{(B)}$

解答：**2 (D)**。 二進位可以$(111)_2 = 111_{(2)} = 111_{(B)}$，故選(D)。

4. 八進位（octal）表示法

表5-3　八進位表示法的權位

權位	...	8^2	8^1	8^0	.	8^{-1}	8^{-2}	...
數值	...	1	2	3	.	2	5	...

(1) **以8為基底，逢8就進位**。

(2) 如範例，右下角(8)表示為八進位制。

(3) 範例：$123.25_{(8)} = 1 \times 8^2 + 2 \times 8^1 + 3 \times 8^0 + 2 \times 8^{-1} + 5 \times 8^{-2}$

$$= 83.328125_{(10)}$$
$$= 001010011.010101_{(2)}$$

最左邊的1為最高權位，稱為MSB；最右邊的5為最低權位，稱為LSB。

5. 十六進位（hexadecimal）表示法

表5-4　十六進位表示法的權位

權位	...	16^2	16^1	16^0	.	16^{-1}	16^{-2}	...
數值	...	A	D	E	.	2	5	...

(1) 利用0、1、2、3、4、5、6、7、8、9、A(10)、B(11)、C(12)、D(13)、E(14)、F(15)來表示。

(2) **以16為基底，逢16就進位**。

(3) 如範例，右下角(16)表示為十六進位制。

(4) 範例：$ADE.25_{(16)} = 10 \times 16^2 + 13 \times 16^1 + 14 \times 16^0 + 2 \times 16^{-1} + 5 \times 16^{-2}$

$$= 2782.14453125_{(10)}$$
$$= 101011011110.00100101_{(2)}$$

5-2 數字表示法之互換

1. 各種進位制的比較

十進位制	二進位制	八進位制	十六進位制
0	0000	00	0
1	0001	01	1
2	0010	02	2
3	0011	03	3
4	0100	04	4
5	0101	05	5
6	0110	06	6
7	0111	07	7
8	1000	10	8
9	1001	11	9
10	1010	12	A
11	1011	13	B
12	1100	14	C
13	1101	15	D
14	1110	16	E
15	1111	17	F

2. 二、八、十六進位轉換成十進位

步驟：

(1) 列出二、八、十六進位的加權表示式。

(2) 計算總和，即為該數的十進位值。

例題

3 將二進位數$1001.01_{(2)}$轉換成十進位數。

4 將八進位數$153.2_{(8)}$轉換成十進位數。

5 將十六進位數$5E.8_{(16)}$轉換成十進位數。

解答：

3 $1001.01_{(2)}=1\times2^3+0\times2^2+0\times2^1+1\times2^0+0\times2^{-1}+1\times2^{-2}=8+1+0.25=9.25_{(10)}$

4 $153.2_{(8)}=1\times8^2+5\times8^1+3\times8^0+2\times8^{-1}=64+40+3+0.25=107.25_{(10)}$

5 $5E.8_{(16)}=5\times16^1+14\times16^0+8\times16^{-1}=80+14+0.5=94.5$

3. 十進位轉換成二、八、十六進位

將十進位轉換成r進位（r為二、八或十六進位）時，分為整數部分與小數部分，處理步驟如下：

(1) 整數部分：採用以r為除數的連除法，一直取餘數部分，直到商數為0為止，最後再由下而上寫出所有餘數。

(2) 小數部分：採用以r為乘數的連乘法，一直取整數部分，直到小數部分為0或是一直循環，或是到指定的位數為止，最後再由上而下寫出所有乘積的整數。

例 題

6 將25.625轉換成二進位制

7 將123.25轉換成八進位制

8 將22.15轉換成十六進位制

解答：

6

25.625分成整數25
　　　　　小數0.625

整數部分：

```
        餘數
        ↓
2 | 25
2 | 12 ........1
2 |  6 ........0   由
2 |  3 ........0   左
2 |  1 ........1   至
    0 ........1   右
```

小數部分：

```
                取整數
                  ↓
0.625 × 2 = 1.25  ....1    由
0.25 × 2 = 0.5    ....0    左
0.5 × 2 = 1.0     ....1    至
                          右
```

$\therefore 25.625 = 11001.101_{(2)}$，故選(C)。

7

123.25分成整數123
　　　　　小數0.25

整數部分：

```
          餘數
          ↓
8 | 123
8 |  15 .........3    由
8 |   1 .........7    左
      0 .........1    至
                      右
```

小數部分：

```
                    整數
                     ↓
0.25 × 8 = 20   .........2    由
                             左
                             至
                             右
```

$\therefore 123.25 = 173.2_{(8)}$。

8

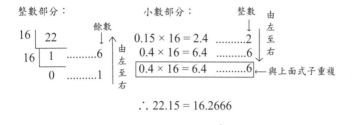

22.15分成整數22
小數0.15

整數部分：　　　　　　　小數部分：　　　　　　整數

$$16\underline{|22}$$　餘數　　0.15 × 16 = 2.4　........2
$$16\underline{|1}$$ ....6　0.4 × 16 = 6.4　........6
　0 ....1　　0.4 × 16 = 6.4　........6 ←與上面式子重複

∴ 22.15 = 16.2666

4. 二、八、十六進位之互換

(1) 二進位制與八進位制互換

因為 $2^3=8$，所以3個位元的二進位可以表示八進位的1個位元，整數的部分就由右至左每三位數為一組（不夠三位數者在最左邊補零），小數部分由小數點為基準由左而右每三位數為一組（不夠三位數者在最右邊補零）。

(2) 二進位制與十六進位制互換

因為 $2^4=16$，所以4個位元的二進位可以表示十六進位的1個位元，整數的部分就由右至左每四位數為一組（不夠四位數者在最左邊補零），小數部分由小數點為基準由左而右每四位數為一組（不夠四位數者在最右邊補零）。

(3) 八進位制與十六進位制互換

八進位制與十六進位制的互換，**可以利用先轉換成二進位，再轉換成所需要的進位制，較為簡單。**

例題

9 將 $101010001111_{(2)}$ 轉換成八進位制。

10 將 $1111.11_{(2)}$ 轉換成八進位制。

11 將 $EF.81_{(16)}$ 轉換成二進位制。

12 將 $110011.011_{(2)}$ 轉換成十六進位

13 將 $BB_{(16)}$ 轉換成八進位制

14 將 $45.67_{(8)}$ 轉換成十六進位

解答：

9

$$\underline{101}\ \underline{010}\ \underline{001}\ \underline{111}_{(2)}$$

←————————　整數部分由右至左

$$\underline{5}\quad \underline{2}\quad \underline{1}\quad \underline{7}$$

$$\therefore\ 101010001111_{(2)} = 5217_{(8)}\,。$$

10

$1111.11_{(2)}$分成整數1111
　　　　　　小數0.11

整數：　　　　　　　　　　　　　　　小數：

補零
$$\underline{001}\ \underline{111}_{(2)} \qquad\qquad \underline{110}$$

←————　整數由右至左　　　————→　小數由左至右

$$\underline{1}\quad \underline{7}_{(8)} \qquad\qquad\qquad \underline{6}_{(8)}$$

$$\therefore\ 1111.11_{(2)} = 17.6_{(8)}$$

11

$$\underline{E}\ \underline{F}\ .\ \underline{8}\ \underline{1}_{(16)}$$

$$= \underline{1110}\ \underline{1111}\ .\ \underline{1000}\ \underline{0001}_{(2)}$$

$$\therefore\ EF.81_{(16)} = 11101111.10000001_{(2)}$$

12

110011.011分成整數110011
　　　　　　　小數0.011

整數：　　　　　　　　　　　　　　小數：

補0　　　　　　　　　　　　　　　　　補0
$$\underline{0011}\ \underline{0011}_{(2)} \qquad\qquad \underline{0110}_{(2)}$$

←————　整數由右至左　　　————→　小數由左至右

$$= \underline{3}\quad \underline{3}_{(16)} \qquad\qquad\qquad = \underline{6}_{(16)}$$

$$\therefore\ 110011.011_{(2)} = 33.6_{(16)}$$

13

$$\underline{B}\ \underline{B}_{(16)}$$
$$= \underline{1011}\ \underline{1011}_{(2)}$$
補0→
$$= \underline{010}\ \underline{111}\ \underline{011}$$
$$= \underline{2}\ \underline{7}\ \underline{3}_{(8)}$$
$$\therefore\ BB_{(16)} = 273_{(8)}$$

14

$$\underline{4}\ \underline{5}\ .\ \underline{6}\ \underline{7}_{(8)}$$
$$= \underline{100}\ \underline{101}\ .\ \underline{110}\ \underline{111}_{(2)}$$
補0→　　　　　　　　　　　　←補0
$$= \underline{0010}\ \underline{0101}\ .\ \underline{1101}\ \underline{1100}$$
$$= \underline{2}\ \underline{5}\ .\ \underline{D}\ \underline{C}_{(16)}$$
$$\therefore\ 45.67_{(8)} = 25.DC_{(16)}$$

5-3　補數

1. 補數：

二進位制的加減乘除均可以利用加法來達成，例如A－B＝A＋(－B)＝A
＋(B取補數)，在計算時**先將減數B取補數，再與A相加，即可完成減法
運算**。對於基底為r的數字系統而言，取補數有兩種方式，分別為r-1的
補數及r的補數兩種。

(1) r-1的補數

　i.　基底為r，最大正整數為r-1，兩個正整數相加後為r-1，則稱此兩
　　　數互為r-1的補數，以(r-1)'s 表示。

　ii.　r-1的補數求法

r 進位	r-1的補數	數值
二進位	1的補數(1's)	1.將每個數字用1去減 2.快速解法：將 0→1，1→0
八進位	7的補數(7's)	將每個數字用7去減
十進位	9的補數(9's)	將每個數字用9去減
十六進位	15的補數(15's)	將每個數字用F($15_{(10)}$)去減

(2) r的補數

　i.　基底為r，其r的補數＝(r－1的補數)＋1，以r's表示

　ii.　r的補數求法

r 進位	r的補數	數值
二進位	2的補數(2's)	1. 2's＝1's＋1先求1的補數（將 0→1，1→0）， 　再加1 2. 快速解法：從左邊的MSB開始，將 0→1， 　1→0，直到最右邊的1之後的數字不變
八進位	8的補數(8's)	8's＝7's＋1 先求7的補數（將每個數字用7去減），再加1
十進位	10的補數(10's)	10's＝9's＋1 先求9的補數（將每個數字用9去減），再加1
十六進位	16的補數(16's)	16's＝15's＋1 先求15的補數（將每個數字用F($15_{(10)}$)0去減）， 再加1

2. 二進位無號數的表示法

若二進位數只表示數值大小，並無正負之分，則稱為二進位無號數表示法，例如4位元的二進位無號數$0000_{(2)}$~$1111_{(2)}$，可以表示的範圍為0~$(2^4-1)=0$~$15_{(10)}$，以此類推，n位元的二進位無號數可以表示的範圍為0~(2^n-1)。

3. 二進位有號數的表示法

加減乘除的運算中，二進位數皆為有號數，有正負之分，常用的二進位有號數表示法共三種，分別如下：

(1) 真值表示法：

　i.　將最高有效位元（MSB）當成符號位元（sign bit），用來表示正負數，其他位元則用來表示數值大小，因符號位元不能相加，故較少使用

　ii.　n位元的二進位有號數可以表示的範圍為$-(2^{n-1}-1)$~$+(2^{n-1}-1)$

　iii.　表示式：

　　　正數：符號位元0＋數值大小

　　　例如：$+3_{(10)}=0011_{(2)}$

　　　負數：符號位元1＋數值大小

　　　例如：$-3_{(10)}=1011_{(2)}$

(2) 1的補數表示法

　i.　簡稱為「1's表示法」

　ii.　將最高有效位元（MSB）當成符號位元（sign bit），用來表示正負數，其他位元則用來表示數值大小，較少使用

　iii.　n位元的二進位有號數可以表示的範圍為$-(2^{n-1}-1)$~$+(2^{n-1}-1)$

　iv.　表示式：

　　　正數：符號位元0＋數值大小

　　　例如：$+3_{(10)}=0011_{(2)}$

　　　負數：正數取1的補數，即將$0\rightarrow1$，$1\rightarrow0$

　　　例如：$-3_{(10)}$的4位元二進位數1的補數表示法為

　　　$\because +3_{(10)}=0011_{(2)}$

　　　↓取1's

　　　$\therefore -3_{(10)}=1100_{(2)}$

(3) 2的補數表示法

　　i. 簡稱為「2's表示法」

　　ii. **將最高有效位元（MSB）當成符號位元（sign bit），用來表示正負數，其他位元則用來表示數值大小**

　　iii. n位元的二進位有號數可以表示的範圍為$-2^{n-1}\sim+(2^{n-1}-1)$

　　iv. 表示式：

　　正數：符號位元0＋數值大小

　　例如：$+3_{(10)}=0011_{(2)}$

　　負數：正數取2的補數，即正數取1的補數＋1

　　例如：$-3_{(10)}$的4位元二進位數2的補數表示法為1101

4. 二進位制的加法

　　兩個二進位直接相加，遇到2就進位。

例 題 ⬇

（　）**15** $1101_{(2)}+0101_{(2)}=$　（A）$10010_{(2)}$　（B）$0010_{(2)}$　（C）$1010_{(2)}$（D）$11110_{(2)}$

（　）**16** $10.010_{(2)}+110.01_{(2)}=$　（A）$1111.111_{(2)}$　（B）$1000.100_{(2)}$（C）$0000.100_{(2)}$　（D）$1001.101_{(2)}$

解答：

15 (A)。
$$\begin{array}{r} 1101_{(2)} \\ +\ 0101_{(2)} \\ \hline 10010_{(2)} \end{array}$$，故選(A)。

16 (B)。
$$\begin{array}{r} 10.010_{(2)} \\ +\ 110.01_{(2)} \\ \hline 1000.100_{(2)} \end{array}$$，故選(B)。

---

5. 二進位制的乘法

　　二進位制做乘法運算時，有四種情形如下，而照著十進位制的直式乘法做相加即可得到最後的積。

乘數	被乘數	積
1	1	1
1	0	0
0	1	0
0	0	0

例題 ⬇

(　) **17** $1100_{(2)} \times 1010_{(2)} =$ 　(A)$100000_{(2)}$　(B)$10110_{(2)}$　(C)$0011000_{(2)}$
　　　　(D)$1111000_{(2)}$

(　) **18** $10.1_{(2)} \times 11.01_{(2)} =$ 　(A)$1000.001_{(2)}$　(B)$1000.01_{(2)}$
　　　　(C)$1000.1_{(2)}$　(D)$1111.001_{(2)}$

解答：

17 (D)。

$$
\begin{array}{r}
1100_{(2)} \\
\times\ 1010_{(2)} \\
\hline
0000 \\
1100 \\
0000 \\
1100 \\
\hline
1111000_{(2)}
\end{array}
$$

故選(D)。

18 (A)。

$$
\begin{array}{r}
10.1_{(2)} \\
\times\ 11.01_{(2)} \\
\hline
101 \\
000 \\
101 \\
101 \\
\hline
1000.001_{(2)}
\end{array}
$$

故選(A)。

解題技巧：二進位加法和為2就進位。

6. 二進位制的減法

(1) 一般減法：利用跟十進位制一樣的減法就可以達成，只是**借位的時候要注意是向左借一當作二**

(2) 1's補數法：利用加法的方式來實現減法，步驟如下：

　i. 將減數取1's補數，即0→1，1→0

　ii. 取完補數之後再跟被減數相加，此時會得到一個積。

　iii. 若有溢位（Overflow代表兩數相加超出原本的位數）此時為正數，就將溢位再加回到積中，最後的數字即為答案。

　iv. 若無溢位此時為負數，就再將積取1's補數，前面加一個負號即為答案。

(3) 2's補數法：將一個二進位制的數字利用2's補數轉換成負數，只要利用0→1，1→0後還要在最小的位置（即LSB）加上1，這就是2's補數的負數。步驟如下：

　i. 先將減數取2's補數，只要將0變成1，將1變成0，然後在最小的位置（即LSB）加上1即可。

　ii. 取完補數之後再跟被減數相加，此時會得到一個積。

　iii. 若有溢位（overflow代表兩數相加超出原本的位數）此時為正數，直接將溢位的位元捨去，積的數字即為答案。

　iv. 若無溢位此時為負數，就再將積取2's補數，前面加一個負號即為答案。

例 題

( ) 19 $1010_{(2)}-0101_{(2)}=$ (A)$1111_{(2)}$ (B)$0001_{(2)}$ (C)$0101_{(2)}$ (D)$1000_{(2)}$

( ) 20 $100.11_{(2)}-01.01_{(2)}=$ (A)$011.10_{(2)}$ (B)$000.10_{(2)}$ (C)$111.11_{(2)}$ (D)$01.10_{(2)}$

( ) 21 $110011.0110_{(2)}$的1'S補數為何
(A)$001100.1111_{(2)}$ (B)$001100.1001_{(2)}$
(C)$001100.1010_{(2)}$ (D)$110011.0010_{(2)}$

( ) 22 利用1'S補數做減法$10011_{(2)}-00101_{(2)}=$
(A)$01110_{(2)}$ (B)$00010_{(2)}$ (C)$11111_{(2)}$ (D)$0110_{(2)}$

( ) 23 利用1'S補數做減法$00011_{(2)}-10101_{(2)}=$ (A)$10010_{(2)}$
(B)$-10010_{(2)}$ (C)$10001_{(2)}$ (D)$-00110_{(2)}$

( ) 24 $110011_{(2)}$的2'S補數為何
(A)$001100_{(2)}$ (B)$111100_{(2)}$ (C)$001101_{(2)}$ (D)$110011_{(2)}$

( ) 25 $110011.0110_{(2)}$的2'S補數為何
(A)$001100.1111_{(2)}$ (B)$001100.1001_{(2)}$
(C)$001100.1010_{(2)}$ (D)$110011.0110_{(2)}$

( ) 26 利用2'S補數做減法$10011_{(2)}-00101_{(2)}=$
(A)$01110_{(2)}$ (B)$00010_{(2)}$ (C)$11111_{(2)}$ (D)$00110_{(2)}$

( ) 27 利用2'S補數做減法$00011_{(2)}-10101_{(2)}=$
(A)$10010_{(2)}$ (B)$-10010_{(2)}$ (C)$10001_{(2)}$ (D)$-00110_{(2)}$

解答：

19 (C)。

$$\begin{array}{r} 1010_{(2)} \\ -\ 0101_{(2)} \\ \hline 0101_{(2)} \end{array}$$ 故選(C)。

20 (A)。

$$\begin{array}{r} 100.11_{(2)} \\ -\ 01.01_{(2)} \\ \hline 011.10_{(2)} \end{array}$$ 故選(A)。

21 (B)。

1 1 0 0 1 1 . 0 1 1 0 $_{(2)}$
↓ ↓ ↓ ↓ ↓ ↓ ↓ ↓ ↓ ↓
0 0 1 1 0 0 . 1 0 0 1 $_{(2)}$　∴1'S補數為$001100.1001_{(2)}$，故選(B)。

22 (A)。

(1) 先取減數的 1'S 補數　　$00101_{(2)}$

$\downarrow$

$1\,1010_{(2)}$

(2) 再將減數的 1'S 補數與被減數相加

$$10011_{(2)}$$
$$+\ 11010_{(2)}$$
$$\overline{101101_{(2)}}$$

溢位

(3) 因為有溢位，因此將溢位加回積中，即得答案

$$01101_{(2)}$$
$$+\qquad 1_{(2)}$$
$$\overline{01110_{(2)}}$$

$\therefore 10011_{(2)} - 00101_{(2)} = 0\,1110_{(2)}$

故選 (A)。

23 (B)。

(1) 先取減數的 1'S 補數　　$10101_{(2)}$

$\downarrow$

$01010_{(2)}$

(2) 再將減數的 1'S 補數與被減數相加

$$00011_{(2)}$$
$$+\ 01010_{(2)}$$
$$\overline{01101_{(2)}}$$

無溢位

(3) 因為無溢位，因此將積取 1'S 補數再加負號，即得答案

$$01101_{(2)}$$
$$\downarrow$$
$$-10010_{(2)}$$

加上負號

$\therefore 00011_{(2)} - 10101_{(2)} = -10010_{(2)}$　　　故選 (B)。

解題技巧：1's 補數就是 0 變 1，1 變 0。

24 (C)。

$$110011_{(2)}$$

↓ 先取1'S補數

$$001100_{(2)}$$

↓ 在LSB加上1

$$001101_{(2)}$$

∴ 110011 的2'S補數 $= 001101_{(2)}$，故選(C)。

25 (C)。

$$110011.0110_{(2)}$$

↓ 先取1'S補數

$$001100.1001_{(2)}$$

↓ 在LSB加上1

$$001100.1010_{(2)}$$

∴ $110011.0110_{(2)}$ 的2'S補數 $= 001100.1010_{(2)}$，故選(C)。

26 (A)。

(1)先取減數的2'S補數 $00101_{(2)}$

↓ 先取1'S補數

$$11010_{(2)}$$

(2)與被減數相加   在LSB加上1

$$10011_{(2)}$$
$$+ \ 11011_{(2)}$$
———————
$$101110_{(2)}$$ $11011_{(2)}$

溢位 ——┘

(3)因為有溢位，所以將溢位捨去即為答案 $01110_{(2)}$

∴ $10011_{(2)} - 00101_{(2)} = 01110_{(2)}$，故選(A)。

27 (B)。

(1)先取減數的2'S補數

$$10101_{(2)}$$

↓ 先取1'S補數

$$01010_{(2)}$$

↓ 在LSB加上1

$$01011_{(2)}$$

解題技巧：2's補數就是0變1，1變0，最後再加1。

(2)與被減數相加

$$\begin{array}{r} 00011_{(2)} \\ + 01011_{(2)} \\ \hline 01110_{(2)} \end{array}$$

無溢位

(3)因為無溢位，因此將答案取2'S補數目並在前面加上負號。

$$01110_{(2)}$$

↓ 先取1'S補數

$$10001_{(2)}$$

↓ 在LSB加上1

$$-10010_{(2)}$$

加上負號

$$\therefore 00011_{(2)} - 10101_{(2)} = -10010_{(2)}，故選(B)。$$

5-4　二進碼十進數及字元編碼

1. 二進碼十進數（binary code decimal）BCD碼

(1) 又稱為8421碼。

(2) 以4位元的二進位碼（0000~1001）來表示十進位數（0~9）。

(3) **適合人類閱讀，也適合電腦運算。**

表5-1 十進位數、BCD與二進位碼之間對照表

十進位數	BCD	二進位碼
0	0000	0000
1	0001	0001
2	0010	0010
3	0011	0011
4	0100	0100
5	0101	0101
6	0110	0110
7	0111	0111
8	1000	1000
9	1001	1001
10	0001 0000	1010
11	0001 0001	1011
12	0001 0010	1100
13	0001 0011	1101
14	0001 0100	1110
15	0001 0101	1111

例題 ⬇

28 將 $123_{(10)}$ 轉為二進位制及BCD碼。

29 50的BCD碼為何？

解答：

28 $123_{(10)} = 1111011_{(2)} = 000100100011_{(BCD)}$

29

$$\underline{5} \quad \underline{0}$$

$$= \underline{0101} \quad \underline{0000}_{(BCD)}$$

2. 加三碼（excess-3 code）
   (1) 將BCD碼加上3就是所謂的加3碼。
   (2) 具有自補特性，即0的加3碼($0011_{excess-3}$)取1的補數後與9的加三碼($0011_{excess-3}$)相同，所以0與9的加三碼互為補數，1與8的加三碼互為補數等，依此類推。
   (3) 每個數字邊碼中都至少含有一個1，所以具有偵測錯誤碼的功能。

表5-2　十進位數、BCD與加三碼之間對照表

十進位數	BCD	加三碼
0	0000	0011
1	0001	0100
2	0010	0101
3	0011	0110
4	0100	0111
5	0101	1000
6	0110	1001
7	0111	1010
8	1000	1011
9	1001	1100

3. 格雷碼（gray code）
   (1) 任意相鄰的兩個碼中，只有一個位元是不同的，因此是一種最小變化碼。
   (2) 適合用來做資料傳輸或是輸出入裝置等。
   (3) 由於它具有上下反射的特性，因此又稱為反射碼。
   (4) 格雷碼與二進位制之間的轉換：
     i. 二進位制轉換成格雷碼：
        先在二進位制的最高位元的前面加一個0，在從最低的位元開始每次取兩個位元相比較，如果一樣就填0，如果不一樣就填1。
     ii. 格雷碼轉換成二進位制：
        先將格雷碼最高位元保留為二進位制的最高位元，接下來從左至右的將二進位制位元與格雷碼的位元作比較，如果一樣就填0，如果不一樣就填1。

表5-3　格雷碼

二進位制	格雷碼
0000	0000
0001	0001
0010	0011
0011	0010
0100	0110
0101	0111
0110	0101
0111	0100
1000	1100
1001	1101
1010	1111
1011	1110
1100	1010
1101	1011
1110	1001
1111	1000

第一個位元為0

第一個位元為1

上下鏡面反射

例 題

( )　30　將$1011_{(2)}$轉換成格雷碼
　　　　(A)$1110_{(Gray)}$　(B)$1011_{(Gray)}$　(C)$1101_{(Gray)}$　(D)$0000_{(Gray)}$

( )　31　將$1011_{(Gray)}$轉換成二進位
　　　　(A)$0001_{(2)}$　(B)$1011_{(2)}$　(C)$1101_{(2)}$　(D)$0000_{(2)}$

解答：

30 (A)。

31 (C)。

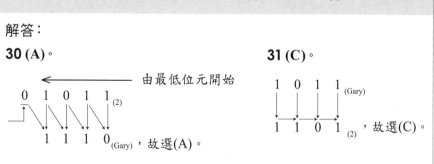

解題技巧：格雷碼就是一樣就填0，不一樣就填1。

4. 美國資訊交換標準代碼（ASCII碼）

　(1) **由美國國家標準協會（ASNI）制定。**

　(2) 由7位元的二進位碼所組成，可以表示$2^7＝128$種不同的文字、數字與符號。

　(3) 任何文字、數字與符號必須轉換成ASCII，才能傳送到電腦內部做處理，因此又稱為內碼。

表5-4　ASCII 碼對照表

$b_4b_3b_2b_1$	$b_7b_6b_5$							
	000	001	010	011	100	101	110	111
0000	NUL	DLE	SP	0	@	P	G	p
0001	SOH	DC₁	!	1	A	Q	a	q
0010	STX	DC₂	"	2	B	R	b	r
0011	ETX	DC₃	#	3	C	S	c	s
0100	EOT	DC₄	$	4	D	T	d	t
0101	ENQ	NAK	%	5	E	U	e	u
0110	ACK	SYN	&	6	F	V	f	v
0111	BEL	ETB	˙	7	G	W	g	w
1000	BS	CAN	(	8	H	X	h	x
1001	HT	EM	)	9	I	Y	i	y
1010	LF	SUB	*	;	J	Z	j	z
1011	VI	ESC	+	;	K	[	k	〔
1100	FF	FS	,	<	L	\	l	|
1101	CR	GS	-	=	M	]	m	〕
1110	SO	RS	.	>	N	↑	n	~
1111	SI	US	／	?	O	—	o	DEL

表5-5　ASCII碼中對照表符號說明

縮寫代碼	說　明	縮寫代碼	說　明
NUL	空字元	DC1	元件控制1
SOH	標題啟始	DC2	元件控制2
STX	文件啟始	DC3	元件控制3
ETX	文件結束	DC4	元件控制4
EOT	傳輸結束	NAK	未確認

縮寫代碼	說　明	縮寫代碼	說　明
ENQ	詢問	SYN	同步/閒置
ACK	確認	ETB	傳輸區塊結束
BEL	響鈴	CAN	刪除資料
BS	游標倒退	EM	傳輸媒介結束
HT	水平定位	SUB	代換
LF	跳列	ESC	跳脫
VT	垂直定位	FS	檔案分離
FF	跳頁	GS	群體分離
CR	歸位	RS	紀錄分離
SO	移出	US	單元分離
SI	移入	SP	空白
DLE	跳脫資料鏈結	DEL	刪除

5. 漢明碼（hamming code）

在傳送資訊的過程中，可能會因為環境或是雜訊的因素，使得傳送的資訊被誤判，因此我們使用編碼的技術，使得接收方可以偵測到錯誤，而其中比較簡易的編碼方式就是漢明碼。**為了可以偵錯，我們通常會在資料中插入位元，這些位元我們稱為同位位元（parity bit）**，而偶同位則是表示整個資訊中有偶數個1，奇同位則是表示有奇數個1。

在漢明碼的編碼中，假設我們要傳送一個m位元的資訊，我們必須插入K個同位位元，而實際傳送的資訊就會變成m＋K個位元碼，而K與m的關係式為 $2^K \geq m + K + 1$，同位位元的位置則必須安排在2^K位置的地方，假設當m＝4時，同位位元的位置如表：

表5-6　漢明碼的同位位元位置

1	2	3	4	5	6	7
2^0	2^1		2^2			
P_1	P_2	m_1	P_3	m_2	m_3	m_4

例 題 🔽

(　　) **32** 請利用偶同位將0011編為漢明碼
(A)1000011　(B)0000011　(C)1001111　(D)1000011

( ) **33** 請利用奇同位將0011編為漢明碼
(A)1000011　(B)0101011　(C)0110111　(D)1000011

解答：

32 (A)。

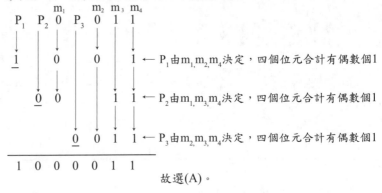

為了將0011編為偶同位漢明碼，可寫成

故選(A)。

33 (B)。

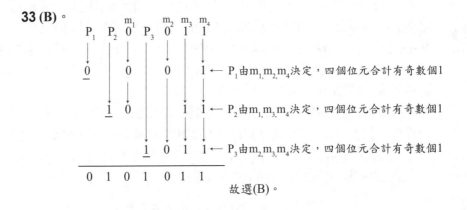

故選(B)。

同位位元的編碼規則如下：

(1) P_1由位置m_1、m_2、m_4來決定，若以奇同位傳送則P_1、m_1、m_2、m_4合起來必須要奇數個1，若偶同位則要有偶數個。

(2) P_2由位置m_1、m_3、m_4來決定，若以奇同位傳送則P_2、m_1、m_3、m_4合起來必須要奇數個1，若偶同位則要有偶數個。

(3) P_3由位置m_2、m_3、m_4來決定，若以奇同位傳送則P_3、m_2、m_3、m_4合起來必須要奇數個1，若偶同位則要有偶數個。

我們可以用接收到的資訊來做錯誤的更正，而錯誤的位元位置要如何得知，假設我們收到一個以漢明碼編碼的7個位元，且以偶同位傳送的資訊1101101，可由以下的法則知道：

表5-7　1101101漢明碼

1	2	3	4	5	6	7
1	1	0	1	1	0	1

(1) C_3由位置4、5、6、7來決定，若以奇同位傳送則位置4、5、6、7的位元合起來必須要奇數個1，若偶同位則要有偶數個。如舉例中此時的C_3=1。

(2) C_2由位置2、3、6、7來決定，若以奇同位傳送則位置2、3、6、7的位元合起來必須要奇數個1，若偶同位則要有偶數個。如舉例中此時的C_2=0。

(3) C_1由位置1、3、5、7來決定，若以奇同位傳送則位置1、3、5、7的位元合起來必須要奇數個1，若偶同位則要有偶數個。如舉例中此時的C_1=1。

表5-8　漢明碼中 $C_3C_2C_1$ 所代表的錯誤位元位置

錯誤位元的位置	C_3	C_2	C_1
0	0	0	0
1	0	0	1
2	0	1	0
3	0	1	1
4	1	0	0
5	1	0	1
6	1	1	0
7	1	1	1

所以舉例中的$C_3C_2C_1$=101，代表接收到的資訊中的第5個位元是錯誤的，必須要將1更正為0，所以正確的資訊為1101001。

例 題 ⬇

( ) **34** 有一接收資訊為1101110,雙方協定偶同位,則正確的資訊應為 (A)1100110 (B)1001110 (C)1101010 (D)1101111。

( ) **35** 有一接收資訊為1101110,雙方協定奇同位,則正確的資訊應為(A)1100110 (B)1001110 (C)1111110 (D)1101111。

解答:

34 (A)。

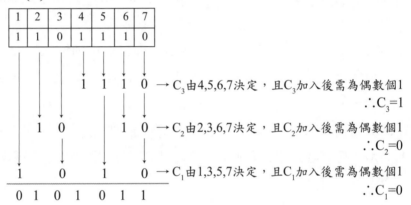

$$\therefore C_3 C_2 C_1 = 100 \rightarrow 表示第4個bit為錯誤$$

更正後,正確資料為1100110,故選(A)。
↑
更正

35 (C)。

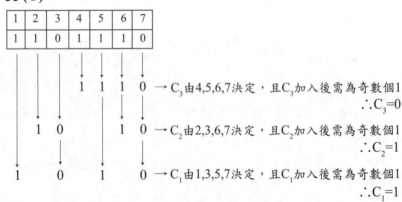

$$\therefore C_3 C_2 C_1 = 011 \rightarrow 表示第3個bit為錯誤$$

更正後,正確資料為1111110,故選(C)。
↑
更正

精選試題

模擬演練

( )　**1** 八進位制$(7654)_8$的MSB為　(A)7　(B)6　(C)5　(D)4。

( )　**2** 二進位制$01101.01_{(2)}$轉換成十進位
(A)26.5　(B)13.25　(C)6.5　(D)3.25。

( )　**3** 二進位制$01101.01_{(2)}$轉換成八進位
(A)23.1　(B)25.2　(C)15.2　(D)11.1。

( )　**4** 二進位制$01101.01_{(2)}$轉換成十六進位
(A)DD.D　(B)0D.4　(C)132.8　(D)13.25。

( )　**5** 八進位制$3201.7_{(8)}$轉換成十進位
(A)1665.875　(B)1555.875　(C)321.7　(D)3210.75。

( )　**6** 八進位制$321.7_{(8)}$轉換成二進位
(A)111000111.111　　　(B)000111000.001
(C)011010001.111　　　(D)321.7。

( )　**7** 八進位制$321.7_{(8)}$轉換成十六進位
(A)011010001.111　(B)DDD.D　(C)321.7　(D)0D1.E。

( )　**8** 十六進位制$EF.D_{(16)}$轉換成十進位
(A)239.8125　(B)329.725　(C)615.32　(D)321。

( )　**9** 十六進位制$EF.D_{(16)}$轉換成二進位
(A)11111111.1111　　　(B)239.8125
(C)11101111.1101　　　(D)111011.110。

( )　**10** 十六進位制$EF.D_{(16)}$轉換成八進位
(A)327.725　(B)239.8125　(C)EF.D　(D)357.64。

(　　) **11** 將011010010010$_{(BCD)}$轉換成十進位制
(A)317　(B)512　(C)256　(D)692。

(　　) **12** 將011010010100$_{(加三碼)}$轉換成十進位制
(A)317　(B)692　(C)361　(D)256。

(　　) **13** 將0101$_{(2)}$化為格雷碼
(A)0111　(B)1000　(C)1001　(D)1010。

(　　) **14** 將0101$_{(Gray)}$化為二進位
(A)0110　(B)1000　(C)1001　(D)1010。

(　　) **15** 將12$_{(10)}$化為格雷碼
(A)0111　(B)1000　(C)0101　(D)1010。

(　　) **16** 將0101$_{(Gray)}$化為十進位
(A)5　(B)6　(C)7　(D)8。

(　　) **17** 已知字母B的ASCII碼為42$_{(H)}$，請問P的ASCII碼為
(A)50$_{(H)}$　(B)4F$_{(H)}$(C)52$_{(H)}$　(D)53$_{(H)}$。

(　　) **18** 求01100011的1'S補數為
(A)10011101　(B)10011100　(C)10011010　(D)10101100。

(　　) **19** 求01100011的2'S補數為
(A)10011101　(B)10011100　(C)10011010　(D)10101100。

(　　) **20** 假設現在有4個位元(bit)，則2'S補救的最大範圍為
(A)−16～＋16　(B)−16～＋15　(C)−8～＋8　(D)−8～＋7。

(　　) **21** 將(−45)$_{10}$轉換成二進位制8bit，且1'S補數為
(A)00101101　(B)101011001　(C)11010010　(D)11111111。

( ) **22** 若一個八位元的數的2'S補數為01011011$_{(2)}$則二進位制為
(A)10100101　(B)11000011　(C)10011001　(D)01101001。

( ) **23** 當我們要以偶同位傳送0101，則漢明碼為
(A)1011010　(B)0100101　(C)0110101　(D)0000101。

( ) **24** 當接收端以偶同位漢明碼接收到0010100時，實際碼為
(A)0010100　(B)0110100　(C)0010000　(D)0010110。

( ) **25** 若以偶同位傳送的漢明碼為0110011，則編碼前的資料為
(A)1011　(B)1101　(C)0110　(D)1001。

歷屆考題

( ) **1** 與二進位碼00010010$_{(2)}$相對應的BCD碼為何？
(A) $00011000_{(BCD)}$　(B) $01001000_{(BCD)}$
(C) $01010110_{(BCD)}$　(D) $00010011_{(BCD)}$。

( ) **2** 二進位碼1000$_{(2)}$其2的補數為何？
(A)0111　(B)0110　(C)1000　(D)1010。

( ) **3** 不同進制之間的計算 $52_{(16)} \times 52_{(8)} = ?$
(A) 3444_{12}　(B) $3443_{(8)}$
(C) $3443_{(10)}$　(D) $311310_{(4)}$。

( ) **4** 與BCD碼 $00011001_{(BCD)}$ 相對應的二進位碼應為
(A) $00011000_{(2)}$　(B) $00001111_{(2)}$
(C) $00010111_{(2)}$　(D) $00010100_{(2)}$。

（　　）**5** 下列四個運算式，何者所得的值最大？

(A)$101110_{(2)} - 11111_{(2)}$　　(B)$64_{(8)} - 46_{(8)}$

(C)$103_{(10)} - 90_{(10)}$　　　　(D)$4C_{(16)} - 3A_{(16)}$。

（　　）**6** 將十進制碼的數值$5_{(10)}$，轉換為四位元的二進制碼為

(A)$0101_{(2)}$　(B)$1010_{(2)}$　(C)$1011_{(2)}$　(D)$0110_{(2)}$。

（　　）**7** 與BCD碼$01000011_{(BCD)}$相對應的二進位碼應為

(A)$10110010_{(2)}$　(B)$01001100_{(2)}$

(C)$00101011_{(2)}$　(D)$10111100_{(2)}$。

（　　）**8** 十進制34所相對應的BCD碼為何？

(A)$00110100_{(BCD)}$　(B)$01100111_{(BCD)}$

(C)$00010010_{(BCD)}$　(D)$01010101_{(BCD)}$。

（　　）**9** 將十進制數碼之值7，先轉換成四位元之二進制數碼後，再取其（2'S補數），則其補數碼為下列何者？

(A)1011　(B)1000　(C)1001　(D)0111。

（　　）**10** 十進位756之BCD碼為何？

(A)001011110100　(B)011101010110

(C)111101110000　(D)000111101110。

（　　）**11** 下列何者為$158.75_{(10)}$的16進位表示值？

(A)$9E.C_{(16)}$　(B)$A4.B_{(16)}$

(C)$9E.6_{(16)}$　(D)$6A.3_{(16)}$。

（　　）**12** 有關不同進制之間的轉換運算，下列何者正確？

(A)$ABC_{(16)} = 5274_{(8)}$　(B)$200_{(10)} = 400_{(5)}$

(C)$3C7_{(16)} = 977_{(10)}$　(D)$229_{(10)} = E7_{(16)}$。

第六章　組合邏輯電路設計及應用

課前導讀　　　　　　　　　　　　　　　本章重要性 ★★★★★

可謂整個數位邏輯的精華，需要能夠將之前的章節熟讀，將布林代數定理，化簡布林代數，基本邏輯閘都給應用上來。加法器的電路幾乎是每年必考的題目，而其它組合邏輯之電路也都需要熟記，尤其是如何利用基本的組合邏輯來組成大型的電路，是近年來考題的趨勢。

● 重點整理 ●

6-1　組合邏輯電路設計步驟

數位邏輯電路可以區分為組合邏輯電路與循序邏輯電路兩種。組合邏輯電路是由各種邏輯閘所組成，其輸出狀態只與目前的輸入狀態有關，而與前一個輸出狀態無關。而循序邏輯電路是由組合邏輯電路與記憶元件（即正反器）所組成，由於記憶元件可以儲存前一個輸出的狀態，所以循序邏輯電路的輸出狀態是由前一個輸出狀態與目前的輸入狀態來決定，以達到循序的功能。

組合邏輯電路的設計步驟為：

1. 決定問題所有可能的輸入變數以及輸出變數，並以英文字母來代表變數。
2. 列出真值表。
3. 利用化簡技巧，化為最簡布林代數式。
4. 將最簡布林代數式畫出電路。

例題

1 請設計一個邏輯電路來代表一個董事會的決議，如果投同意的持有股份加起來超過50%此提案就通過，A持有40%、B持有30%、C持有15%、D持有15%。

2 有一個會議，三人參加，當提案多數決議即通過，請設計此一邏輯電路。

解答：

1 (1)決定問題所有邏輯可能的輸入變數以及輸出變數，以英文字母來代表
變數。

假設當A同意時邏輯1，不同意時邏輯0，其餘以此類推。

假設提案X通過時邏輯1；不通過時邏輯0。

(2)將問題的真值表寫出

A（40%）	B（30%）	C（15%）	D（15%）	X
0	0	0	0	0
0	0	0	1	0
0	0	1	0	0
0	0	1	1	0
0	1	0	0	0
0	1	0	1	0
0	1	1	0	0
0	1	1	1	1
1	0	0	0	0
1	0	0	1	1
1	0	1	0	1
1	0	1	1	1
1	1	0	0	1
1	1	0	1	1
1	1	1	0	1
1	1	1	1	1

(3)利用化簡技巧化為最簡布林代數式

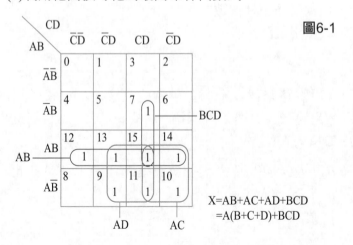

圖6-1

$$X = AB + AC + AD + BCD$$
$$= A(B+C+D) + BCD$$

(4)將最簡布林代數式畫出電路

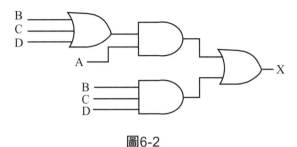

圖6-2

2 (1)決定問題所有邏輯可能的輸入變數以及輸出變數，以英文字母來代表變數假設三人為A、B、C，且投同意時邏輯為1；不同意邏輯為0。提案X通過為邏輯1；否決為邏輯0。

(2)將問題的真值表寫出

A	B	C	X
0	0	0	0
0	0	1	0
0	1	0	0
0	1	1	1
1	0	0	0
1	0	1	1
1	1	0	1
1	1	1	1

(3)利用化簡技巧化為最簡布林代數式

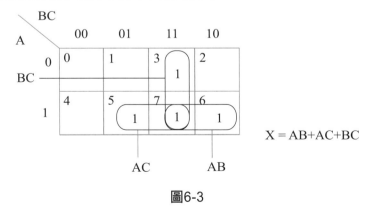

$X = AB+AC+BC$

圖6-3

(4)將最簡布林代數式畫出電路

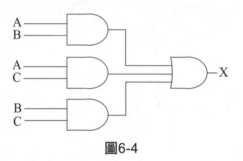

圖6-4

我們可以只利用一種邏輯閘來設計，使用萬用閘NAND閘

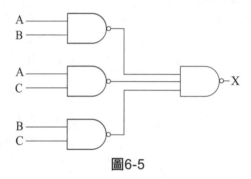

圖6-5

解題技巧：決定變數 ➡ 寫出真值表 ➡ 利用卡諾圖化簡 ➡ 將最簡式畫出電路。

6-2　加法器及減法器

1. 加法器

加法器是利用邏輯電路執行加法運算時，所使用的邏輯電路。有半加器（half adder，簡稱HA）與全加器（full adder，簡稱FA）兩種。

(1) 半加器：兩輸入兩輸出的邏輯電路

假設有兩個數字A為 a_0、B為 b_0，則半加器的運算如下：

$$\begin{array}{r} a_0 \\ + \ b_0 \\ \hline C_0 \ S_0 \end{array}$$

例題

3 請依照半加器運算方式，設計一個半加器的邏輯電路。

解答：

3 (1)決定問題所有邏輯可能的輸入變數以及輸出變數，以英文字母來代表變數

(2)將問題的真值表寫出

a_0	b_0	S_0	C_0
0	0	0	0
0	1	1	0
1	0	1	0
1	1	0	1

(3)利用化簡技巧，化為最簡布林代數式 $S_0 = \overline{a_0}b_0 + a_0\overline{b_0} = a_0 \oplus b_0$，$C_0 = a_0 b_0$

(4)將最簡布林代數式畫出電路

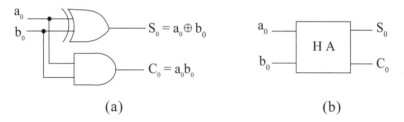

(a) (b)

圖6-6　(a)半加器的邏輯電路；(b)半加器的符號

通常我們都直接利用圖6-6(b)的符號來代表半加器。

(2) 全加器：三輸入兩輸出的邏輯電路

全加器是用來運算三個1位元的加法，假設有兩個數字在第i權位時A為 a_i、B為 b_i，前一位的進位為 C_{i-1}，則全加器的運算如下：

$$
\begin{array}{cc}
& C_{i-1} \\
& a_i \\
+ & b_i \\
\hline
C_i & S_i \\
\end{array}
$$

(3) 並加器：

全加器可以計算二進位制的加法，而如果要設計一個多位元的加法器，則可以將全加器並接以達成所謂的並加器，例如3位元的並加器：

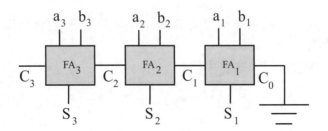

圖6-7　3位元的並加器。

由於C_0是屬於第一位，沒有前一位的進位，所以就直接接地，代表永遠為邏輯0。

例題

4 請依照全加器運算方式，設計一個全加器的邏輯電路。

5 請利用並加器計算3＋2＝？

解答：

4 (1)決定問題所有邏輯可能的輸入變數以及輸出變數，以英文字母來代表變數

(2)將問題的真值表寫出

a_i	b_i	C_{i-1}	S_i	C_i
0	0	0	0	0
0	0	1	1	0
0	1	0	1	0
0	1	1	0	1
1	0	0	1	0
1	0	1	0	1
1	1	0	0	1
1	1	1	1	1

(3)利用化簡技巧化為最簡布林代數式

$$S_i = \overline{a_i}\,\overline{b_i}C_{i-1} + a_i b_i C_{i-1} + \overline{a_i} b_i \overline{C_{i-1}} + a_i \overline{b_i}\,\overline{C_{i-1}}$$
$$= \left(\overline{a_i}\,\overline{b_i} + a_i b_i \right) C_{i-1} + \left(\overline{a_i} b_i + a_i \overline{b_i} \right) \overline{C_{i-1}}$$
$$= \left(\overline{a_i \oplus b_i} \right) C_{i-1} + \left(a_i \oplus b_i \right) \overline{C_{i-1}}$$
$$= a_i \oplus b_i \oplus C_{i-1}$$

S_i $b_i C_{i-1}$ a_i	00	01	11	10
0	0	1	0	1
1	1	0	1	0

圖6-8

(4)將最簡布林代數式畫出電路

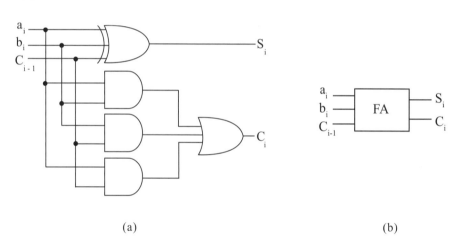

(a)　　　　　　　　　　　　(b)

圖6-9　(a)全加器的邏輯電路；(b)全加器的符號

事實上我們可以用兩個半加器加上一個OR閘電路來設計一個全加器。

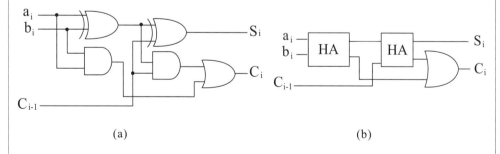

(a)　　　　　　　　　　　　(b)

圖6-10　(a)兩個半加器組成全加器的邏輯電路；(b)利用符號組成全加器

解題技巧：熟記半加器電路，全加器等於兩個半加器加上一個OR閘。

5 $3 = a_3 a_2 a_1 = 011$，$2 = b_3 b_2 b_1 = 010$，所以每一個全加器的運算為

$$
\begin{array}{cc}
a_1 & 1 \\
b_1 & 0 \\
\end{array}
, \quad
\begin{array}{cc}
a_2 & 1 \\
b_2 & 1 \\
\end{array}
, \quad
\begin{array}{cc}
a_3 & 0 \\
b_3 & 0 \\
\end{array}
$$

$$
FA_1 = \dfrac{+ \quad C_0}{C_1 \quad S_1} = \dfrac{+ \quad 0}{0 \quad 1}
\qquad
FA_2 = \dfrac{+ \quad C_1}{C_2 \quad S_2} = \dfrac{+ \quad 0}{1 \quad 0}
\qquad
FA_3 = \dfrac{+ \quad C_2}{C_3 \quad S_3} = \dfrac{+ \quad 1}{0 \quad 1}
$$

所以輸出為 $C_3 S_3 S_2 S_1 = 0101$。

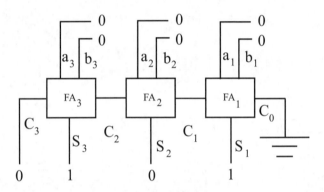

圖6-11　3位元的並加器執行011＋010＝0101

在TTL IC中，SN7483為一個4位元的並加器如圖6-12(a)，要做成8位元的並加器只需將兩個SN7483 IC並接即可。

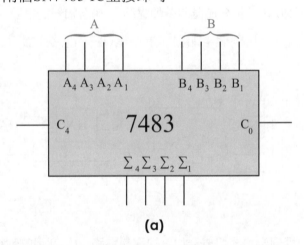

(a)

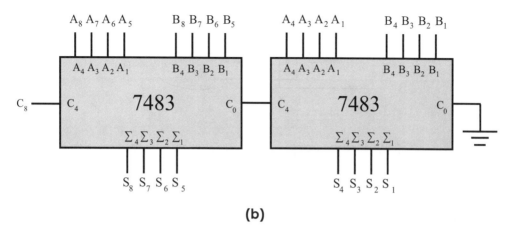

圖6-12　(a)IC SN7483 4位元並加器；(b)兩個SN7483並接成8位元並加器

2. 減法器

減法器是利用邏輯電路執行加法運算時，所使用的邏輯電路。有半減器（half subtractor, 簡稱HS）與全減器（full subtractor,簡稱FS）兩種。

(1) 半減器：兩輸入兩輸出的邏輯電路

假設有兩個數字A為 a_0、B為 b_0，則半減器的運算如下：

$$\begin{array}{r} a_0 \\ -\ b_0 \\ \hline B_0 \quad D_0 \end{array}$$

(2) 全減器：三輸入兩輸出的邏輯電路

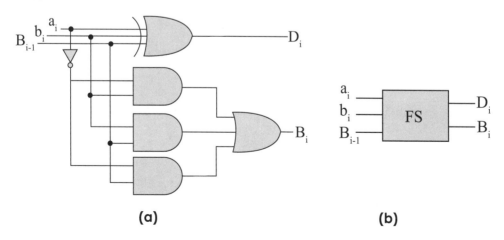

(a)　　　　　　　　　　　　　　(b)

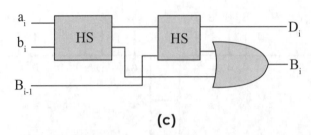

(c)

圖6-13　(a)全減器的邏輯電路；(b)全減器的符號；(c)用兩個HS組成FS

(3) 1's補數法：

可以利用原本就有的加法器來實現減法，這樣只需要用一種邏輯電路就可以實現邏輯功能。

將被減數取補數就可以直接使用加法器來達成減法，若有溢位我們只需要將加法中的溢位，再從LSB加回去（此動作在減法器中稱為端迴進位（end-round carry））即可，若無溢位直接對積數取補數再加負號即可，因此可以得到電路為：

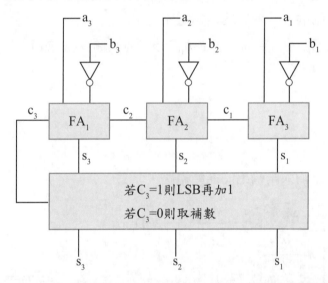

圖6-14　使用加法器實現1's補數減法的3位元邏輯電路

例題

6　請依照半減器運算方式，設計一個半減器的邏輯電路。
7　利用圖6-14設計電路來實現 5－3＝？
8　利用圖6-14設計電路來實現 2－4＝？

解答：

6 (1)決定問題所有邏輯可能的輸入變數以及輸出變數，以英文字母來代表
變數

(2)將問題的真值表寫出

a_0	b_0	D_0	B_0
0	0	0	0
0	1	1	1
1	0	1	0
1	1	0	0

(3)利用化簡技巧化為最簡布林代數式

$D_0 = \overline{a_0}b_0 + a_0\overline{b_0} = a_0 \oplus b_0$

$B_0 = \overline{a_0}b_0$

(4)將最簡布林代數式畫出電路

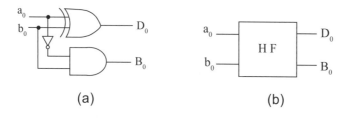

(a)　　　　　　　　　　　　(b)

圖6-15　(a)半減器的邏輯電路；(b)半減器的符號

解題技巧：熟記半減器電路，全減器等於兩個半減器加上一個OR閘。

7 $5 = a_3a_2a_1 = 101$，$3 = b_3b_2b_1 = 011$，所以每一個加法器的運算為

$$FA_1 = \frac{\begin{array}{cc} a_1 & 1 \\ \overline{b_1} & 0 \end{array}}{} \quad + \frac{C_0}{C_1 \quad S_1} = + \frac{0}{0 \quad 1}$$

$$FA_2 = \frac{\begin{array}{cc} a_2 & 0 \\ \overline{b_2} & 0 \end{array}}{} \quad + \frac{C_1}{C_2 \quad S_2} = + \frac{0}{0 \quad 0}$$

$$FA_3 = \frac{\begin{array}{cc} a_3 & 1 \\ \overline{b_3} & 1 \end{array}}{} \quad + \frac{C_2}{C_3 \quad S_3} = + \frac{0}{1 \quad 0}$$

因為 $C_3 = 1$，所以得 $\begin{array}{c} S_3S_2S_1 \\ + \dfrac{C_3}{S_3S_2S_1} = + \dfrac{1}{010} \end{array}$ 001，答案為010=2。

8 $2=a_3a_2a_1=010$ ， $4=b_3b_2b_1=100$ ，所以每一個加法器的運算為

$$FA_1=\dfrac{\begin{array}{cc}a_1 & 0\\ \overline{b_1} & 1\\ +\ C_0 & +\ 0\end{array}}{\begin{array}{cc}C_1\ \ S_1 & 0\ \ 1\end{array}}$$

$$FA_2=\dfrac{\begin{array}{cc}a_2 & 1\\ \overline{b_2} & 1\\ +\ C_1 & +\ 0\end{array}}{\begin{array}{cc}C_2\ \ S_2 & 1\ \ 0\end{array}}$$

$$FA_3=\dfrac{\begin{array}{cc}a_3 & 0\\ \overline{b_3} & 0\\ +\ C_2 & +\ 1\end{array}}{\begin{array}{cc}C_3\ \ S_3 & 0\ \ 1\end{array}}$$

因為 $C_3=0$ ，所以得 $\overline{S_3S_2S_1}=010$ ，所以答案為 $-010=-2$ 。

所以我們可以利用SN7483 IC來同時實現加法與減法的運算，只需要加一個控制的SUB邏輯，且在被加數/被減數的輸入地方加上XOR閘運算。

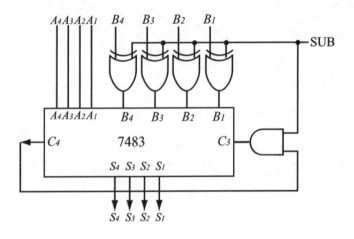

圖6-16　4位元加法/1's補數減法器

(4) 2's補數法：

使用2's補數減法時，由於被減數取補數時LSB還要加1，因此我們可以於 $C_0=1$ 來得到 。

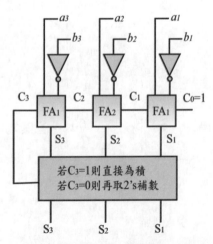

圖6-17　使用加法器實現2's補數減法的3位元邏輯電路

例 題

9 利用圖6-17設計電路來實現 $5-3=$?

10 利用圖6-17設計電路來實現 $2-4=$?

解答：

9 $5=a_3a_2a_1=101$ ， $3=b_3b_2b_1=011$ ，所以每一個加法器的運算為

$$FA_1 = \frac{\begin{array}{cc} a_1 & 1 \\ \overline{b_1} & 0 \\ + \;\; C_0 & + \;\; 1 \end{array}}{\begin{array}{cc} C_1 & S_1 \\ 1 & 0 \end{array}} \qquad FA_2 = \frac{\begin{array}{cc} a_2 & 0 \\ \overline{b_2} & 0 \\ + \;\; C_1 & + \;\; 1 \end{array}}{\begin{array}{cc} C_2 & S_2 \\ 0 & 1 \end{array}} \qquad FA_3 = \frac{\begin{array}{cc} a_3 & 1 \\ \overline{b_3} & 1 \\ + \;\; C_2 & + \;\; 0 \end{array}}{\begin{array}{cc} C_3 & S_3 \\ 1 & 0 \end{array}}$$

因為 $C_3=1$ ，所以得 $S_3S_2S_1=010$ ，答案為 $010=2$ 。

10 $2=a_3a_2a_1=010$ ， $4=b_3b_2b_1=100$ ，所以每一個加法器的運算為

$$FA_1 = \frac{\begin{array}{cc} a_1 & 0 \\ \overline{b_1} & 1 \\ + \;\; C_0 & + \;\; 1 \end{array}}{\begin{array}{cc} C_1 & S_1 \\ 1 & 0 \end{array}} \qquad FA_2 = \frac{\begin{array}{cc} a_2 & 1 \\ \overline{b_2} & 1 \\ + \;\; C_1 & + \;\; 1 \end{array}}{\begin{array}{cc} C_2 & S_2 \\ 1 & 1 \end{array}} \qquad FA_3 = \frac{\begin{array}{cc} a_3 & 0 \\ \overline{b_3} & 0 \\ + \;\; C_2 & + \;\; 1 \end{array}}{\begin{array}{cc} C_3 & S_3 \\ 0 & 1 \end{array}}$$

因為 $C_3=0$ ，所以 $S_3S_2S_1$ 取2's補數為010，所以答案為 $-010=-2$ 。

一樣的我們可以利用SN7483 IC來組成所需要的邏輯電路，但是與1's補數不同的是，我們不需要利用端迴進位只要將最後一位的進位直接捨去就可以得到我們要的答案，要**組成更多位元時只需要並接就可以了**，因此比**1's補數方便許多**。

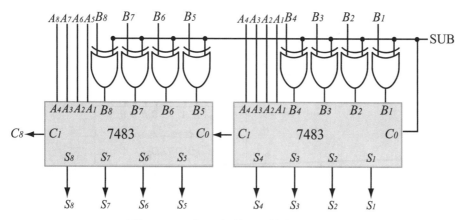

圖6-18　8位元加法/2's補數減法器

6-3 二進碼十進數(BCD)加法器

BCD碼的加法基本上還是用二進加法器來完成，但是BCD碼對於1001(9)以上的二進碼並不存在，所以每當加法器的和大於9時就需要利用加上0110(6)來實現十進制中的進位，我們可利用例題來說明：

例題

11 試利用BCD加法計算2+7
12 試利用BCD加法計算8+9

解答：

11
$$\begin{array}{r} 2 \\ +\ 7 \\ \hline 9 \end{array} \Rightarrow \begin{array}{r} 0010 \\ +\ 0111 \\ \hline 1001 \end{array}$$

12
$$\begin{array}{r} 8 \\ +\ 9 \\ \hline 17 \end{array} \blacktriangleright \begin{array}{r} 1000 \\ +\ 1001 \\ \hline 10001 \end{array} \blacktriangleright \begin{array}{r} 10001 \\ +\ 0110 \\ \hline 10111 \end{array}$$

>9須加6   ＝0001、0111

可將BCD加法器的電路設計如下：

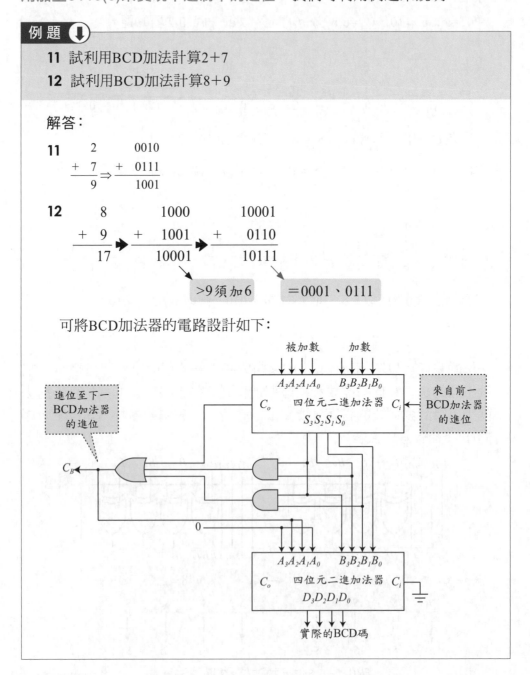

6-4　解碼器

解碼器就是將N位元的輸入訊號，轉換成M條輸出訊號，且每一條輸出訊號對應的是一組輸入訊號，**使得我們容易知道目前的輸入狀態是什麼。**
解碼器通常擁有以下的特性：

(1) 若有N個輸入端，則代表最大輸入值為$2^N - 1$。

(2) 若有N個輸入端，則代表最多可解出$M = 2^N$個輸出，稱為全解碼器。

(3) 若有N個輸入端，且此時最多輸出少於$M < 2^N$個，此時稱為部份解碼器。

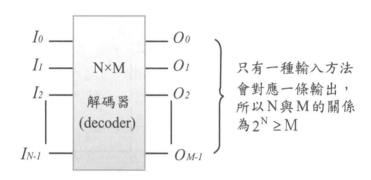

圖6-20　解碼器的簡易方塊圖

1. 二對四解碼器

我們直接用例題13來說明。

例題

13 請設計一個二對四解碼器。

解答：

13 (1)決定問題所有邏輯可能的輸入變數以及輸出變數，以英文字母來代表變數假設輸入為A、B，輸出為Y_0、Y_1、Y_2、Y_3。

(2)將問題的真值表寫出

二對四解碼器的真值表如下：

A	B	Y_0	Y_1	Y_2	Y_3
0	0	1	0	0	0
0	1	0	1	0	0
1	0	0	0	1	0
1	1	0	0	0	1

(3)利用化簡技巧化為最簡布林代數式

$$Y_0 = \overline{A}\overline{B} \text{ , } Y_1 = \overline{A}B \text{ , } Y_2 = A\overline{B} \text{ , } Y_3 = AB$$

(4)將最簡布林代數式畫出電路

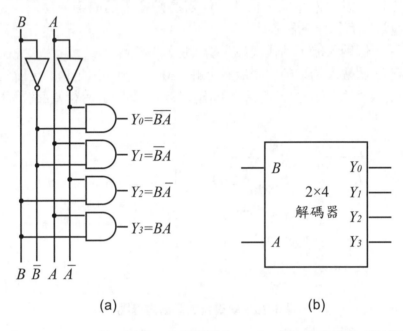

(a)   (b)

圖6-21　(a)二對四解碼器的邏輯電路；(b)二對四解碼器的方塊圖

如果我們輸入AB＝10，就會得到$Y_2 = 1$，其餘等於0的輸出，代表此時我們選擇的是Y_2這項輸出。有時我們會在二對四解碼器中加入Enable的功能，也就是只有當Enable＝0時，解碼器才會有功能。

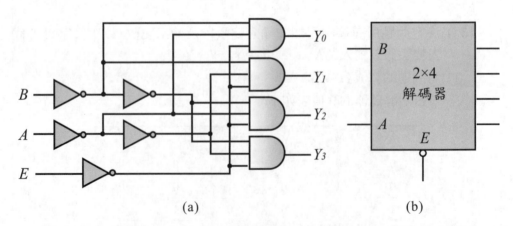

(a)   (b)

圖6-22　(a)解碼器加上Enable的邏輯電路；(b)解碼器加Enable的方塊圖

2. 三對八解碼器

　我們直接以例題14來說明。

例 題 ⬇

14 請設計一個三對八解碼器。

(　　) **15** 若一個解碼器輸出端共有64個不同組合，則輸入端應有幾
條輸入線？(A)5　(B)64　(C)16　(D)6。

(　　) **16** 若使用二對四解碼器，欲組成一個輸出端共有64個不同組合
之解碼器，需用到幾個二對四解碼器？　(A)5　(B)64　(C)16
(D)6。

解答：**14** (1)決定問題所有邏輯可能的輸入變數以及輸出變數，以
英文字母來代表變數假設輸入為A、B、C，輸出為Y_0、
Y_1、Y_2、Y_3、Y_4、Y_5、Y_6、Y_7。

(2)將問題的真值表寫出

A	B	C	Y_0	Y_1	Y_2	Y_3	Y_4	Y_5	Y_6	Y_7
0	0	0	1	0	0	0	0	0	0	0
0	0	1	0	1	0	0	0	0	0	0
0	1	0	0	0	1	0	0	0	0	0
0	1	1	0	0	0	1	0	0	0	0
1	0	0	0	0	0	0	1	0	0	0
1	0	1	0	0	0	0	0	1	0	0
1	1	0	0	0	0	0	0	0	1	0
1	1	1	0	0	0	0	0	0	0	1

(3)利用化簡技巧化為最簡布林代數式

$Y_0 = \overline{ABC}$ ，$Y_1 = \overline{AB}C$ ，$Y_2 = \overline{A}B\overline{C}$ ，$Y_3 = \overline{A}BC$ ，
$Y_4 = A\overline{BC}$ ，$Y_5 = A\overline{B}C$ ，$Y_6 = AB\overline{C}$ ，$Y_7 = ABC$

(4)將最簡布林代數式畫出電路

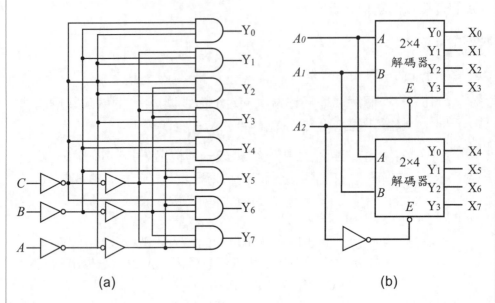

圖6-23　(a)三對八解碼器的邏輯電路；(b)用二對四解碼器組成三對八解碼器

　　實際上我們也可以利用兩個二對四解碼器，來組成一個三對八解碼器，當A2＝0時，下面的解碼器不動作，此時輸出就由上面四條輸出來選擇；當A2＝1時，上面的解碼器不動作，此時輸出就由下面的四條輸出來選擇。同理我們可以利用四個二對四解碼器組成一個四對十六解碼器，以此類推。編號SN74139的IC，是最常見的二對四解碼器IC，SN74138的IC則是最常見的三對八解碼器IC。

15 (D)。$2^N = 64 \Rightarrow N = 6$。

16 (C)。2個→3對8，4個→4對16，8個→5對32，16個→6對64，因此用16個二對四解碼器。

3. 解碼器的電路

編號SN74139的IC是最常見的二對四解碼器IC，SN74138的IC是最常見的三對八解碼器IC，IC 7442是最常見的BCD碼對10進制的解碼器。

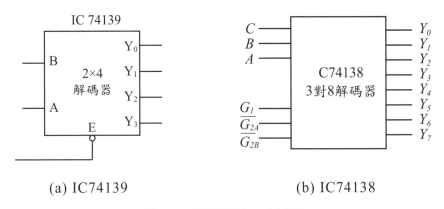

(a) IC74139　　　　　　　　(b) IC74138

圖6-24　解碼器的IC方塊圖

解碼器的擴充可利用輸出的除式來求得，方法為希望擴充的輸出對原本的輸出用連除法，直到商數小於原本的輸出，將所有的商數加起來，若最後的商數大於1則需再最後加上1，此時的數字就是需要的解碼器數量。

例 題

(　) **17** 若一個解碼器輸出端共有64個不同組合，則輸入端應有幾條輸入線？　(A)5　(B)64　(C)16　(D)6。

(　) **18** 若使用二對四解碼器，欲組成一個輸出端共有64個不同組合之解碼器，需用到幾個二對四解碼器？　(A)13　(B)64　(C)16　(D)6。

(　) **19** 若使用2×4解碼器，欲組成一個5×32之解碼器，需用到幾個2×4解碼器？　(A)4　(B)8　(C)11　(D)12。

解答：**17 (D)**。　$2^N = 64 \Rightarrow N = 6$

18 (A)。　　　　　　　　**19 (C)**。

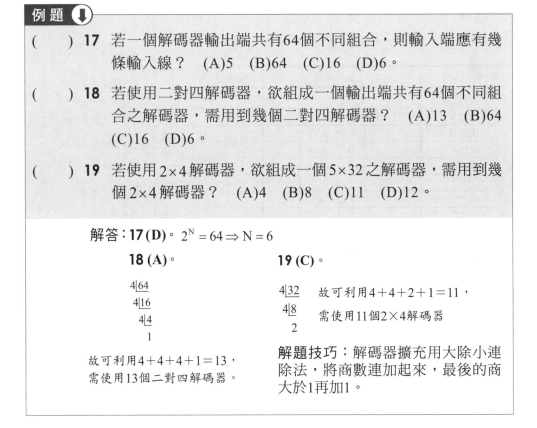

故可利用4＋4＋4＋1＝13，需使用13個二對四解碼器。

故可利用4＋4＋2＋1＝11，需使用11個2×4解碼器

解題技巧：解碼器擴充用大除小連除法，將商數連加起來，最後的商大於1再加1。

4. BCD對7段顯示器的解碼器

我們常見的數位數字,通常就是利用7段顯示器(7segment display)來作顯示,7段顯示器中的每一段都是一個發光物質,只有當電腦傳送到那一段需要發光的編碼時,方會產生光亮,通常都是以共陰極結構為主如圖6-25(c)。

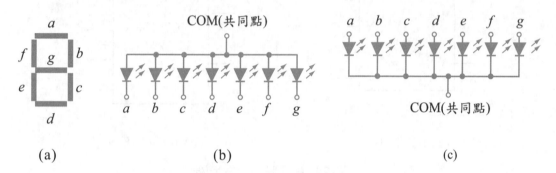

(a)   (b)   (c)

圖6-25   (a)7段顯示器;(b)共陽極結構;(c)共陰極結構

例題

20 試設計一個BCD對7段顯示器的解碼器。

解答:

20 (1)真值表與字碼錶

BCD碼	a b c d e f g	顯示字碼
ABCD		
0000	1 1 1 1 1 1 0	0
0001	0 1 1 0 0 0 0	1
0010	1 1 0 1 1 0 1	2
0011	1 1 1 1 0 0 1	3
0100	0 1 1 0 0 1 1	4
0101	1 0 1 1 0 1 1	5
0110	0 0 1 1 1 1 1	6
0111	1 1 1 0 0 0 0	7
1000	1 1 1 1 1 1 1	8
1001	1 1 1 0 0 1 1	9
1010	0 0 0 0 0 0 0	×
1011	0 0 0 0 0 0 0	×
1100	0 0 0 0 0 0 0	×
1101	0 0 0 0 0 0 0	×
1110	0 0 0 0 0 0 0	×
1111	0 0 0 0 0 0 0	×

a = 0+2+3+5+7+8+9

b = 0+1+2+3+4+7+8+9

c = 0+1+3+4+5+6+7+8+9

d = 0+2+3+5+6+8

e = 0+2+6+8

f = 0+4+5+6+8+9

g = 2+3+4+5+6+8+9

$\Sigma_d(10,11,12,13,14,15)$

(2)利用卡諾圖化簡

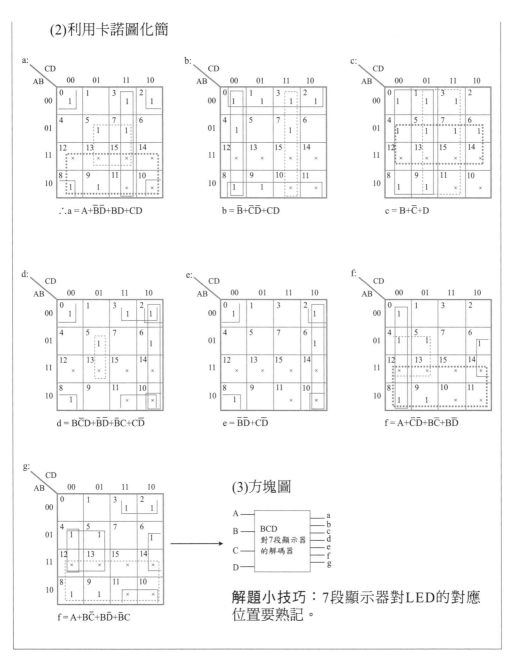

∴a = A+$\overline{B}\overline{D}$+BD+CD

b = $\overline{B}$+$\overline{C}\overline{D}$+CD

c = B+$\overline{C}$+D

d = B$\overline{C}$D+$\overline{B}\overline{D}$+$\overline{B}$C+C$\overline{D}$

e = $\overline{B}\overline{D}$+C$\overline{D}$

f = A+$\overline{C}\overline{D}$+B$\overline{C}$+B$\overline{D}$

f = A+B$\overline{C}$+B$\overline{D}$+$\overline{B}$C

(3)方塊圖

解題小技巧：7段顯示器對LED的對應位置要熟記。

在TTL IC中以7446、74246等為共陽極結構；以7448、74248等與CMOS的4511是所謂的共陰極結構的7段顯示器。

6-5　編碼器

編碼器（Encoder）主要的功能，就是接收M條的輸入訊號，轉換成N種輸出訊號，且每一條輸入訊號對應的是一種輸出訊號，使得我們可以容易將十進制轉換成二進位制。若有M個輸入端的編碼器，則N個輸出端必須滿足 $M \leq 2^N$

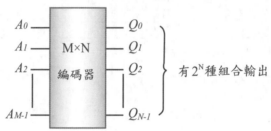

圖6-26　編碼器的簡單方塊圖

1. 八對三編碼器

例題 ⬇

21 請設計一個八對三編碼器。

解答：

21 (1)決定問題所有邏輯可能的輸入變數以及輸出變數，以英文字母來代
表變數，假設輸入為Y_0、Y_1、Y_2、Y_3、Y_4、Y_5、Y_6、Y_7。輸出為A、B、C。

(2)將問題的真值表寫出

Y_0	Y_1	Y_2	Y_3	Y_4	Y_5	Y_6	Y_7	A	B	C
1	0	0	0	0	0	0	0	0	0	0
0	1	0	0	0	0	0	0	0	0	1
0	0	1	0	0	0	0	0	0	1	0
0	0	0	1	0	0	0	0	0	1	1
0	0	0	0	1	0	0	0	1	0	0
0	0	0	0	0	1	0	0	1	0	1
0	0	0	0	0	0	1	0	1	1	0
0	0	0	0	0	0	0	1	1	1	1

(3)利用化簡技巧，化為最簡布林代數式

$$C = Y_1 + Y_3 + Y_5 + Y_7 \quad , \quad B = Y_2 + Y_3 + Y_6 + Y_7 \quad , \quad A = Y_4 + Y_5 + Y_6 + Y_7$$

(4)將最簡布林代數式畫出電路

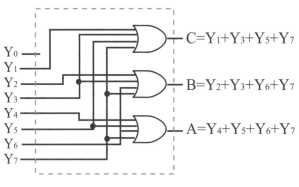

圖6-27　編碼器的邏輯電路圖

2. 優先次序編碼器

編碼器中有一個缺點，也就是在不小心造成多個輸入時，會造成錯誤的輸出，導致電路產生誤動作。因此我們利用有優先次序的編碼器來解決這個問題，當同時有多個輸入時，編碼器會以優先權最高的那一個輸入端來做輸出編碼。

例題

22 試設計一個八對三的優先次序編碼器

23 試設計一個編碼器的邏輯電路，輸入優先次序為C>B>A，輸出為X、Y。

解答：

22 (1)真值表

Y_0	Y_1	Y_2	Y_3	Y_4	Y_5	Y_6	Y_7	A	B	C
1	0	0	0	0	0	0	0	0	0	0
×	1	0	0	0	0	0	0	0	0	1
×	×	1	0	0	0	0	0	0	1	0
×	×	×	1	0	0	0	0	0	1	1
×	×	×	×	1	0	0	0	1	0	0
×	×	×	×	×	1	0	0	1	0	1
×	×	×	×	×	×	1	0	1	1	0
×	×	×	×	×	×	×	1	1	1	1

(2)布林代數化簡

$$A = \overline{Y}_7\overline{Y}_6\overline{Y}_5 Y_4 + \overline{Y}_7\overline{Y}_6 Y_5 + \overline{Y}_7 Y_6 + Y_7$$

$$\quad = Y_4 + Y_5 + Y_6 + Y_7$$

$$B = \overline{Y}_7\overline{Y}_6\overline{Y}_5\overline{Y}_4\overline{Y}_3 Y_2 + \overline{Y}_7\overline{Y}_6\overline{Y}_5\overline{Y}_4 Y_3 + \overline{Y}_7 Y_6 + Y_7$$

$$\quad = Y_2\overline{Y}_4\overline{Y}_5 + Y_3\overline{Y}_4\overline{Y}_5 + Y_6 + Y_7$$

$$C = \overline{Y}_7\overline{Y}_6\overline{Y}_5\overline{Y}_4\overline{Y}_3\overline{Y}_2 Y_1 + \overline{Y}_7\overline{Y}_6\overline{Y}_5\overline{Y}_4 Y_3 + \overline{Y}_7\overline{Y}_6 Y_5 + Y_7$$

$$\quad = Y_1\overline{Y}_2\overline{Y}_4\overline{Y}_6 + Y_3\overline{Y}_4\overline{Y}_6 + Y_5\overline{Y}_6 + Y_7$$

(3)方塊圖

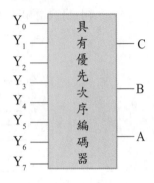

23

(1)真值表

A	B	C	X	Y
0	0	0	0	0
1	0	0	0	1
X	1	0	1	0
X	X	1	1	1

$$X = \overline{C}B + C = C + B$$
$$Y = \overline{C}\,\overline{B}A + C = C + \overline{B}A$$

(2)邏輯電路

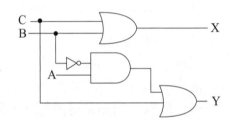

解題技巧：編碼器的輸入M≤2N，N端輸出編號74147的IC即為常用的10進制對BCD優先編碼器IC；IC74148為常用的8對3優先編碼器。

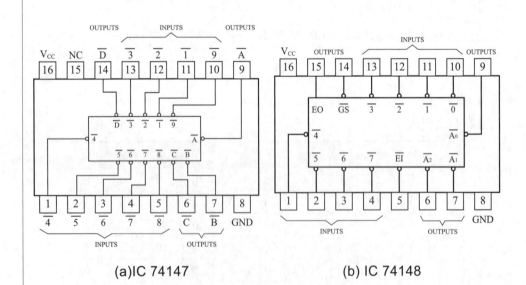

圖6-28　編碼器IC的接腳圖

6-6　多工器及解多工器

1. 多工器

   多工器（Multiplexer，MUX）實際上可以等同於一個電子式的開關，主要的功能，是利用N個選擇線來挑選輸出，是由M個輸入資料的那一個來輸出。

   特色如下：

   (1) 為M輸入，1輸出。

   (2) 當有N個選擇線時，可以最多擁有 $M=2^N$ 個輸入線。

   (3) 選擇線與輸入線的關係必須 $M \le 2^N$。

   (4) 可另外加上NOT閘來實現布林代數式。

2. 多對一多工器

   我們直接用例題24、25來說明：

例 題

24 試設計一個二對一多工器。

25 試設計一個四對一的多工器。

(　) **26** 假設現在有56條輸入資料可供選擇，則我們設計的多工器需要幾條選擇線？　(A)5　(B)6　(C)7　(D)8

解答：

24 假設選擇線輸入為A，輸入資料為Y_0、Y_1。

二對一多工器的真值表如下：

A	Y
0	Y_0
1	Y_1

輸出Y的布林代數為 $Y = \overline{A}Y_0 + AY_1$，所以邏輯電路為

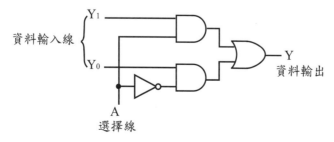

圖6-29　二對一多工器的邏輯電路圖

25 假設選擇線輸入為A、B，輸入資料為Y_0、Y_1、Y_2、Y_3。

四對一多工器的真值表如下：

A	B	Y
0	0	Y_0
0	1	Y_1
1	0	Y_2
1	1	Y_3

輸出Y的布林代數為 $Y = \overline{A}\,\overline{B}Y_0 + \overline{A}BY_1 + A\overline{B}Y_2 + ABY_3$
所以邏輯電路為

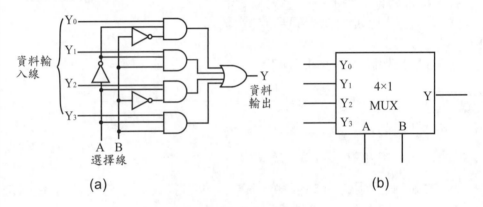

(a)　　　　　　　　　　　　(b)

圖6-30　四對一多工器(a)邏輯電路圖；(b)方塊圖

26 (B)。$M \leq 2^N$，所以 $56 \leq 2^N \rightarrow N = 6$。

解題技巧：多工器為$M \times 1$。

3. 利用多工器實現布林代數

我們可以**直接利用多工器來實現布林代數**，這樣可以節省IC的使用數目以及邏輯閘彼此接線的麻煩，設計的步驟如下

(1) 假設其中一個變數為輸入線，其餘變數為選擇線。

(2) 利用卡諾圖找出SOP項。

(3) 利用執行表找出選擇線與輸入線的關係。

(4) 將電路圖畫出。

例題 ⬇

27 利用多工器來設計布林函數F(A,B,C)＝∑(3,6,7)。

28 利用多工器來設計 F=$\overline{A}$B+C+$\overline{D}$

解答：

27 (1)假設其中一個變數為輸入線，其餘變數為選擇線假設A為輸入，B、C
為選擇線

解題小幫手

執行表的用法與卡諾圖不一樣
直的代表輸入(一個變數)
橫的代表選擇(多個變數)
當題目中的SOP項有時，就在執
行表中對應的數字圈起來，下列
四種情形可找出輸入情形：

	BC 00			BC 00
A			A	
0	0		0	0
1	4		1	④
	0			A

	BC 00			BC 00
A			A	
0	⓪		0	⓪
1	4		1	④
	$\overline{A}$			1

(2)利用卡諾圖找出SOP項

A＼BC	00	01	11	10
0	0	1	3 1	2
1	4	5	7 1	6 1

(3)執行表找出關係

A＼BC	Y_0 00	Y_1 01	Y_2 10	Y_3 11
0	0	1	2	③
1	4	5	⑥	⑦
	0	0	A	1

(4)可利用Mux將邏輯功能實現出來

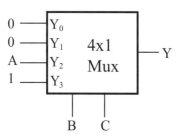

28 (1)假設A為輸入，B、C、D為選擇線

(2)利用卡諾圖$F=\overline{A}B+C+\overline{D}$

CD \ AB	00	01	11	10
00	0 1	1 1	3 1	2 1
01	4 1	5 1	7 1	6 1
11	12 1	13	15 1	14 1
10	8 1	9	11 1	10 1

(3)執行表

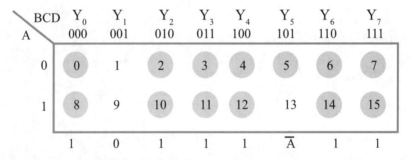

BCD \ A	Y_0 000	Y_1 001	Y_2 010	Y_3 011	Y_4 100	Y_5 101	Y_6 110	Y_7 111
0	0	1	2	3	4	5	6	7
1	8	9	10	11	12	13	14	15
	1	0	1	1	1	$\overline{A}$	1	1

(4)可利用Mux將邏輯功能實現出來

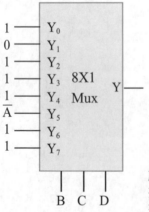

```
1 ── Y_0
0 ── Y_1
1 ── Y_2
1 ── Y_3   8X1
1 ── Y_4   Mux   Y ──
A̅ ── Y_5
1 ── Y_6
1 ── Y_7
      B  C  D
```

解題小技巧：1個變數為輸入其它為選擇線➡卡諾圖化簡➡寫出布林代數式➡畫出電路。

常用的多工器IC為編號74157內含4組2對1的多工器，編號74153內含2
組4對1的多工器。

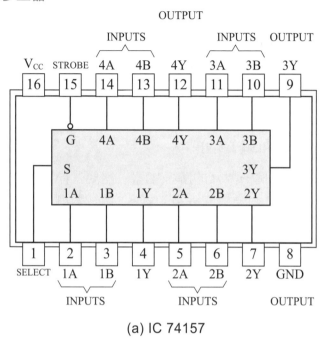

(a) IC 74157

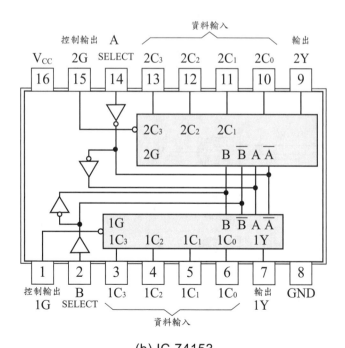

(b) IC 74153

圖6-31　多工器IC的接腳圖

4. 解多工器

解多工器（demultiplexer，DeMUX）則是跟多工器相反，經由N個選擇線輸入之後，可以選擇輸入端傳送到M個輸出端的那一條，特色如下：

(1) 為1輸入，M輸出。

(2) 當有N個選擇線時，可以最多擁有 $M=2^N$ 個輸出線。

(3) 選擇線與輸出線的關係必須 $M \le 2^N$。

例題

29 試設計1個一對四的解多工器。

(　　) **30** 要組成1個一對八的解多工器，需要　(A)2個一對二解多工器　(B)1個一對二解多工器，2個一對四解多工器(C)4個一對二解多工器　(D)5個一對二解多工器。

解答：

29 (1)假設選擇線A、B，輸出線Y_0、Y_1、Y_2、Y_3 輸入I

(2)真值表：

A	B	Y_0	Y_1	Y_2	Y_3
0	0	I	0	0	0
0	1	0	I	0	0
1	0	0	0	I	0
1	1	0	0	0	I

$\therefore$
$Y_0 = \bar{A}\bar{B}I$
$Y_1 = \bar{A}BI$
$Y_2 = A\bar{B}I$
$Y_3 = ABI$

(3)邏輯電路　　　　　　　　　　　(4)方塊圖

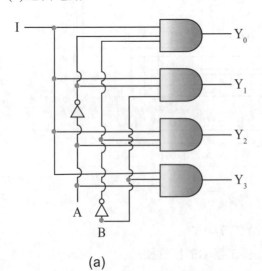
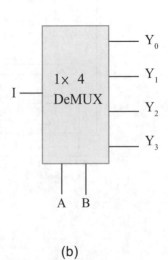

(a)　　　　　　　　　　　　　　(b)

圖6-32　1對4解多工器(a)邏輯電路；(b)方塊圖

30 (B)。

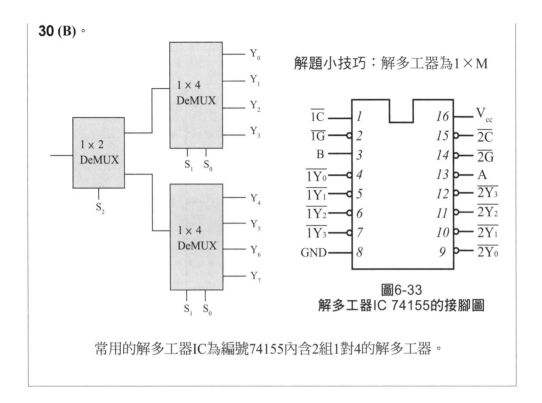

解題小技巧：解多工器為$1 \times M$

圖6-33
解多工器IC 74155的接腳圖

常用的解多工器IC為編號74155內含2組1對4的解多工器。

6-7 比較器

比較器就是用來**比較位元大小的組合邏輯電路**，例如傳統式冷氣的溫度感測器偵測到溫度高於設定數值時，便開始運轉，使溫度降低。**比較器的結果可以有三種，分別為大於，等於與小於。**

例題

31 請設計一個位元的比較電路。

解答：**31** (1)真值表

A	B	$F_0 (A<B)$	$F_1 (A=B)$	$F_2 (A>B)$
0	0	0	1	0
0	1	1	0	0
1	0	0	0	1
1	1	0	1	0

(2)可推得布林代數式為 $F_0 = \overline{A}B$ ， $F_1 = A \oplus B$ ， $F_2 = A\overline{B}$

(3)將最簡布林代數式畫出電路

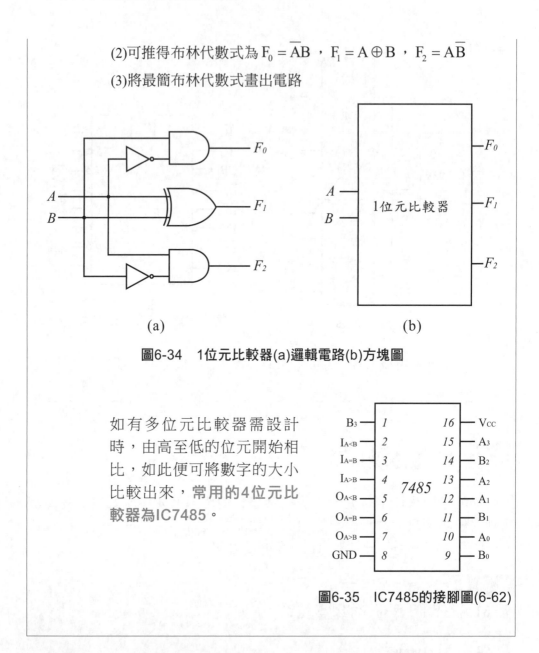

(a)　　　　　　　　　　　　　(b)

圖6-34　1位元比較器(a)邏輯電路(b)方塊圖

如有多位元比較器需設計時，由高至低的位元開始相比，如此便可將數字的大小比較出來，**常用的4位元比較器為IC7485**。

$$
\begin{array}{|c|ccc|c|}
\hline
B_3 & 1 & & 16 & V_{CC} \\
I_{A<B} & 2 & & 15 & A_3 \\
I_{A=B} & 3 & & 14 & B_2 \\
I_{A>B} & 4 & 7485 & 13 & A_2 \\
O_{A<B} & 5 & & 12 & A_1 \\
O_{A=B} & 6 & & 11 & B_1 \\
O_{A>B} & 7 & & 10 & A_0 \\
GND & 8 & & 9 & B_0 \\
\hline
\end{array}
$$

圖6-35　IC7485的接腳圖(6-62)

6-8　應用實例的認識

1. PLD

可程式化邏輯陣列元件（programmable logic device,簡稱PLD）就是一種可讓使用者自行設計，燒錄其內部數位邏輯組合的裝置。

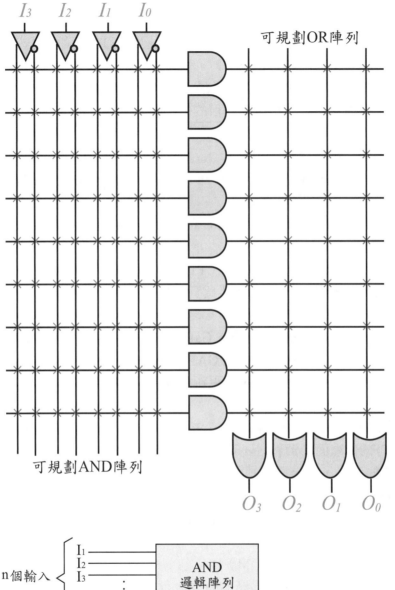

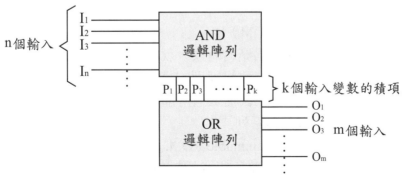

圖6-36　PLD結構

PLD結構中，「X」代表保留的意思，因此當使用者需要那部份的邏輯時只要將其斷開或是連結就可以任意組成所想要的組合邏輯，早期中是利用大量的SSI來組成，目前市面上則是已經有PLD（可程式化邏輯裝置，programmable logic device）。

(1) SPLD（simple PLD）：這是最傳統的PLD，利用PAL的結構來達成可讓使用者設計組合邏輯的目的。可分為：

   i.　EPLD（erasable PLD）：利用CMOS EPROM的技術，可利用紫外線清除資料。

   ii.　GAL（generic array logic）：應用EEPROM技術，用電氣特性使得資料可以重複燒錄。

   iii. PEEL（programmable gate array）：結構與GAL類似，但是可以使用更久。

(2) CPLD（Complex PLD）：CPLD是利用各個獨立功能的PLD所組成的，每一個不同的PLD都負責一項功能，這樣可以使得可靠度增加、面積變小。

   FPGA（Field Programmable Gate Array）：是在一顆VLSI中分佈了許多可程式化的區塊，在FPGA中還有輸入/輸出區塊使得FPGA可以隨時讀取新的程式設計並且更新設計。

2. 唯讀記憶體

唯讀記憶體（Read Only Memory, ROM）的意思就是指**使用者只可以讀取存在ROM裡面的資料，不可將資料寫入進ROM裡面**。ROM通常存放著重要的資料，像是電腦裡的BIOS、BASIC ROM等開機時所需要的資料，ROM存放的資料還有一個特點，就是當電源消失的時候，資料並不會跟著消失，又稱非揮發性（non-volatile）記憶體。目前市面上的ROM大致可以分為：

(1) 光罩式ROM（Mask ROM）：

記憶體中的資料在未出廠的時候，就透過工廠直接寫入進去，所以一般使用者是沒有辦法改變裡面的資料，且由於必須大量製造才能夠符合開發的成本，在製程上通常都利用MOS來製造，Mask ROM的IC通用編號為23XX系列。

(2) 可規劃的ROM（Programmable ROM, PROM）：

這種ROM是利用保險絲所組成的ROM，由於保險絲燒斷之後無法復元，因此只能燒錄一次資料即不能再寫入，PROM的通用編號為25XX系列。

(3) 可清除規劃的ROM（Erasable PROM, EPROM）：
這是一種讓使用者可以利用紫外線清除資料的ROM，這是利用MOS
的特性所製造的ROM，通用編號是27XX系列。

(4) 電子清除可規劃的ROM（Electrically EPROM, EEPROM）：
利用電氣使得這種ROM裡面的資料可以清除，又可以簡稱為
EAROM，讀取時間跟一般記憶體一樣，但寫入的時間比較長，通用
編號為28XX系列。

(5) 快閃記憶體（Flash ROM）：
屬於EEPROM的一種，已經大量的應用在數位相機、行動電話等等
的電子產品中，是目前使用最多的一種ROM，因為具有單位密度
高，因此成本比EEPROM低，有較低的消耗功率，寫入的方式是一
個區塊（block）的寫入，比EEPROM是一個位元（bit）寫入快。

3. 可抹除式記憶體應用
可抹除式記憶體就是代表可以重複寫入的記憶體,跟ROM最大的不同是
ROM在電源消失的時候資料不會不見，但是可抹除式記憶體則會。

(1) 靜態隨機存取記憶體（static random access memory,簡稱SRAM）是
半導體記憶體的一種，屬於隨機存取記憶體（RAM）一類。這種記
憶體只要保持通電，裡面儲存的資訊就可以恆常保持。然而，當電
力供應停止時，其內部儲存的資料還是會消失，這與在斷電後還能
儲存資料的 ROM是不相同的。

(2) 動態隨機存取記憶體（dynamic random access memory，簡稱
DRAM），這類的記憶體是利用電容充電與否，來代表邏輯的0或
1，由於電容會有漏電的現象，導致電位差不足而使記憶內容消失，
因此電容必須經常周期性地充電，否則資料就會消失。由於這種需
要定時刷新的特性，因此被稱為「動態」記憶體。與SRAM相比，
DRAM的優勢在於結構簡單。但相反的，DRAM也有存取速度較
慢、耗電量較大的缺點。

(3) 雙通道同步動態隨機存取記憶體（double data rate synchronous
dynamic random access memory, 簡稱DDR SDRAM）為具有雙倍資
料傳輸率之SDRAM，其資料傳輸速度為系統時脈之兩倍，由於速
度增加，其傳輸效能優於傳統的SDRAM。由於傳統SDRAM在運作
時，一個單位時間內只能讀或寫一次。而DDR SDRAM則讀取和寫
入可以在一個單位時間內進行，因此效能便會提升兩倍，這也便是
為何DDR SDRAM的時脈要「自動乘以二」的緣故。

例題 ⬇

( ) 32 關機後不會消失資料的記憶體為？
(A)DRAM (B)SRAM (C)EEPROM (D)以上皆非。

( ) 33 利用電氣特性清除資料的ROM為？
(A)ROM (B)PROM (C)EPROM (D)Flash ROM。

( ) 34 利用紫外線清除資料的ROM為？
(A)ROM (B)PROM (C)EPROM (D)Flash ROM。

( ) 35 使用最多的ROM為？
(A)ROM (B)PROM (C)EPROM (D)Flash ROM。

( ) 36 只可以寫入一次的ROM為？
(A)ROM (B)PROM (C)EPROM (D)Flash ROM。

解答：**32 (C)**　　　**33 (D)**　　　**34 (C)**　　　**35 (D)**
36 (B)

精選試題

模擬演練

( ) 1 如圖，寫出 F 之布林代數式：
(A)$\overline{\overline{\overline{XX}Y}XY}$　(B)$\overline{\overline{XY}\,\overline{XY}}$
(C)$\overline{\overline{\overline{XX}Y}XY}$　(D)$\overline{\overline{XY}\,\overline{XY}}$。

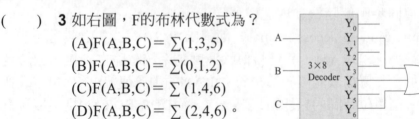

( ) 2 承上題，F的最簡布林代數式為　(A)X　(B)Y　(C)$\overline{X}$　(D)$\overline{Y}$。

( ) 3 如右圖，F的布林代數式為？
(A)$F(A,B,C)=\sum(1,3,5)$
(B)$F(A,B,C)=\sum(0,1,2)$
(C)$F(A,B,C)=\sum(1,4,6)$
(D)$F(A,B,C)=\sum(2,4,6)$。

( )　**4** 如右圖，此F(A,B,C)為？

    (A)F(A,B,C)＝∑(0,1,2,3)

    (B)F(A,B,C)＝∑(0,3,4,6)

    (C)F(A,B,C)＝∑(2,4,6,7)

    (D)F(A,B,C)＝∑(4,5,6,7)。

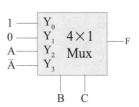

( )　**5** 若 F(A,B)＝A$\overline{B}$＋$\overline{A}$B，使用 4 對 1 多工器製作會是

(A)

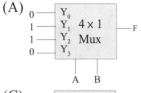

(B)

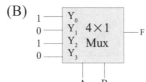

(C)

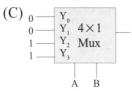

(D)

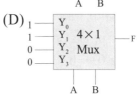

( )　**6** 若以Multiplexer來設計交換函數，則16對1的多工器可實現多少變數之函數　(A)4　(B)5　(C)6　(D)7。

( )　**7** 七段顯示器，亮 a, b, d, e, g 時，數字多少？

    (A)1　(B)2　(C)3　(D)5。

( )　**8** 如下圖，此為何種電路

    (A)多工器　(B)解多工器　(C)編碼器　(D)解碼器。

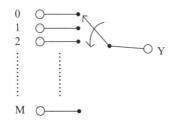

( )　**9** 若某一編碼器有256條輸入，則輸出有幾條

    (A)9　(B)8　(C)7　(D)6。

( )　**10** 下列何者不正確

    (A)編碼器輸出可以有8個　(B)解碼器輸出可以有8個

    (C)多工器輸出可以有8個　(D)解多工器輸出可以有8個。

(　) **11** 如右圖，此邏輯電路為
(A)多工器　(B)全加器
(C)半加器　(D)半減器。

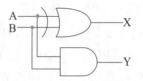

(　) **12** 那一個圖為全加器？

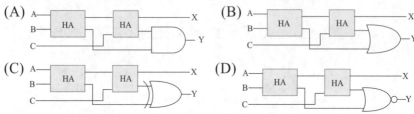

(　) **13** 若全加器如下圖，則 C_i 的邏輯布林代數式為
(A)$C_i = a_i b_i + b_i C_{i-1}$
(B)$C_i = a_i \oplus + b_i \oplus + C_{i-1}$
(C)$C_i = a_i b_i + b_i C_{i-1} + a_i C_{i-1}$
(D)$C_i = b_i C_{i-1} + a_i C_{i-1}$

(　) **14** 若4bit的編碼器，則輸出為幾條線？(A)2　(B)3　(C)4　(D)5。

(　) **15** TTLIC編碼為7448，則此為　(A)多工器　(B)解碼器　(C)7段顯示器　(D)正反器。

(　) **16** 全減器是利用兩個半減器與何種邏輯所完成
(A)AND　(B)OR　(C)NOT　(D)XOR。

(　) **17** 目前使用量最大的ROM為
(A)PROM　(B)EPROM　(C)EEPROM　(D)Flash ROM。

(　) **18** 只能寫入一次的ROM為
(A)PROM　(B)EPROM　(C)EEPROM　(D)Flash ROM。

(　) **19** 下列何者可用紫外線清除資料
(A)EPLD　(B)ROM　(C)EEPROM　(D)RAM。

(　) **20** 27XX系列的IC為
(A)ROM　(B)PROM　(C)EPROM　(D)EEPROM。

( ) **21** 如右圖，此為何種邏輯電路
(A)編碼器
(B)解碼器
(C)多工器
(D)解多工器。

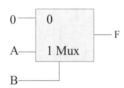

( ) **22** 承上題，當A＝1，B＝0時輸出為
(A)Y_0　(B) $\overline{Y_0}$　(C)Y_2　(D)Y_3。

( ) **23** 承上題，若$Y_0＝C$，$Y_1＝1$，$Y_2＝0$，$Y_3＝\overline{C}$，
則輸出Y的布林代數式為
(A)$Y＝ABC$　　(B)$Y＝\overline{A}\,\overline{B}C＋\overline{A}B＋AB\overline{C}$
(C)$Y＝A＋B＋B$ (D)$Y＝AB\overline{C}$。

( ) **24** 如右圖，等同於
(A)NOR　　　(B)AND
(C)OR　　　(D)XOR。

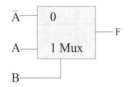

( ) **25** 如右圖，等同於
(A)NOR　　　(B)NAND
(C)XNOR　　(D)XOR。

歷屆考題

( ) **1** 如圖所示由二對一多工器
所組成的電路，其輸出的
布林函數為
(A) $A＋B$
(B) $A \oplus B$
(C) $\overline{A \oplus B}$
(D) $\overline{A \cdot B}$ 。

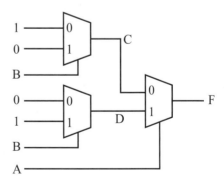

(　)　**2** 下列有關BCD加法器/減法器的敘述,何者有誤?

(A)$1101_{(B)}$ 減 $1010_{(BCD)}$ 等於 $3_{(D)}$

(B)7483為4 bit二進制加法器

(C)可用7483與邏輯電路完成BCD減法器

(D)$38_{(D)}$ 的10的補數為 $62_{(D)}$ 。

(　)　**3** 下列有關顯示器的敘述,何者有誤? 　(A)LCD的耗電較低　(B)
LCD的驅動電壓較高　(C)共陰極七段顯示器可由7448來驅動
(D)LCD顯示方式中,背光式較反射式為佳,在夜間仍能正常顯示。

(　)　**4** 下圖中的F.A.為1位元的全加器,此電路的功能為何?

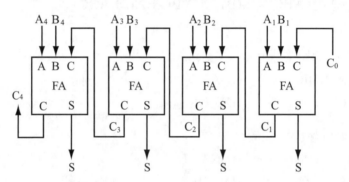

(A)四位元的串列加法器　(B)四位元的暫存器　(C)四位元的編
碼器　(D)四位元的並列加法器。

(　)　**5** 有關PROM記憶體的敘述,下列何者正確? 　(A)僅讀取記憶體
(B)可規劃的僅讀取記憶體　(C)靜態隨意存取記憶體　(D)動態
隨意存取記憶體。

(　)　**6** 如圖所示電路,為下列何種邏輯電路?

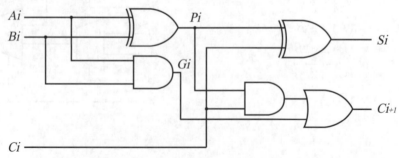

(A)半加法器　(B)全加法器　(C)半減法器　(D)全減法器。

（　）**7** 下列有關記憶體的敘述，何者錯誤？
(A)ROM的資料無法更改
(B)PROM是可規劃的記憶體，但不能重複規劃
(C)EPROM是可重複規劃的記憶體，重複使用時必須先以電壓清除記憶體內的資料
(D)EEPROM是可重複規劃的記憶體，重複使用時必須先以電壓清除記憶體內的資料。

（　）**8** 若以 I_0, I_1, I_2, I_3 表示一個4線對1線之多工器的輸入線，該多工器之選擇線為 A 及 B，輸出線 Y 的布林代數式為 $Y = I_0 A'B' + I_1 A'B + I_2 AB' + I_3 AB$，如欲將 I_2 的資料送到輸出線 Y 時，選擇線 A、B 的值應為下列何者？
(A)$A=0$，$B=0$　　(B)$A=0$，$B=1$
(C)$A=1$，$B=0$　　(D)$A=1$，$B=1$。

（　）**9** 若有一共陽極的七段顯示器，如將其 a，b，c，d，g 五根接腳分別連接阻值正確之限流電阻至低電位，且其共陽極接腳連接至高電位，則此七段顯示器所顯示的數字為下列何者？
(A)3　(B)4　(C)6　(D)7。

（　）**10** 使用8對1多工器來製作邏輯電路F(A,B,C,D)＝∑(0,1,2,4,5,7,11,14)，當選擇線 $S_2 S_1 S_0 = 110$ 時，I_6 的值會出現在輸出端 Y；當 $S_2 S_1 S_0 = 011$ 時，I_3 的值會出現在輸出端；若 A 連接至 S_2，B 連接至 S_1，C 連接至 S_0，則輸入線 I_6 的值應為下列何者？　(A)0　(B)1　(C)D　(D)D'。

（　）**11** 如右圖所示之 4×1 多工器電路，其功能相當於下列何種邏輯閘？
(選擇線 S_1 為 MSB，S_0 為 LSB)
(A)XOR　　　　(B)XNOR
(C)XNAND　　　(D)NOR。

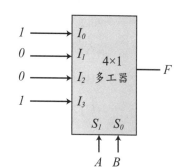

(　　) **12** 由兩個16X4 ROM所組成的記憶體之位址線、資料輸出線及致能
(E)的連接如圖所示，下列何者為該記憶體總容量？

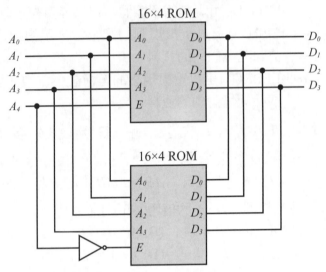

(A)16 X 4　(B)16 X 8　(C)32 X 4　(D)32 X 8。

(　　) **13** 編號74LS138邏輯IC為3對8解碼器，若用其來製作6對64的解碼
器，並假設不能使用其他邏輯閘，則需使用幾個74LS138邏輯
IC？　(A)9　(B)8　(C)7　(D)6。

(　　) **14** 半減法器電路輸入變數為被減數A與減數B，輸出變數為差D
與借位W，則下列何者為W之布林代數式？　(A)AB　(B)AB'
(C)　A'B　(D)A'B'。

(　　) **15** 若有一個3對8解碼器，其輸出Y_0~Y_7為低電位動作，輸出Y_7為
MSB，將邏輯訊號A,B,C連接至該解碼器之2^2，2^1，2^0輸入接
腳，並將其輸出Y_0，Y_4，Y_7連接至一個三輸入AND閘，則下列
何者為此一AND閘的輸出F所表示之邏輯式？
(A)$F(A,B,C) = \sum(0,4,7)$
(B)$F(A,B,C) = \prod(0,4,7)$
(C)$F(A,B,C) = \sum(1,5,6)$
(D)$F(A,B,C) = \prod(1,5,6)$。

( ) **16** 如圖所示之多工器電路,該電路係以4X1多工器來完成布林函數式 $Y(A,B,C)=\sum(0,1,3,4,5,6)$,則輸入接腳 I_0 與 I_1 之值應為下列何者?

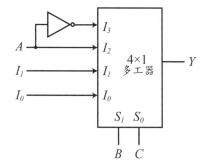

(A)$I_0=0$, $I_1=0$
(B)$I_0=0$, $I_1=1$
(C)$I_0=1$, $I_1=0$
(D)$I_0=1$, $I_1=1$。

( ) **17** 如圖所示之4位元並列加法器電路,該電路之輸入接腳 C_{in} 應該採取下列那一種連接方式?

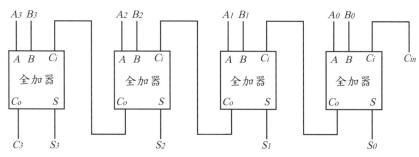

(A)接邏輯0　　(B)接邏輯1
(C)接至 S_2　　(D)接至 S_3。

( ) **18** 共陰極7段顯示器可使用下列那一種編號之電路驅動?
(A)74LS08　　(B)74LS32
(C)74LS47　　(D)74LS48。

( ) **19** 如圖所示之邏輯電路,若 A、B 的輸入均為1,則下列何者為 S_0 與 S_1 的輸出?

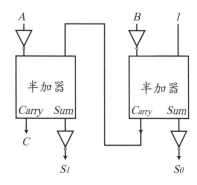

(A) $S_1=0$, $S_0=0$
(B) $S_1=0$, $S_0=1$
(C) $S_1=1$, $S_0=0$
(D) $S_1=1$, $S_0=1$ 。

( ) **20** 假設一個組合邏輯電路其輸入為
X、Y，輸出為A、B、C、D，
其真值表如圖所示，請問此電路
功能為何？
(A)多工器　(B)解多工器
(C)編碼器　(D)解碼器。

X	Y	A	B	C	D
0	0	0	0	0	1
0	1	0	0	1	0
1	0	0	1	0	0
1	1	0	0	0	0

( ) **21** 如圖所示之多工器電路，
則下列何者為之布林代數式？

(A) $\sum(1,2,4,6,7)$

(B) $\sum(0,1,5,6)$

(C) $\sum(1,3,4,5)$

(D) $\sum(0,2,3,5,7)$ 。

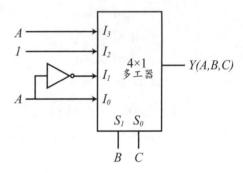

( ) **22** 下列元件中，何者不是組合邏輯電路？　(A)解碼器　(B)多工器
(C)解多工器　(D)七段顯示器。

( ) **23** 製作一位元的二進制全加器，可使用下列那一個組合來完成？
(A)2個半加器及1個OR閘
(B)2個XOR閘及1個AND閘
(C)2個AND閘及1個OR閘
(D)2個OR閘及1個NAND閘。

( ) **24** 如圖所示為1對2解多工器電
路，若 $S=1$，則下列何者是
Y_1, Y_0 的輸出？

(A) $Y_1 = D$，$Y_0 = 1$

(B) $Y_1 = D$，$Y_0 = 0$

(C) $Y_1 = 1$，$Y_0 = D$

(D) $Y_1 = 0$，$Y_0 = D$ 。

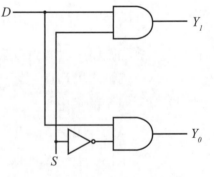

第七章　正反器

◆ 重點整理 ◆

7-1　RS閂鎖器及防彈跳電路

數位邏輯中，組合邏輯表示電路的輸出只與當時的輸入信號有關，不具
有記憶性功能；循序邏輯表示電路的下一次輸出與當時的輸入信號有關
之外，還受到目前輸出信號的影響，且具有記憶功能。

如圖7-1，正反器（flip flop,FF）實際就是所謂的雙穩態多諧振盪器擁有
兩個輸出互為補數，且具有記憶與儲存的功能，是最小單位的記憶單元
1bit。

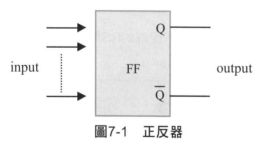

圖7-1　正反器

1. RS閂鎖器

   RS閂鎖器可以用NAND閘與NOR閘組成，如圖7-2。Q_n代表原本儲存於
   閂鎖器的狀態；Q_{n+1}代表現在輸入時閂鎖器的輸出。RS閂鎖器可以有以
   下四種輸出：

   (1) 當用NAND閘所組成的RS閂鎖器，輸入R＝0、S＝0時（當用NOR閘
       所組成的RS閂鎖器，輸入R＝1、S＝1時），RS閂鎖器的狀態不變，
       維持原本的狀態。

   (2) 當輸入R＝0、S＝1時，不論RS閂鎖器的狀態為何，輸出端Q都會變
       成1。

(3) 當輸入R＝1、S＝0時，不論RS閂鎖器的狀態為何，輸出端Q都會變成0。

(4) 當用NAND閘所組成的RS閂鎖器，輸入R＝1、S＝1時（當用NOR閘所組成的RS閂鎖器，輸入R＝0、S＝0時），因為此時輸出端會變成Q＝0、$\overline{Q}$＝0，為不合理的情形，故此種輸入為不允許的情形。

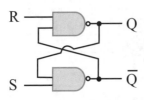

R	S	Q_{n+1}
0	0	Q_n
0	1	1
1	0	0
1	1	（不允許）

圖7-2(a)　用NAND組成的RS閂鎖器與真值表

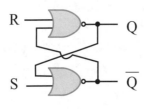

R	S	Q_{n+1}
0	0	（不允許）
0	1	1
1	0	0
1	1	Q_n

圖7-2(b)　用NOR組成的RS閂鎖器與真值表

例 題

（　　）**1** 考慮如圖的RS閂鎖器，下列何者有誤？
　　　(A)R＝0，S＝0，Q不變
　　　(B)R＝0，S＝1，Q＝1
　　　(C)R＝1，S＝0，Q＝0
　　　(D)R＝1，S＝1，Q＝1。

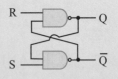

解答：

1 (D)。此為RS閂鎖器，真值表如下，
　　　故當R＝1，S＝1，
　　　Q會變為上一個時刻的補數。

解題技巧：RS閂鎖器沒有clock

R	S	Q_{n+1}
0	0	Q_n
0	1	1
1	0	0
1	1	（不允許）

2. 防彈跳電路

數位電路中，經常會利用開關來做邏輯準位1與0的切換，如圖7-3所示。然而一般的機械性開關在a與b切換瞬間，會有數毫秒（ms）的彈跳現象，使邏輯準位無法確定，造成電子電路容易誤動作。

RS閂鎖器可以用來消除開關彈跳的現象，以避免電子電路產生誤動作。防彈跳電路動作原理如下：

(1) 當開關SW接到a點時(即R＝1，S＝0)，輸出Q清除為0，即Q＝0。

(2) 當開關SW在a、b點之間時(即R＝0，S＝0)，輸出Q維持不變，即Q仍然為0。

(3) 當開關SW接到b點時(即R＝0，S＝1)，輸出Q為1，即Q＝1。

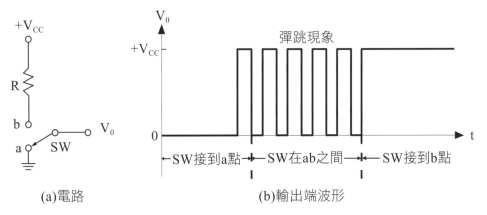

(a)電路　　　　　　　　(b)輸出端波形

圖7-3　機械性開關

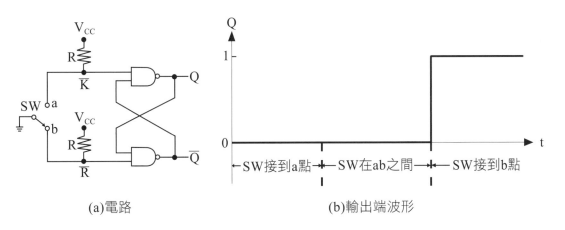

(a)電路　　　　　　　　(b)輸出端波形

圖7-4　(a)防彈跳電路(b)輸出端波形

7-2　RS型正反器

1. 理想正反器需要利用clock（時序）來觸發
   (1) 正緣觸發：當邏輯波形由0變成1時觸發。
   (2) 負緣觸發：當邏輯波形由1變成0時觸發。

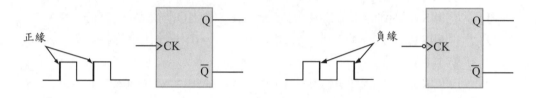

(a) 正緣觸發型的正反器　　　　　　　　(b)負緣觸發型的正反器

圖7-5　正反器不同的觸發

2. 完整正反器：多兩個輸入點，分別為預設、清除
   (1) 預設（Preset,PR），主要功能為將狀態事先設定為1。
   (2) 清除（Clear,CLR）主要功能為將狀態事先清除為0。

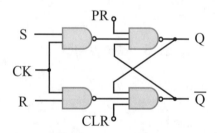

圖7-6　包含PR,CK,CLR的RS正反器組合邏輯電路

3. PR和CLR的設定又可以分為兩種形式
   (1) 低準位設定，當不設定時PR與CLR均保持高準位邏輯1。
   (2) 高準位設定，當不設定時PR與CLR均保持低準位邏輯0。

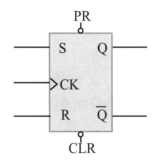

PR	CLR	Q_{n+1}
0	0	（不允許）
0	1	1
1	0	0
1	1	Q_n

圖7-7(a)　PR和CLR低準位設定的RS正反器符號與真值表

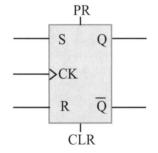

PR	CLR	Q_{n+1}
0	0	Q_n
0	1	0
1	0	1
1	1	（不允許）

圖7-7(b)　PR和CLR高準位設定的RS正反器符號與真值表

PR	CLR	CK	R	S	Q_{n+1}
0	0	x	x	x	（不允許）
0	1	x	x	x	1
1	0	x	x	x	0
1	1	觸發	0	0	Q_n
1	1	觸發	0	1	1
1	1	觸發	1	0	0
1	1	觸發	1	1	（不允許）

圖7-8　完整的RS正反器的真值表

7-3　JK型正反器

1. 由NAND閘所組成的JK正反器，以Q_n代表原本儲存於正反器的狀態；Q_{n+1}代表現在輸入時正反器的輸出。JK正反器可以有以下四種輸出：

　(1) 當輸入J＝0、K＝0時，JK正反器的狀態不變，維持原本的狀態。

　(2) 當輸入J＝0、K＝1時，不論RS正反器的狀態為何，輸出端Q都會變成0。

　(3) 當輸入J＝1、K＝0時，不論RS正反器的狀態為何，輸出端Q都會變成1。

　(4) 當輸入J＝1、K＝1時，輸出端Q都會變成反相狀態Q_n。

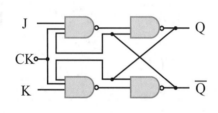

J	K	Q_{n+1}
0	0	Q_n
0	1	0
1	0	1
1	1	$\overline{Q_n}$

(a)

圖7-9(a)　JK正反器的組合邏輯電路與真值表

2. JK正反器改正了RS正反器的缺點，即是RS正反器會有一種狀態是不允許的，但在JK中會變成原本狀態的反相。

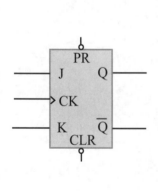

PR	CLR	CK	J	K	Q_{n+1}
0	0	x	x	x	（不允許）
0	1	x	x	x	1
1	0	x	x	x	0
1	1	觸發	0	0	Q_n
1	1	觸發	0	1	0
1	1	觸發	1	0	1
1	1	觸發	1	1	$\overline{Q_n}$

(b)

圖7-9(b)　完整的JK正反器符號與真值表

3. RS正反器組成JK正反器

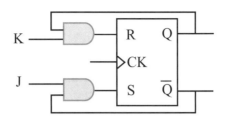

圖7-10 用RS正反器組成JK正反器

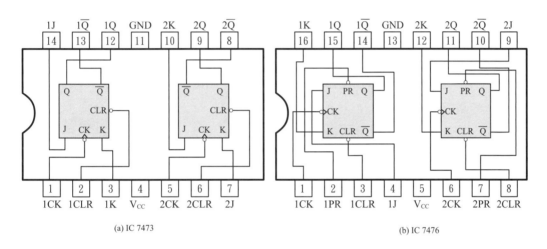

(a) IC 7473   (b) IC 7476

圖7-11 常用的JK正反器IC接腳圖

例 題

( ) 2 JK正反器,若輸入端J=1,K=0則時脈輸入過來時
(A)Q不變 (B)Q=1 (C)Q=0 (D)Q=Q̄。

( ) 3 想要利用RS正反器組成JK正反器,需用幾個AND閘
(A)1個 (B)2個 (C)3個 (D)4個。

解答:2 (B)。JK正反器的真值表如下,因此當J=1,K=0時,
$Q_{n+1}=1$

J	K	Q_{n+1}
0	0	Q_n
0	1	0
1	0	1
1	1	$\overline{Q_n}$

3 (B)。如圖7-10所示。

7-4　D型正反器

專門將輸入給儲存起來的記憶單元,為延遲(delay)型正反器。

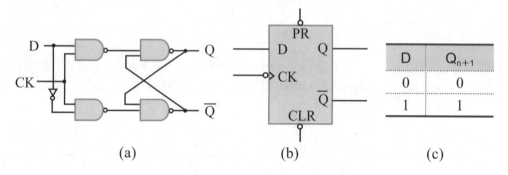

D	Q_{n+1}
0	0
1	1

(a)　　　　　　　　(b)　　　　　　　　(c)

圖7-12　D型正反器的(a)組合邏輯;(b)符號;(c)真值表

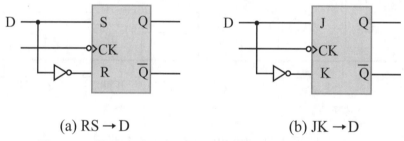

(a) RS → D　　　　　　　　(b) JK → D

圖7-13　利用RS正反器與JK正反器轉換成D型正反器

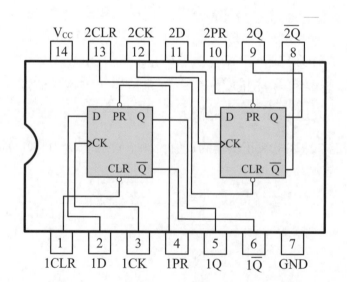

圖7-14　常用的D型正反器IC 7474接腳圖

例 題

(　)　**4** 每一個時刻的輸出都會跟輸入一樣的正反器為　(A)RS正反器　(B)JK正反器　(C)D型正反器　(D)T型正反器。

(　)　**5** 此JK正反器所組成的為　(A)RS正反器　(B)JK正反器　(C)D型正反器　(D)T型正反器。

解答：**4 (C)**。D型正反器是一種專門將輸入給儲存起來的記憶單元。
　　　5 (C)。如圖7-13所示。

7-5　T型正反器

特性：

1. T＝0時，輸出就不會有改變。
2. T＝1時，輸出就會變成原本狀態的補數。
3. 又稱為反轉型（toggle）正反器。

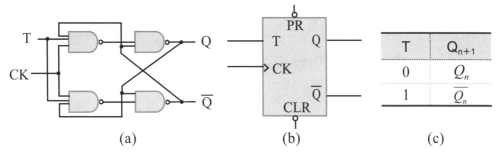

T	Q_{n+1}
0	Q_n
1	$\overline{Q_n}$

圖7-15　T型正反器的(a)組合邏輯；(b)符號；(c)真值表

　　T型正反器的功能主要在於只要當T＝0時，輸出就不會有改變；當T＝1時輸出就會變成原本狀態的補數，即為一反轉型（Toggle）正反器。

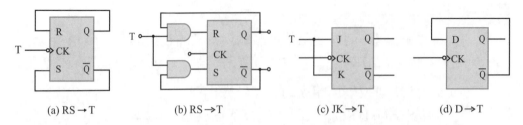

(a) RS→T   (b) RS→T   (c) JK→T   (d) D→T

圖7-16 利用RS正反器，JK正反器與D型正反器轉換成T型正反器

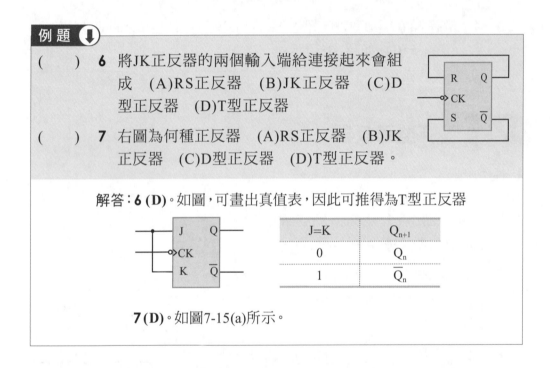

例題

( ) 6 將JK正反器的兩個輸入端給連接起來會組成 (A)RS正反器 (B)JK正反器 (C)D型正反器 (D)T型正反器

( ) 7 右圖為何種正反器 (A)RS正反器 (B)JK正反器 (C)D型正反器 (D)T型正反器。

解答：6 (D)。如圖，可畫出真值表，因此可推得為T型正反器

J=K	Q_{n+1}
0	Q_n
1	$\overline{Q_n}$

7 (D)。如圖7-15(a)所示。

7-6 激勵表及正反器之互換

1. 激勵表
   (1) 說明：
      i. 激勵表由真值表推導而來。
      ii. 真值表：列出正反器的輸入端狀態與輸出端下一個狀態。
      iii. 激勵表：根據正反器輸出端目前的狀態Q_n與下個狀態Q_{n+1}，列出輸入端所有的狀態。

(2) RS型正反器之激勵表：

表7-1(a)真值表

輸入		下一個輸出狀態
R	S	Q_{n+1}
0	0	Q_n
0	1	1
1	0	0
1	1	不允許

(b)激勵表

輸出		輸入	
Q_n	Q_{n+1}	R	S
0	0	X	0
0	1	0	1
1	0	1	0
1	1	0	X

i.　$Q_n = 0$、$Q_{n+1} = 0$，$R = 0$ 或1(都可以，以X表示)，$S = 0$
ii.　$Q_n = 0$、$Q_{n+1} = 1$，$R = 0$，$S = 1$
iii.　$Q_n = 1$、$Q_{n+1} = 0$，$R = 1$，$S = 0$
iv.　$Q_n = 1$、$Q_{n+1} = 1$，$R = 0$，$S = 0$ 或1(都可以)

(3) JK型正反器之激勵表：

表7-2(a)真值表

輸入		下一個輸出狀態
J	K	Q_{n+1}
0	0	Q_n
0	1	0
1	0	1
1	1	$\overline{Q_n}$

(b)激勵表

輸出		輸入	
Q_n	Q_{n+1}	J	K
0	0	0	X
0	1	1	X
1	0	X	1
1	1	X	0

(4) D型正反器之激勵表：

表7-3(a)真值表

輸入	下一個輸出狀態
D	Q_{n+1}
0	0
1	1

(b)激勵表

輸出		輸入
Q_n	Q_{n+1}	D
0	0	0
0	1	1
1	0	0
1	1	1

(5) T型正反器之激勵表：

<table>
<tr><td colspan="2" style="text-align:center">表7-4(a)真值表</td><td colspan="3" style="text-align:center">(b)激勵表</td></tr>
<tr><td>輸入</td><td>下一個輸出狀態</td><td colspan="2">輸出</td><td>輸入</td></tr>
<tr><td>T</td><td>Q_{n+1}</td><td>Q_n</td><td>Q_{n+1}</td><td>T</td></tr>
<tr><td>0</td><td>Q_n</td><td>0</td><td>0</td><td>0</td></tr>
<tr><td>1</td><td>$\overline{Q_n}$</td><td>0</td><td>1</td><td>1</td></tr>
<tr><td></td><td></td><td>1</td><td>0</td><td>1</td></tr>
<tr><td></td><td></td><td>1</td><td>1</td><td>0</td></tr>
</table>

2. 特徵方程式：

(1) 說明：**將正反器的輸入端與輸出端目前的狀態Q_n當作輸入變數，以求得輸出端下個狀態Q_{n+1}的最簡布林代數式。**

(2) RS型正反器之特徵方程式：

i. 真值表：

輸入		輸出		說明
R	S	Q_n	Q_{n+1}	
0	0	0	0	$Q_{n+1} = Q_n$
0	0	1	1	
0	1	0	1	$Q_{n+1} = 1$
0	1	1	1	
1	0	0	0	$Q_{n+1} = 0$
1	0	1	0	
1	1	0	X	不允許
1	1	1	X	

ii. 卡諾圖：

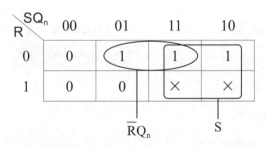

iii. 最簡布林代數式：$Q_{n+1}\left(R,S,Q_n\right) = S + \overline{R}Q_n$

(3) JK型正反器之特徵方程式：
   i. 真值表：

輸入		輸出	說明
J	K	Q_n	Q_{n+1}	
0	0	0	0	$Q_{n+1}=Q_n$
0	0	1	1	
0	1	0	0	$Q_{n+1}=0$
0	1	1	0	
1	0	0	1	$Q_{n+1}=1$
1	0	1	1	
1	1	0	1	$Q_{n+1}=\overline{Q}_n$
1	1	1	0	

   ii. 卡諾圖：

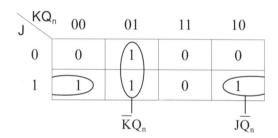

   iii. 最簡布林代數式：$Q_{n+1}(J,K,Q_n)=J\overline{Q}_n+\overline{K}Q_n$

(4) D型正反器之特徵方程式：
   i. 真值表：

輸入		輸出	說明
D	Q_n	Q_{n+1}	
0	0	0	$Q_{n+1}=0$
0	1	0	
1	0	1	$Q_{n+1}=1$
1	1	1	

   ii. 卡諾圖：

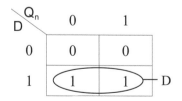

   iii. 最簡布林代數式：$Q_{n+1}\left(D,Q_n\right)=D$

(5) T型正反器之特徵方程式：

　　i.　真值表：

輸入		輸出	說明
T	Q_n	Q_{n+1}	
0	0	0	$Q_{n+1}=Q_n$
0	1	1	
1	0	1	$Q_{n+1}=\overline{Q_n}$
1	1	0	

　　ii.　卡諾圖：

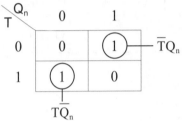

　　iii.　最簡布林代數式：$Q_{n+1}(T,Q_n)=\overline{T}Q_n+T\overline{Q_n}=T\oplus Q_n$

3. 正反器之互換

(1) RS型正反器轉換成其他型正反器

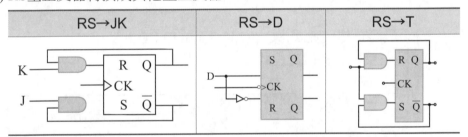

(2) JK型正反器轉換成其他型正反器

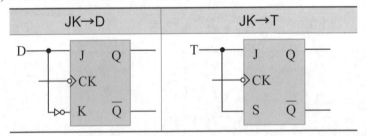

(3) D型正反器轉換成其他型正反器

因為 $Q_{n+1}(D,Q_n)=D$，所以只要將其他正反器的特徵方程式代入D，

即可取代原正反器

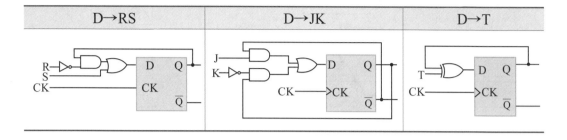

D→RS	D→JK	D→T

4. 正反器的最高時脈頻率

(1) 說明：正反器輸入端有雜訊，會影響輸出端的訊號，因此若要使輸出端的訊號正確，則在時序脈波CK的正緣或負緣到達前，必須先讓輸入資料準備好。

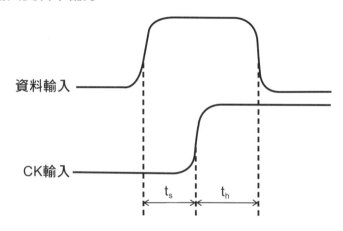

(2) 設定時間：資料輸入必須比CK輸入的脈波邊緣早到的最小時間，代號 t_s。

(3) 保持時間：CK輸入觸發後，資料輸入再維持的時間，代號 t_h。

(4) 傳遞延遲時間：

i. 從信號輸入到輸出改變所需要的時間，通常以電壓值50%的位置為基準。

ii. 輸出從0→1與1→0的時間通常不相同，因此取兩者時間的平均值

$$t_p = \frac{t_{PLH}}{2} + \frac{t_{PHL}}{2}$$

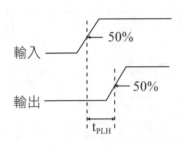

(a) 輸出由0到1的傳遞延遲時間

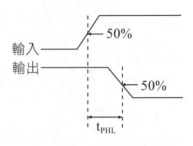

(b) 輸出由1到0的傳遞延遲時間

圖7-17

(5) 最高時脈頻率：

　i.　為了確保正反器的輸出能正確依據輸入狀態而變化，則CK的週期必須大於等於三者時間之和，即 $T_{ck} \geq t_s + t_h + t_p$。

　ii.　因 $t_p \gg t_s + t_h$，所以可簡化為 $T_{ck} \geq t_p$，則時序脈波(CK)頻率

$$f_{ck} \leq \frac{1}{t_p}$$

　iii.　最高時脈頻率 $f_{ck(max)} = \dfrac{1}{t_p}$，即CK頻率必須低於此頻率，正反器才能正常工作。

例題

(　　) **8** RS正反器的輸出狀態$Q_n=1$，$Q_{n+1}=0$，則輸入狀態R、S之值應為何？(X表示隨意項，可能為0或1)　(A)R=0，S=1　(B)R=1，S=0　(C)R=X，S=0　(D)R=0，S=X。

(　　) **9** JK正反器的輸出狀態$Q_n=0$，$Q_{n+1}=1$，則輸入狀態J、K之值應為何？(X表示隨意項，可能為0或1)　(A)J=0，K=X　(B)J=1，K=X　(C)J=X，K=0　(D)J=X，K=0。

(　　) **10** T型正反器的特徵方程式 $Q_{n+1}=$？　(A)TQ_n　(B)$Q_n + T\overline{Q_n}$　(C)$T\overline{Q_n}$　(D)$\overline{T}Q_n + T\overline{Q_n}$。

解答：**8 (B)**　　　**9 (B)**　　　**10 (D)**

精選試題

模擬演練

( ) **1** 如右圖，此為
(A)JK正反正器　(B)RS正反器
(C)D型正反器　(D)T型正反器。

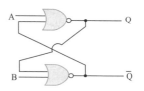

( ) **2** 承上題，若原先輸出Q＝1，則A＝B＝1時
(A)Q＝0　(B)Q＝1　(C)Q不允許　(D)Q為開路。

( ) **3** 承上題，若A＝1，B＝0時
(A)Q＝0　(B)Q＝1　(C)Q不存在　(D)Q為開路。

( ) **4** JK正反器改善了 RS 正反器的　(A)工作時間　(B)硬體成本
(C)某一不存在的狀態　(D)雜訊邊限。

( ) **5** 如右圖為何種正反器？
(A)JK正反器　(B)RS正反器
(C)D型正反器　(D)T型正反器。

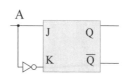

( ) **6** 當JK正反器的原本輸出為「1」，則J＝1010，K＝0110時輸
出為　(A)0101　(B)1001　(C)1010　(D)1011

( ) **7** 如右圖為何種正反器？
(A)JK正反器　(B)RS正反器
(C)D型正反器　(D)T型正反器。

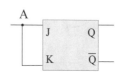

( ) **8** 承上題，若A＝1001，且原本Q為「1」則輸出端為
(A)0101　(B)0110　(C)1001　(D)0001。

( ) **9** 下列哪一個正反器可具有緩衝器的作用　(A)D型正反器　(B)T
型正反器　(C)JK正反器　(D)RS正反器。

(　　) **10** 如下圖，下列敘述何者錯誤？

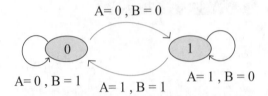

(A)當A＝0，B＝0時，狀態由0到1
(B)當A＝1，B＝0時，狀態必定不變
(C)當A＝1，B＝1時，狀態由1到0
(D)當A＝0，B＝1時，狀態0依然不變。

(　　) **11** 雙穩態多諧振盪器，即為　(A)邏輯閘　(B)正反器　(C)反相器　(D)緩衝器。

(　　) **12** 若有一循序電路的狀態圖如下，則當$Q_{1n}＝1$、$Q_{2n}＝0$、A＝0、B＝1時

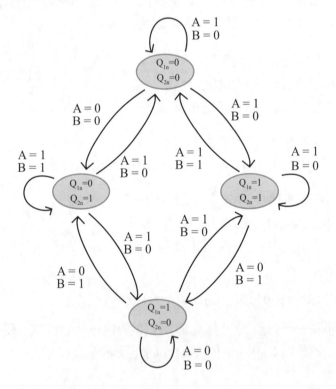

(A)$Q_{1n+1}＝0$，$Q_{2n+1}＝0$　　　　　　(B)$Q_{1n+1}＝0$，$Q_{2n+1}＝1$
(C)$Q_{1n+1}＝1$，$Q_{2n+1}＝0$　　　　　　(D)$Q_{1n+1}＝1$，$Q_{2n+1}＝1$。

( ) **13** 承上題，當$Q_{1n}=1$、$Q_{2n}=1$、$A=1$、$B=0$時
(A)$Q_{1n+1}=0$，$Q_{2n+1}=0$　　(B)$Q_{1n+1}=0$，$Q_{2n+1}=1$
(C)$Q_{1n+1}=1$，$Q_{2n+1}=0$　　(D)$Q_{1n+1}=1$，$Q_{2n+1}=1$。

( ) **14** 若有一狀態表如下所示，可化簡為幾種狀態

目前狀態	次 態		輸出
	$X=0$	$X=1$	
a	b	c	1
b	d	e	0
c	a	e	0
d	b	c	1
e	f	a	0
f	e	c	0

(A)3　(B)4　(C)5　(D)6。

( ) **15** 若正緣觸發之T型正反器，H表示高電位、L表示低電位，則當T$=$H，Q$=$H時，則
(A)觸發脈波由H變為L時，Q變為L
(B)觸發脈波由L變為H時，Q變為L
(C)觸發脈波由H變為L時，Q不變
(D)不管觸發脈波，Q都不變。

歷屆考題

( ) **1** 假設一J-K正反器在t_0週期之Q值為1，在$t_1 \sim t_4$週期之輸入訊號J-K分別為11→01→10→00，則Q在$t_1 \sim t_4$週期之輸出變化情形為　(A)0→0→1→1　(B)1→0→1→0　(C)0→1→1→0 (D)1→1→0→0。

( ) **2** 正反器（Flip-Flop）屬於下列何種電路？
(A)整流器　(B)雙穩態　(C)無穩態　(D)單穩態。

( ) **3** 在正緣觸發的J-K正反器激勵表中，假如Q＝1，希望在時脈控制clock產生正緣時，使$Q_{n+1}＝0$，則正反器之輸入J，K的值應為下列何者？(X表隨意項，可視需要設為0或1)
(A) J＝0，K＝×　　(B) J＝1，K＝×
(C) J＝×，K＝1　　(D) J＝×，K＝0。

( ) **4** 一個J-K正反器，其低電位動作的預置(Preset)與清除(Clear)均連接至邏輯1，若輸入 J＝1，K＝1，CLK(clock) 係採負緣觸發，該CLK的頻率f為1kHz，則JK正反器輸出Q之頻率為下列何者？
(A)100Hz　(B)125Hz　(C)250Hz　(D)500Hz。

( ) **5** 一個負緣觸發JK正反器，其輸出Q之初值為0，若J＝1，K＝0時，時脈信號由1轉態為0後，則Q的輸出為何？
(A)0　　　　　　(B)1
(C)開路　　　　　(D)0與1交互出現。

( ) **6** 一個D型正反器可儲存多少個位元資料？　(A)1個　(B)2個
(C)4個　(D)8個。

( ) **7** 若一個JK正反器的輸入端J、K連接在一起，其邏輯功能相當於下列何種元件？(A)RS正反器　(B)D型正反器　(C)T型正反器
(D)NAND閘。

第八章　循序邏輯電路設計及應用

課前導讀　　　　　　　　　　　　　　本章重要性 ★★★★★

計數器的模數計算以及計數過程的邏輯輸出變化都是必考的題型，必須要熟記特別的計數器的電路，尤其是非常態的變化型的計數器，為近年來常考的題型。

● 重點整理 ●

8-1　時鐘脈波產生器

循序邏輯電路都需要利用時脈來達成觸發的效果，故我們利用IC555的內部結構來產生脈波輸出。

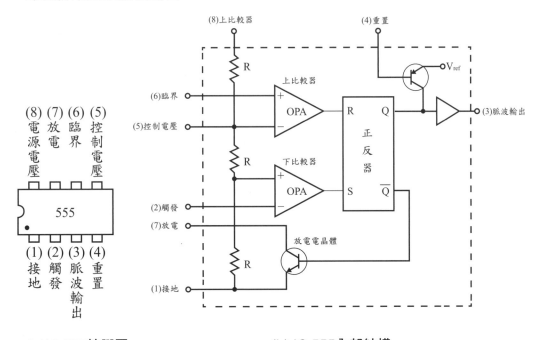

(a)IC 555接腳圖　　　　　　　　　(b) IC 555內部結構

圖8-1　IC555

當臨界（第6腳）大於$\frac{2}{3}V_{CC}$時，上面的OPA輸出邏輯「1」至RS正反器的

R端；當觸發（第2腳）小於$\frac{2}{3}V_{CC}$時，下面的OPA輸出邏輯「1」至RS正

反器的S端。故可利用這電路控制RS正反器的輸出以產生時脈輸出。

當我們要產生時脈波形時，可以利用無穩態振盪電路來產生，無穩態振盪
電路指的就是電路的輸出在「0」與「1」不斷的輪流轉換。

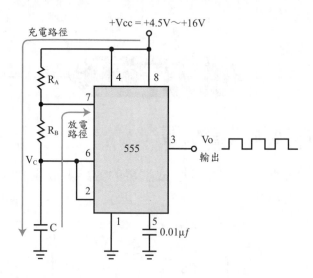

圖8-2　利用IC555組成無穩態振盪電路

我們可以利用公式算出幾個重要的參數：

1. 輸出脈波週期：代表輸出的時脈波形週期，我們可以利用電阻與電容來
   達成調整週期的目的，$T = 0.693(R_A + 2R_B)C$

2. 輸出脈波頻率：代表輸出的時脈波形頻率，可由週期來求得，

$$f = \frac{1}{T} = \frac{1.44}{(R_A + 2R_B)C}$$

3. 輸出脈波的工作週期（duty cycle）：代表時脈工作的時間佔整個波形週

   期的百分比，$\frac{R_A + R_B}{R_A + 2R_B} \times 100\%$

單穩態振盪電路指的就是保持穩態的狀態，直到遇到觸發的時候才轉
態，經過固定的時間會自動回到原本穩態的狀態。

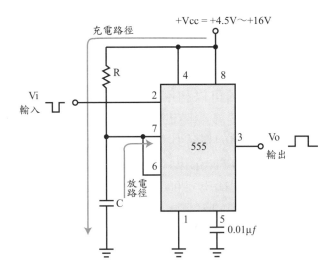

圖8-3 利用IC555組成單穩態振盪電路

輸出的單穩態時間為 $T = \ln 3 \cdot RC = (1.1) \times RC$

例題

( ) **1** 如圖8-2之無穩態振盪電路,請問當 $R_A = 10k\Omega$,$R_B = 20k\Omega$,$C = 33\mu F$,則其輸出脈波的頻率為? (A)1.4Hz (B)200Hz (C)1kHz (D)1MHz。

( ) **2** 如圖8-2之無穩態振盪電路,請問當 $R_A = 30k\Omega$,$R_B = 10k\Omega$,$C = 47\mu F$,則其輸出脈波的工作週期為? (A)20% (B)40% (C)60% (D)80%。

解答:

1 (A)。可利用

$$f = \frac{1}{T} = \frac{1.44}{(R_A + 2R_B)C} = \frac{1.44}{(10 \times 10^3 + 20 \times 10^3) \times 33 \times 10^{-6}} \simeq 1.4Hz$$

2 (D)。可利用工作週期 $= \frac{R_A + R_B}{R_A + 2R_B} \times 100\% = \frac{30 + 10}{30 + 20} \times 100\% = 80\%$

解題技巧:請熟記時脈產生電路的工作週期與頻率之公式。

8-2　非同步計數器

計數器（counter）就是一種利用循序邏輯擁有的時序特性，以及記憶特性所設計出來的電路，我們可以利用計數器來計算時脈的次數，以達到我們計算某個電路動作需要多少時間，所以廣泛的應用在電子表、生產流程的控制或是用來記錄物理量等功能。

非同步計數器又可稱為漣波（ripple）計數器，一個正反器就相當於一次計數，如圖8-4每一個正反器的輸出，即為下一個正反器的輸入，由此可以達到計數的功能，優點是只需要正反器和一個邏輯閘即可，缺點則是由於傳送資料是一個一個傳送，所以延遲時間長，不適用於高頻率的電路。

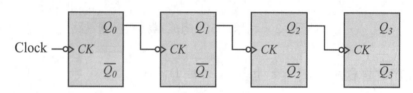

圖8-4　漣波計數器

漣波計數器又可以分為兩種計數器：上數計數器代表計數的順序由小到大，即$0 \to 1 \to 2 \to \cdots\cdots$；下數計數器代表計數的順序由大到小，即$7 \to 6 \to 5 \to \cdots\cdots$。

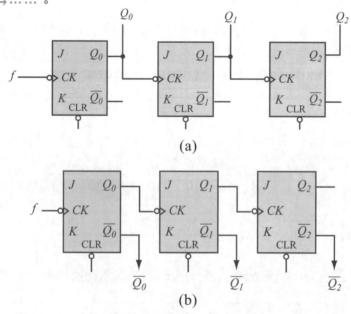

(a)

(b)

圖8-5　(a)8模漣波上數計數器；(b)8模漣波下數計數器

我們將漣波計數器的幾個特性介紹如下：

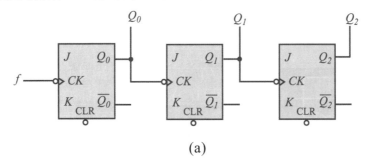

(a)

	Q$_2$	Q$_1$	Q$_0$
0	0	0	0
1	0	0	1
2	0	1	0
3	0	1	1
4	1	0	0
5	1	0	1
6	1	1	0
7	1	1	1
8（清除）	0	0	0

(b)

圖8-6　8模漣波上數計數器(a)電路；(b)真值表

1. 模數（MOD）：這個代表計數器會計數到多少的意思，或是我們可以
   說這是個除以M的計數器，如圖8-6為一8模計數器，即計數到8時會從0
   （000）開始，此為2^n模計數器，如果要設計一個6模計數器只需在後面
   加上一個NAND閘，且輸入（110）即是從Q$_2$以及Q$_1$拉出，如圖8-7(a)，
   此為非2^n模計數器。

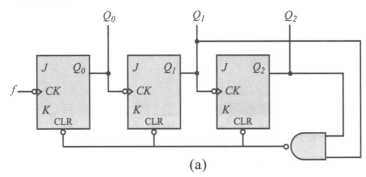

(a)

	Q_2	Q_1	Q_0
0	0	0	0
1	0	0	1
2	0	1	0
3	0	1	1
4	1	0	0
5	1	0	1
6（清除）	$1\to0$	$1\to0$	0

(b)

圖8-7　6模漣波上數計數器(a)電路；(b)真值表

正反器的個數也與模數有關，當要設計模數MOD＝M的計數器時，最少需要 n 個正反器，公式為 $2^{n-1} < M \le 2^n$。

2. 工作週期（Duty Cycle）：代表正反器工作的時間佔整個計數週期的百分比，我們可以利用 $\dfrac{\text{正反器為1的次數}}{\text{整個計數的次數}} \times 100\%$ 來估算。

3. 延遲時間（T_d）：漣波計數器的延遲時間由正反器（$t_{d(F.F)}$）以及邏輯閘的延遲時間（$t_{d(G)}$）做決定，如果為 2^n 模計數器時，則為 $T_d = n \cdot t_{d(F.F)}$，非 2^n 模計數器時，則為 $T_d = n \cdot t_{d(F.F)} + t_{d(G)}$，n為正反器的個數。

4. 輸入頻率（f_i）：漣波計數器的最大輸入頻率，就是漣波計數器延遲時間的倒數，若為非 2^n 模計數器時 $f_{i(Max)} = \dfrac{1}{T_d} = \dfrac{1}{n \cdot t_{d(F.F)} + t_{d(G)}}$。

5. 輸出頻率（f_o）：$f_o = \dfrac{f_i}{M}$

例 題 ⬇

（　　）**3** 若要設計一個20模非同步計數器需要用到幾個正反器？
(A)3　(B)5　(C)7　(D)9。

4 試算出圖8-6與圖8-7中Q_2的工作週期為多少？

5 假設圖8-6中與圖8-7中的正反器的延遲時間為50ms，NAND閘延遲時間為20ms，則兩個計數器的最大輸入頻率各為多少？

6 同上題，輸出頻率各為多少？

解答：

3 (B)。模數與正反器的關係為 $2^{n-1} < M \leq 2^n \Rightarrow 2^4 < 20 \leq 2^5$，所以 $n = 5$。

4 工作週期的公式為 $\dfrac{\text{正反器為1的次數}}{\text{整個計數的次數}} \times 100\%$

因此圖8-6中Q_2的工作週期為 $\dfrac{4}{8} \times 100\% = 50\%$

圖8-7中Q_2的工作週期為 $\dfrac{2}{6} \times 100\% = 33\%$

5 最大輸入頻率 $f_{i(Max)} = \dfrac{1}{T_d} = \dfrac{1}{n \cdot t_{d(F.F)} + t_{d(G)}}$

圖8-6中為 $f_{i(Max)} = \dfrac{1}{n \cdot t_{d(F.F)}} = \dfrac{1}{3 \cdot 50} = \dfrac{1}{150ms} = 6.67Hz$

圖8-7中為 $f_{i(Max)} = \dfrac{1}{n \cdot t_{d(F.F)} + t_{d(G)}} = \dfrac{1}{3 \cdot 50 + 20} = \dfrac{1}{170ms} = 5.88Hz$

6 $f_o = \dfrac{f_i}{M}$，圖8-6中為 $f_o = \dfrac{6.67}{8} = 0.83Hz$，圖8-7中為 $f_o = \dfrac{5.88}{6} = 0.98Hz$

解題技巧：請熟記輸出頻率公式與工作週期的算法。

常見的非同步計數器的IC為有一個除2與除5電路的74LS90；有一個除2與除6電路的74LS92。

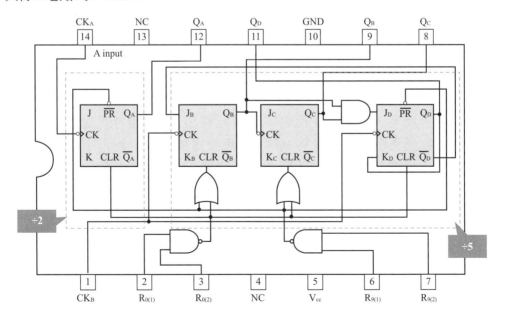

(a)74LS90接腳圖

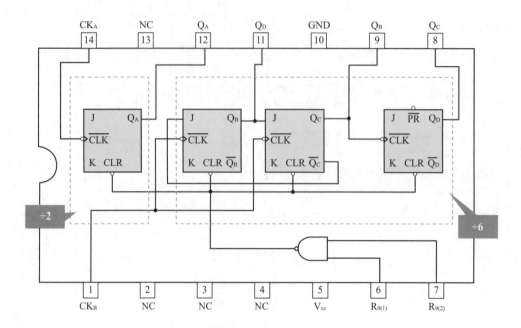

(b)74LS92接腳圖

圖8-8 漣波計數器常用IC接腳圖

8-3 移位暫存器

1. 左右移位暫存器

暫存器就是利用一組有記憶功能的正反器,來達到儲存資料的目的,由於一個正反器只能儲存1bit的資料,因此有時我們必須要將資料給移到下一個正反器,或是將正反器的資料給移出。如圖8-9即為**右移正反器**的圖,我們利用時脈負緣觸發的D型正反器就可以組成,由時序圖可以看出,**一旦觸發之後所有正反器($D_D D_C D_B D_A$)內的資料全部向右移動一次**。

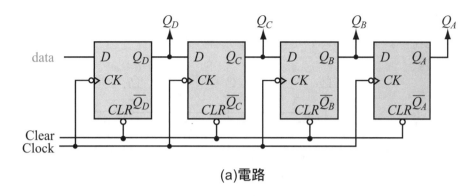

(a)電路

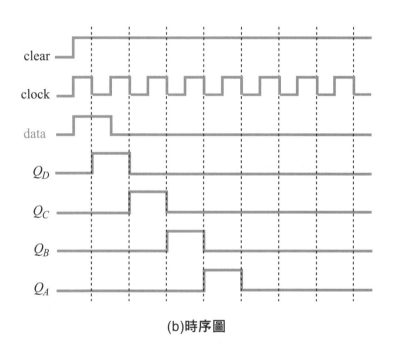

(b)時序圖

圖8-9　右移暫存器

圖8-10則為**左移暫存器**的電路圖,一樣可以發現一旦觸發之後,所有正反器(D$_D$D$_C$D$_B$D$_A$)內的資料全部向左移動一次。

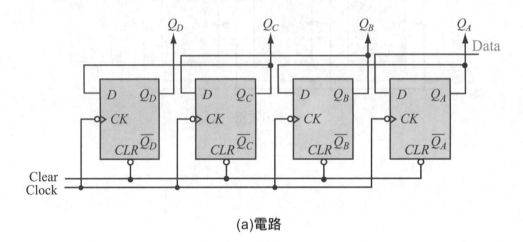

(a)電路

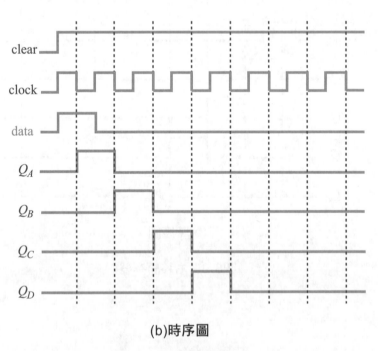

(b)時序圖

圖8-10　左移暫存器

2. 串並列移位暫存器

根據暫存器的輸入以及輸出，我們可以將暫存器分為四類，串列（Serial）代表同一個時刻內，只能有1bit的資料進出，串列傳輸的優點是使用的元件較少，因此硬體成本較低，但是缺點就是傳輸的速度慢；並列（Parallel）則是指同一時刻內，可以一次有多個bit的資料進出，優點是傳輸速度很快，缺點則是使用元件太多，硬體成本高。

(1) 串列入串列出（Serial Input Serial Output, SISO），如圖8-11。

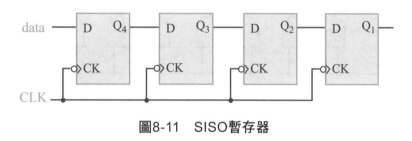

圖8-11　SISO暫存器

(2) 串列入並列出（Serial Input Parallel Output, SIPO），如圖8-12。

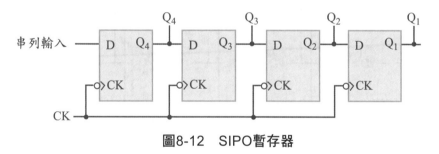

圖8-12　SIPO暫存器

(3) 並列入串列出（Parallel Input Serial Output, PISO），如圖8-13。

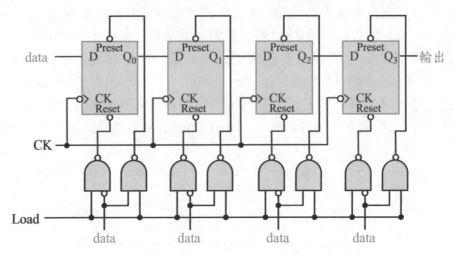

圖8-13 PISO 暫存器

(4) 並列入並列出（Parallel Input Parallel Output, PIPO），如圖8-14。

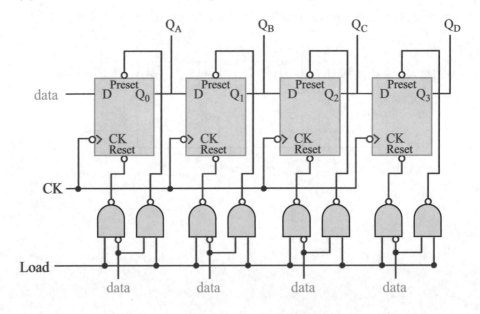

圖8-14 PIPO暫存器

例 題

( ) **7** 若要使得資料傳輸最快必須要使用那一種暫存器？
(A)SISO　(B)SIPO　(C)PISO　(D)PIPO。

( ) **8** 假設有一左移暫存器，在最右邊輸入1，原本資料為
1011001，經過三個時脈之後暫存器內容為
(A)1011001　　　　(B)0110011
(C)1001111　　　　(D)1100111。

解答：**7 (D)**。由於並列傳輸是速度最快的，因此輸入與輸出都同為
並列傳輸，資料傳輸最快。

　　8 (C)。因為為左移暫存器，且輸入為1，則經過三次左移之後
可得0110011→1100111→1001111。

解題技巧：請將每次暫存器的移位推導出來。

8-4　狀態圖及狀態表的認識

在組合邏輯時，我們利用真值表來幫助我們了解輸入與輸出的關係，在
循序邏輯中多了時間的觀念，輸出會受到原本狀態的影響，因此我們利
用狀態圖跟狀態表來幫助我們了解輸入與輸出的關係。

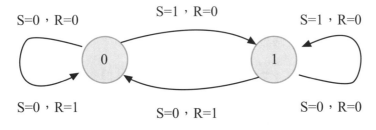

圖8-15　狀態圖

如圖8-15為RS正反器的狀態圖可分為：

1. 圓圈：圓圈中的數字代表輸出目前的狀態。
2. 圓與圓間的射線：代表輸入變數時，輸出狀態的改變。

由圖8-15可看出，當目前輸出狀態為0時，S＝0、R＝0或1，都會維持不
變，只有當S＝1、R＝0時下一刻的輸出狀態改變為1；當目前輸出狀態

為1時，S＝0或1、R＝0都會維持不變，只有當S＝0、R＝1時下一刻的輸出狀態改變為0。

S	R	Q_n(目前的狀態)	Q_{n+1}
0	0	0	0
0	1	0	0
1	0	0	1
1	1	0	（不允許）
0	0	1	1
0	1	1	0
1	0	1	1
1	1	1	（不允許）

R	S	Q_{n+1}
0	0	Q_n
0	1	1
1	0	0
1	1	（不允許）

(a)　　　　　　　　　　　　　(b)

圖8-16　(a)包含時序狀態的RS正反器真值表；(b)RS正反器的真值表

例題

9 畫出RS正反器的狀態圖。

10 請畫出如右圖中循序電路的狀態圖。

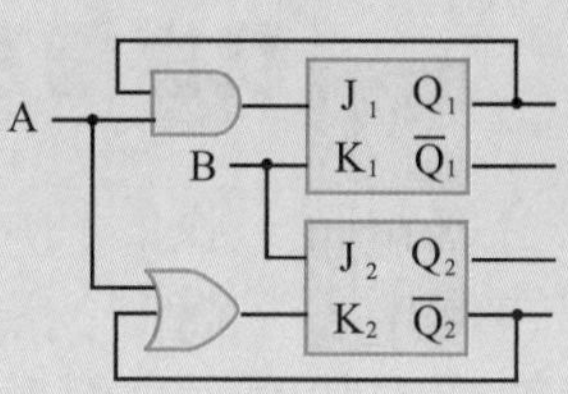

解答：

9　　　　　　　　　假設目前狀態為0

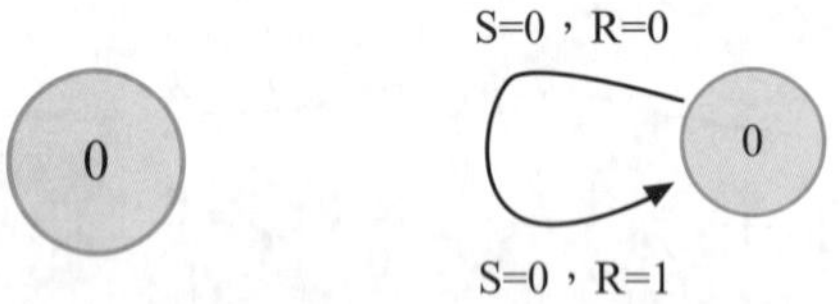

由真值表可以看出，目前狀態為 0，當S＝0、R＝0或1時，下一個狀態依然為0

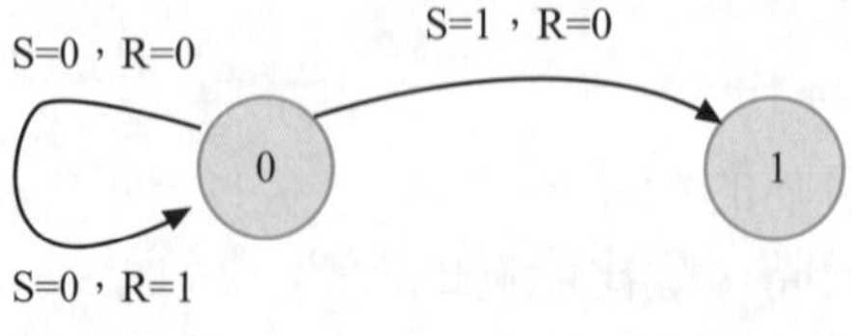

由真值表可以看出，當S＝1，R＝0時，目前0的狀態在下一個時序時，狀態會轉變到1

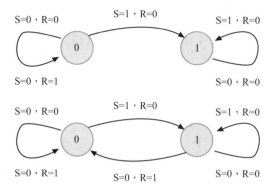

由真值表可以看出，目前狀態為1當S＝1或0、R＝0時，下一個狀態依然為1

由真值表可以看出，當S＝0、R＝1時，目前1的狀態在下一個時序時，狀態會轉變到0，由此RS正反器的狀態圖完成。

循序電路的狀態圖畫法的步驟如下：

(1)先推出正反器輸入端的布林代數式。

(2)再將正反器的狀態表寫出。

(3)將包含現態以及次態的真值表列出。

(4)直到所有輸入皆考慮完畢之後即畫完狀態圖。

10

(1)先推演出正反器輸出端布林代數式

$J_1 = Q_1 \cdot A$
$K_1 = B$
$J_2 = B$
$K_2 = \overline{Q_2} + A$

(2)將正反器的狀態表列出

J	K	Q_{n+1}
0	0	Q_n
0	1	0
1	0	1
1	1	$\overline{Q_n}$

(3)將包含現態以及次態的真值表列出

輸		入						輸	出
A	B	Q_{1n}	Q_{2n}	J_1	K_1	J_2	K_2	Q_{1n+1}	Q_{2n+1}
0	0	0	0	0	0	0	1	0	0
0	0	0	1	0	0	0	0	0	1
0	0	1	0	0	0	0	1	1	0
0	0	1	1	0	0	0	0	1	1
0	1	0	0	0	1	1	1	0	1
0	1	0	1	0	1	1	0	0	1
0	1	1	0	0	1	1	1	0	1
0	1	1	1	0	1	1	0	0	1
1	0	0	0	0	0	0	1	0	0
1	0	0	1	0	0	0	1	0	0
1	0	1	0	1	0	0	1	1	0
1	0	1	1	1	0	0	1	1	0
1	1	0	0	0	1	1	1	0	1
1	1	0	1	0	1	1	1	0	0
1	1	1	0	1	1	1	1	0	1
1	1	1	1	1	1	1	1	0	0

(4)所有輸入考慮完畢畫出狀態圖

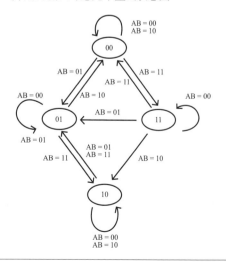

除了狀態圖之外，我們還可以利用狀態表，來表示循序邏輯的輸入與輸出的關係，如圖8-17狀態表包含了輸入（input）、現在的狀態（Q_n）、次態（Q_{n+1}）。

Q_n		Input		Q_{n+1}	
X	Y	T_A	T_B	X	Y
0	0	0	0	0	0
0	1	0	1	0	0
1	0	0	0	1	0
1	1	1	0	0	1

圖8-17　狀態表

例題

11 請畫出圖8-18中的循序邏輯的狀態表。

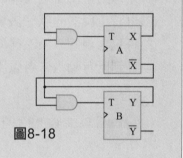

圖8-18

解答：

11 畫狀態表必須有幾個步驟：

(1)將正反器的輸入布林代數寫出來，如圖8-18可寫成

　　正反器A的輸入為：$T_A = XY$　　　　　正反器B的輸入為：$T_B = \overline{X}Y$

(2)將所有的輸入給列出來，如圖8-18將正反器的現態也拿來做輸入，因此可以列出包含所有正反器的輸入狀態為：

Q_n		正反器Input	
X	Y	T_A	T_B
0	0	0	1
0	1	1	1
1	0	1	0
1	1	1	1

T	Q_{n+1}
0	Q_n
1	$\overline{Q_n}$

(3)再將所使用到的正反器真值表寫出。

(4)最後利用輸入跟正反器的真值表，推導出下一個時刻的輸出，必須特別注意，一定要看現態Q_n才能決定次態Q_{n+1}。

解題技巧：先推布林代數→寫出狀態表→推出含現狀與次狀真值表→畫出狀態圖。

Q_n		Input		Q_{n+1}	
X	Y	T_A	T_B	X	Y
0	0	0	0	0	0
0	1	0	1	0	0
1	0	0	0	1	0
1	1	1	0	0	1

8-5　同步計數器

1. 同步（synchronous）計數器

同步計數器是指所有的正反器，都在同一時間內運作，以達到減少延遲時間的效果，因此可適用於較高頻率的計數器，但是缺點在於設計上較為複雜，需要較多的邏輯閘電路。

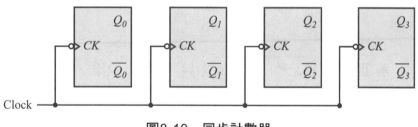

圖8-19　同步計數器

而同步計數器的特性可分析如下：

(1) 當要設計模數MOD＝M的同步計數器時，最少需要n個正反器，公式為 $2^{n-1} < M \leq 2^n$ 。

(2) 工作週期（duty cycle）：我們可以利用 $\dfrac{\text{正反器為1的次數}}{\text{整個計數的次數}} \times 100\%$ 來估算。

(3) 延遲時間（T_d）：假設正反器（$t_{d(F.F)}$）以及邏輯閘的延遲時間（$t_{d(G)}$），由於同步正反器的所有正反器都於同一個時刻動作，因此$T_d = n \cdot t_{d(F.F)} + t_{d(G)}$。

(4) 輸入頻率（f_i）：$f_{i(Max)} = \dfrac{1}{T_d} = \dfrac{1}{n \cdot t_{d(F.F)} + t_{d(G)}}$

(5) 輸出頻率（f_o）：$f_o = \dfrac{f_i}{M}$

例題 ⬇

(　) **12** 假設使用相同延遲時間的正反器，接成非同步計數器或是同步計數器，請問同步的輸入頻率是非同步的幾倍？

(A)1　(B)n　(C)$\dfrac{1}{n}$　(D)0。

(　) **13** 一個模數為5的同步計數器，需使用到1個延遲時間為10ns的及閘，以及使用延遲時間為30ns的正反器，則最高工作頻率為　(A)25MHz　(B)1MHz　(C)0.5MHz　(D)0.25MHz。

解答：**12 (B)**。組成計數器必須要使用n個正反器

$$f_{i\text{非同步}(Max)}=\frac{1}{T_{d\text{非同步}}}=\frac{1}{n\cdot t_{d(F.F)}}\quad,\quad f_{i\text{同步}(Max)}=\frac{1}{T_{d\text{同步}}}=\frac{1}{t_{d(F.F)}}$$

所以 $\dfrac{f_{i\text{同步}(Max)}}{f_{i\text{非同步}(Max)}}=\dfrac{1/t_{d(F.F)}}{1/n\cdot t_{d(F.F)}}=n$，所以同步的輸入頻率

會是非同步的n倍。

13 (A)。 $f_{i(Max)}=\dfrac{1}{T_d}=\dfrac{1}{t_{d(F.F)}+t_{d(G)}}=\dfrac{1}{30\text{ns}+10\text{ns}}=25\text{MHz}$

解題技巧：熟記輸出頻率公式(與非同步計數器一樣)

2. 如何設計同步計數器
   我們利用例題來說明。

例題 ⬇

14 試設計模數為3的同步上數計數器。

解答：

14 (1)列出計數過程中的狀態表。

由於模數=3，我們利用

$2^{n-1}<3<2^n\Rightarrow n=2$，

因此必須用到2個正反器，計數到3即從0開始。

	Q_1	Q_0
0	0	0
1	0	1
2	1	0
3（清除）	1→0	1→0

(2)依正反器的型式列出激勵表。

假設我們利用JK正反器來設計。

Q_n	Q_{n+1}	J	K
0	0	0	X
0	1	1	X
1	0	X	1
1	1	X	0

(3)利用卡諾圖化簡，且求出每一個正反器輸入端的布林代數。

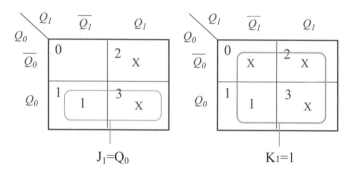

$J_1 = Q_0$　　　　$K_1 = 1$

推導Q_0正反器的輸入端為

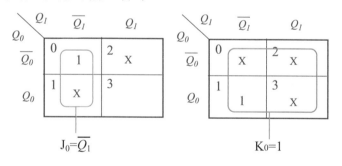

$J_0 = \overline{Q_1}$　　　　$K_0 = 1$

(4)畫出電路圖

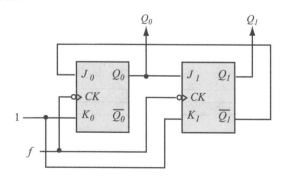

3. 各種同步計數器

同步計數器一般可分為四種：

(1) 二進制計數器（binary counter）：假設使用n個正反器時，模數為 $2^{n-1} < M < 2^n$。利用設計同步計數器，所設計出來的即為二進制計數器，如例題8.1中的同步計數器。

(2) 環形計數器（ring counter）：假設使用n個正反器時，模數為n。如圖8-20一開始的時候，第一個正反器設定為1，其餘的正反器均清除為0，隨著時脈的輸入，1會跟著時脈一直傳到第n個正反器，整個過程中只有一個正反器會為1，其餘正反器均為0。使用環形計數器的優點，是不需要解碼器就可以直接由正反器的狀態讀出，缺點是正反器的使用率很差。

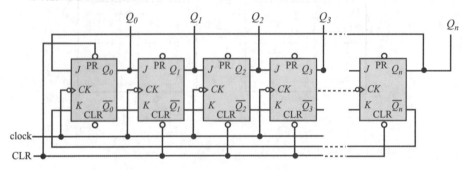

圖8-20　JK正反器所組成的環形計數器

(3) 偶數型強生計數器（Johnson counter）：假設使用n個正反器時，模數為2n，如圖8-21為一使用3個正反器的偶數型強生計數器。圖8-21(c)真值表可以發現強生計數器，在任一下一個時刻的時候，只會有一個正反器改變狀態。

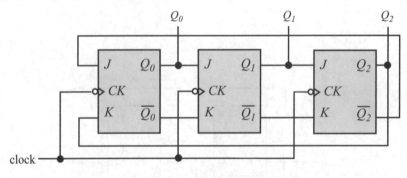

(a)

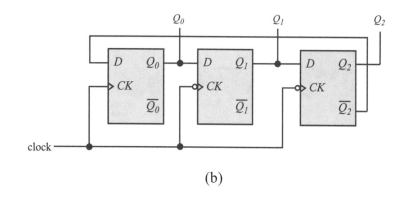

(b)

$\overline{Q_2}$	Q_2	Q_1	Q_0
1	0	0	0
1	0	0	1
1	0	1	1
0	1	1	1
0	1	1	0
0	1	0	0
1（從0開始）	0	0	0

(c)

圖8-21 (a)JK正反器；(b)D型正反器所形成的偶數型強生計數器；(c)真值表

(4) 奇數型強生計數器：只要我們將倒數第二級的輸出，接到第一級的K
輸入，即可形成奇數型強生計數器，如圖8-22為一使用3個正反器的
奇數型強生計數器。由真值表可以看出，奇數型比偶數型少了一種
輸出全部為1的狀態，假設使用n個正反器時，模數為2n－1。

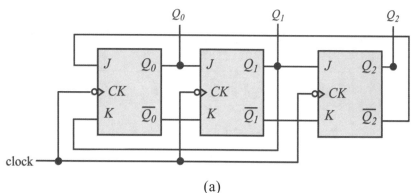

(a)

$\overline{Q_2}$	Q_2	Q_1	Q_0
1	0	0	0
1	0	0	1
1	0	1	1
0	1	1	0
0	1	0	0
1（從0開始）	0	0	0

(b)

圖8-22　(a)JK正反器所形成的奇數型強生計數器；(b)真值表

例題

(　) **15** 用6個正反器可組成模數多少的環形計數器？
(A)6　(B)12　(C)11　(D)24。

(　) **16** 用6個正反器可組成模數多少的奇數型強生計數器？
(A)6　(B)12　(C)11　(D)24。

(　) **17** 如圖8-22，求Q_1的工作週期？
(A)25%　(B)33%　(C)40%　(D)50%。

解答：**15 (A)**。環形計數器使用 n 個正反器時，模數為 n

　　　16 (C)。奇數型強生計數器使用 n 個正反器時，模數為 $2n-1$。

　　　17 (C)。Q_1的工作週期為

$$\frac{正反器為1的次數}{整個計數的次數} \times 100\% = \frac{2}{5} \times 100\% = 40\%$$

解題技巧：注意特殊計數器，由NAND閘輸入端可推導出計數器模數。

常見的同步計數器的IC為除以16的74LS193。

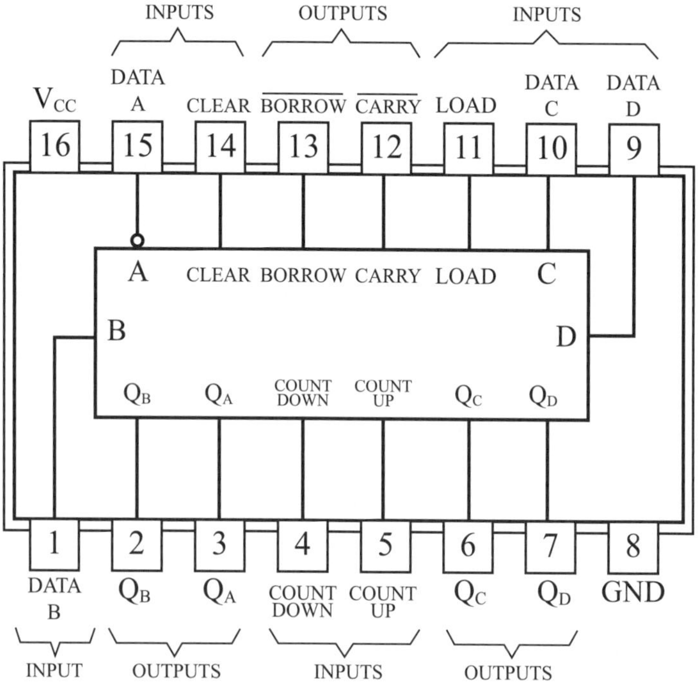

圖8-23　IC 74LS193的接腳圖

8-6　應用實例的認識

1. 非同步計數器IC

常見的非同步計數器有TTL的7490、7492、7493等IC，分別說明如下：

(1) 7490：

7490是一個4位元10進位計數器，又稱為BCD計數器。主要由除2電路和除5電路所組成，也可組成除10或除N（5<N<10）電路。

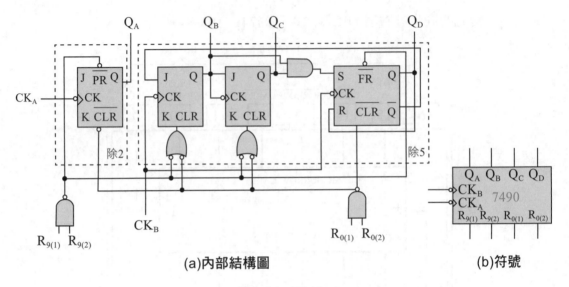

(a)內部結構圖   (b)符號

圖8-24　7940

i. **除2電路**：時脈由 CK_A 輸入，由 Q_A 輸出。又稱為2模計數器。

ii. **除5電路**：時脈由 CK_B 輸入，由 $Q_D Q_C Q_B$ 輸出，其中 Q_D 為最高有效位元。又稱為5模計數器。

iii. **除10電路**：將除2電路和除5電路串接，如下圖將 Q_A 與 CK_B 連接，時脈由 CK_A 輸入，由 $Q_D Q_C Q_B Q_A$ 輸出，其中 Q_D 為最高有效位元。又稱為10模計數器。

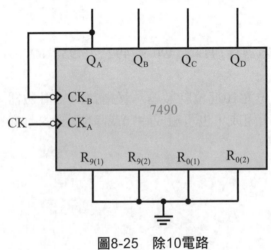

圖8-25　除10電路

$R_{0(1)}$ 、 $R_{0(2)}$ ：清除控制接腳，當 $R_{0(1)}$=$R_{0(2)}$=1時，輸出 $Q_D Q_C Q_B Q_A$ 變為0；當 $R_{0(1)}$ 或 $R_{0(2)}$=0 時，正常計數。

$R_{9(1)}$ 、 $R_{9(2)}$ ：預設輸出為9的接腳，當 $R_{9(1)}$ = $R_{9(2)}$ = 1 時，輸出 $Q_D Q_C Q_B Q_A$ 預設為9；當 $R_{9(1)}$ 或 $R_{9(2)}$ = 0 時，正常計數。

表8-1　清除、預設控制接腳的真值表

控制接腳				輸出			
$R_{0(1)}$	$R_{0(2)}$	$R_{9(1)}$	$R_{9(2)}$	Q_D	Q_C	Q_B	Q_A
H	H	L	X	L	L	L	L
H	H	X	L	L	L	L	L
X	X	H	H	H	L	L	H
X	L	X	L	正常計數			
L	X	L	X	正常計數			
L	X	X	L	正常計數			
X	L	L	X	正常計數			

表8-2　計數真值表

CK	輸出			
	Q_D	Q_C	Q_B	Q_A
0	L	L	L	L
1	L	L	L	H
2	L	L	H	L
3	L	L	H	H
4	L	H	L	L
5	L	H	L	H
6	L	H	H	L
7	L	H	H	H
8	H	L	L	L
9	H	L	L	H

iv. 除N（5<N<10）電路：

先將7490接成除10電路，當計數到$N_{(10)}$的二進位值時，利用
$Q_DQ_CQ_BQ_A$的接腳控制，使$R_{0(1)}=R_{0(2)}=1$，則輸出會歸零，如此可使計數
範圍為0~N-1

(2) 7492：7492是一個4位元12進位計數器，主要由除2電路和除6電路所組
成，也可組成除12電路。與7490的差別是只有清除控制接腳$R_{0(1)}$、$R_{0(2)}$

(3) 7493：7493是一個4位元16進位計數器，主要由除2電路和除8電路所組
成，也可組成除16電路。與7490的差別是只有清除控制接腳$R_{0(1)}$、$R_{0(2)}$

2. 電子骰

骰子有1~6點，利用將時脈CK加到6模計數器中，使骰子能產生6種計數
狀態，並將這些計數狀態借由解碼電路來顯示出骰子的點數。

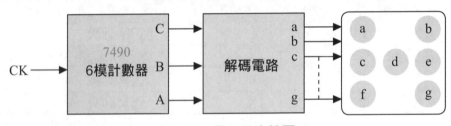

圖8-26　電子骰方塊圖

(1) 6模計數器：

6模計數器由7490組成，將時脈輸入CK_A後，可在輸出端CBA得
到6種計數狀態$000_{(2)} \rightarrow 001_{(2)} \rightarrow 010_{(2)} \cdots 101_{(2)}$，其計數值的範圍為

$0_{(10)}{\sim}5_{(10)}$，因此又稱為除6電路。

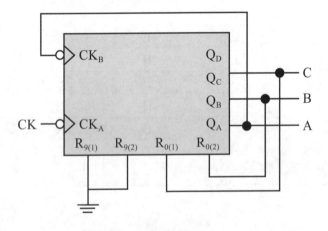

圖8-27　6模計數器

(2) 解碼電路：

將6模計數器的輸出信號接到一個由7顆LED組成的電子骰中，並利用真值表將不同的輸出CBA轉換成骰子的點數。其中LED編號為0時，表示該顆LED會亮。

表8-3　解碼電路真值表

輸入端			輸出端LED編號							點數	骰子圖示外型圖
MSB C	B	LSB A	a	b	c	d	e	f	g		
0	0	0	1	1	1	0	1	1	1	1	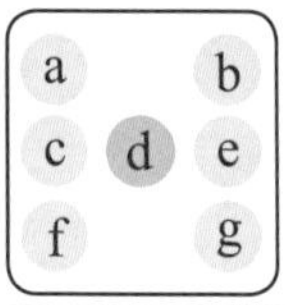
0	0	1	0	1	1	1	1	1	0	2	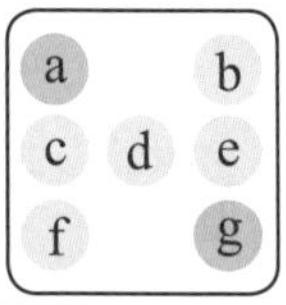
0	1	0	0	1	1	0	1	1	0	3	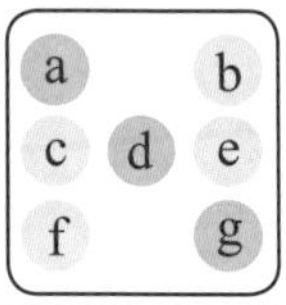
0	1	1	0	0	1	1	1	0	0	4	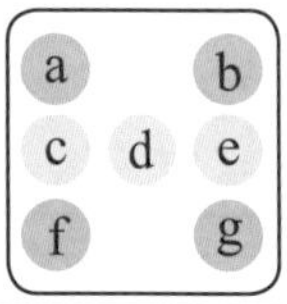
1	0	0	0	0	1	0	1	0	0	5	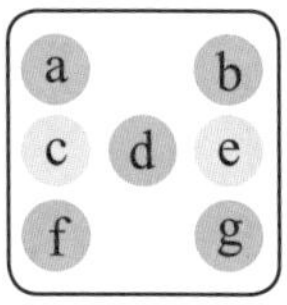
1	0	1	0	0	0	1	0	0	0	6	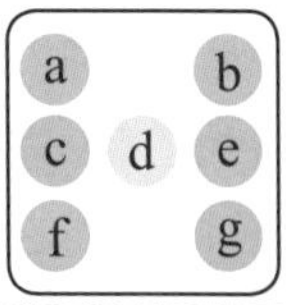

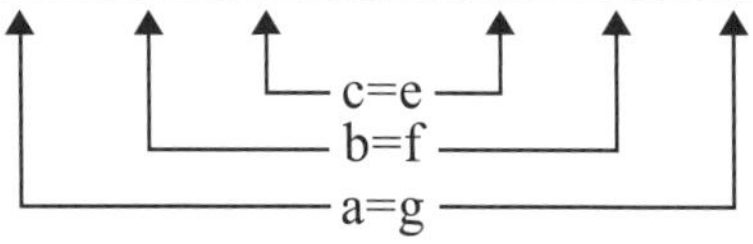

c=e
b=f
a=g

從骰子的真值表中可以發現，a=g、b=f，c=e，所以可以將7個卡諾圖簡化為4個，並利用卡諾圖得到a~e的最簡布林代數式。由卡諾圖得知a=g=$\overline{C}\,\overline{B}\,\overline{A}$，故可將a和g的LED串聯，以簡化電路，其他類同，以得出最簡的完整解碼電路。

表8-4　輸出端a~g的最簡布林代數式

卡諾圖／LED	卡諾圖化簡		
編號	<table-image-top-left>		<table-image-top-right>
	<table-image-bottom-left>		<table-image-bottom-right>

左上：

C＼BA	00	01	11	10
0	1	0	0	0
1	0	0	×	×

$\overline{C}\,\overline{B}\,\overline{A}$

$\therefore a=g=\overline{C}\,\overline{B}\,\overline{A}$

右上：

C＼BA	00	01	11	10
0	1	1	0	1
1	0	0	×	×

$\overline{B}\,\overline{A}$　$\overline{C}\,\overline{B}$

$\therefore b=f=\overline{C}\,\overline{B}+\overline{B}\,\overline{A}$

左下：

C＼BA	00	01	11	10
0	1	1	1	1
1	1	0	×	×

$\overline{C}$　$\overline{A}$

$\therefore c=e=\overline{C}+\overline{A}$

右下：

C＼BA	00	01	11	10
0	0	1	1	0
1	0	1	×	×

A

$\therefore d=A$

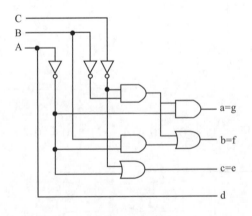

圖8-28　完整的解碼電路

(2) 骰子顯示電路：

最後將解碼電路的輸出端接到7個LED的顯示電路上，即為完整的電子骰子電路圖。

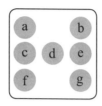

圖8-29 電子骰LED顯示電路

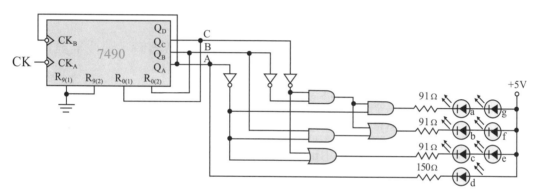

圖8-30 完整的電子骰電路圖

例 題

( ) **18** 有關7490IC的敘述，何者錯誤？
   (A)又稱BCD計數器
   (B)為負緣觸發
   (C)當$R_{0(1)}=R_{0(2)}=0$時，輸出為$0000_{(2)}$
   (D)當$R_{9(1)}=R_{9(2)}=1$時，輸出為$1001_{(2)}$。

( ) **19** 有關7493IC的敘述，何者錯誤？
   (A)只有清除控制接腳$R_{0(1)}$、$R_{0(2)}$
   (B)是由除2電路和除6電路所組成
   (C)是由除2電路和除8電路所組成
   (D)是4位元16進位計數器。

( ) **20** 電子骰子電路圖中的計數器是屬於： (A)2模計數器 (B)4模計數器 (C)6模計數器 (D)10模計數器。

解答：**18 (C)**。當R0(1)=R0(2)=0時，正常計數。

　　　　19 (B)。7493是是由除2電路和除8電路所組成。

　　　　20 (C)。6模計數器。應用實例的認識

精選試題

模擬演練

( )　**1** 下列哪一個暫存器資料傳輸最慢
(A)SISO　(B)SIPO　(C)PISO　(D)PIPO。

( )　**2** 當我們要設計一個可計數到12的漣波計數器時，最少需幾個正反器？　(A)3　(B)4　(C)5　(D)6。

( )　**3** 在奇數型強生計數器中使用 5 個正反器，則有幾種輸出？
(A)7　(B)8　(C)9　(D)10。

( )　**4** 環形計數器若使用n個正反器，則模數為　(A)n　(B)2n　(C)n2
(D)$\sqrt{n}$。

( )　**5** 如下圖，此為

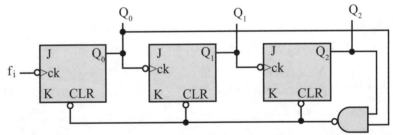

(A)漣波計數器　(B)同步計數器　(C)強生計數器　(D)環形計數器。

( )　**6** 承上題，此模數為　(A)5　(B)6　(C)7　(D)8。

( )　**7** 承上題，若正反器的延遲時間($t_{d(F,F)}$)為50ns，邏輯閘NAND($t_{d(G)}$)為20ns，則最大輸入頻率($f_{i(max)}$)為？
(A)2.97MHz　(B)14.29MHz　(C)6.67MHz　(D)5.88MHz。

(　) **8** 承上題，則輸出頻率為？
(A)0.76MHz　(B)5.88MHz　(C)1.176MHz　(D)6.67MHz。

(　) **9** 若是8模同步計數器與8模非同步計數器，則同步$f_{i(max)}$會是非同步的$f_{i(max)}$的幾倍（假設使用相同延遲時間的正反器）
(A)1　(B)3　(C)5　(D)1/2。

(　) **10** 由7個正反器組成的二進位制計數器可由0計數到
(A)64　(B)128　(C)127　(D)256。

(　) **11** 如下圖，若f_i為30KHz的方波，輸出端為

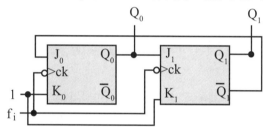

(A)10KHz　(B)7.5KHz　(C)15KHz　(D)30KHz。

(　) **12** 承上題，此為
(A)Johnson Counter　　　　　(B)Ring Counter
(C)Synchronous Counter　　　(D)Ripple Counter。

(　) **13** 承上題，若此JK正反器的延遲時間為10ns，則$f_{i(max)}$為
(A)100MHz　(B)10MHz　(C)100KHz　(D)10KHz。

(　) **14** 若有一7位元左移暫存器的內容為0101010，若將101經由三個時脈存入，則內容變為
(A)0101010　(B)1010101　(C)1010111　(D)0010101。

( ) **15** 若一計數器真值表如下所示，則此為

$\overline{Q_2}$	Q_2	Q_1	Q_0
1	0	0	0
1	0	0	1
1	0	1	1
0	1	1	1
0	1	1	0
0	1	0	0

(A)奇數型強生計數器　(B)偶數型強生計數器
(C)同步計數器　　　　(D)環形計數器。

( ) **16** 承上題，試算Q_1的工作週期　(A)25%　(B)33%　(C)50%
(D)75%。

( ) **17** 承上題，此計數器的特色為　(A)工作時間短　(B)不需要解碼器
(C)容易設計　(D)在任一時刻只有一個正反器改變現狀。

( ) **18** 設計模數為16的同步計數器需幾個正反器？
(A)2　(B)3　(C)4　(D)5。

( ) **19** 如下圖，此為

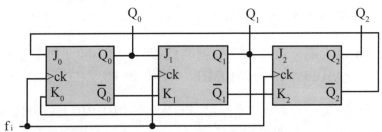

(A)奇數型強生計數器　(B)偶數型強生計數器
(C)同步計數器　　　　(D)環形計數器。

( ) **20** 承上題，試算Q_1的工作週期？　(A)25%　(B)40%　(C)60%
(D)80%

( ) **21** 承上題，若f_i為25KHz的方波則f_o為？
(A)5KHz　(B)2.5KHz　(C)15KHz　(D)25KHz。

歷屆考題

(　　) **1** 下圖所示電路，輸入為30kHz的計時脈衝，Q_c的輸出脈波波形為

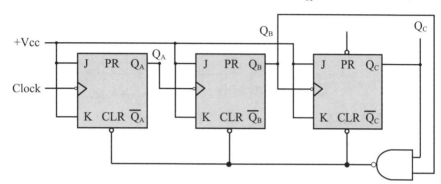

(A)頻率5kHz、工作週期33.3%
(B)頻率5kHz、工作週期66.7%
(C)頻率6kHz、工作週期33.3%
(D)頻率6kHz、工作週期66.7%。

(　　) **2** 設計一個計數到100之非同步計數器，至少需要多少個正反器？
(A)5　(B)6　(C)7　(D)8。

(　　) **3** J-K正反器組成模數32之漣波計數器，若每個正反器延遲時間為20ns（1ns＝10^{-9}秒），則輸入計時脈衝的最高頻率為多少？
(A)50MHz　(B)40MHz　(C)20MHz　(D)10MHz。

(　　) **4** 有關計數器的敘述，下列何者錯誤？
(A)7490可做為10模的計數器
(B)強生(Johnson)計數器為同步計數器
(C)環形(Ring)計數器為同步計數器
(D)漣波(Ripple)計數器屬於同步計數器。

(　　) **5** 在設計一個由0開始計數，依序計數到16的非同步計數器，至少需要使用幾個正反器？　(A)6　(B)5　(C)4　(D)3。

(　　) **6** 圖中的漣波計數器之輸出狀態總計有多少個？

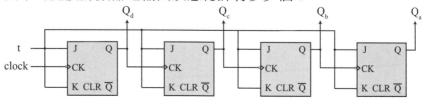

(A)64　(B)32　(C)16　(D)8。

( ) **7** 在設計一個由0開始計數，依序計數到16的非同步計數器，至少需要使用幾個正反器？ (A)6 (B)5 (C)4 (D)3。

( ) **8** 如圖所示的漣波計數器之輸出狀態總計有多少個？

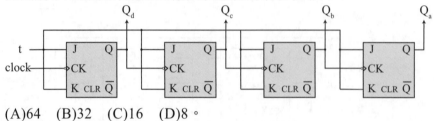

(A)64 (B)32 (C)16 (D)8。

( ) **9** 利用JK正反器設計循序邏輯電路，若有一經化簡後的狀態圖含有a、b、c、d四個狀態，在狀態a時輸出為110；在狀態b時輸出為001；在狀態c時輸出為101；在狀態d時輸出為100，則具有此一狀態圖功能之邏輯電路中，最少需要使用幾個JK正反器？ (A)2個 (B)3個 (C)4個 (D)5個。

( ) **10** 若使用4個J-K正反器製作異步(非同步)計數器(Asynchronous Counter；又稱作漣波計數器，Ripple Counter)，這些正反器的J、K輸入端應如何連接？ (A)J＝0，K＝0 (B)J＝0，K＝1 (C)J＝1，K＝0 (D)J＝1，K＝1。

( ) **11** 如圖所示，若$Q_3Q_2Q_1Q_0$之初始值為0000，當CLK(clock)輸入5個脈波後，$Q_3Q_2Q_1Q_0$的輸出為何？

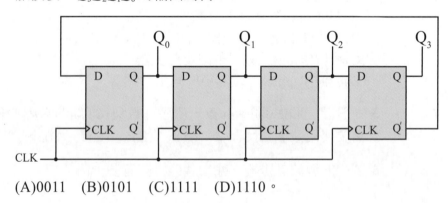

(A)0011 (B)0101 (C)1111 (D)1110。

(　) **12** 如圖所示三個J-K正反器之輸出 $Q_A Q_B Q_C$ 之起始狀態為000，此計
數器電路之模數應為多少？

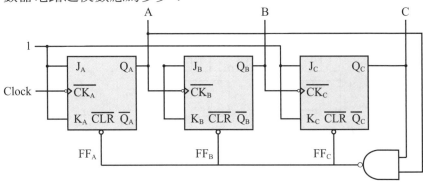

(A)8　(B)7　(C)6　(D)5。

(　) **13** 由四個具有clear接腳之J-K正反器所組成之漣波上數計數器，
將MSB輸出與次高位輸出連接至一個二輸入的NAND閘之輸入
接腳，此NAND閘之輸出連接至前述四個正反器之clear接腳，
計數器可正確地循環計數，則下列何者為該計數器之模數？
(A)12　(B)9　(C)6　(D)3。

(　) **14** 由三個D型正反器所組成的強生計數器之模數，為下列何者？
(A)3　(B)6　(C)8　(D)16。

(　) **15** 利用兩個SN 7490計數器來製作十進位 $00 \to 99$ 循環計數電路
時，將100Hz方波連接至表示個位數之SN 7490計數器的脈波輸
入Input A接腳，則下列表示十位數之SN 7490計數器的脈波輸入
Input A接腳應如何連接方為正確（SN 7490之BCD計數輸出為
$Q_D Q_C Q_B Q_A$，Q_D 為MSB，Q_A 為LSB）？
(A)連接至表示個位數之SN 7490計數器的輸出MSB Q_D 接腳
(B)連接至表示個位數之SN 7490計數器的輸出LSB Q_A 接腳
(C)連接至表示十位數之SN 7490計數器的輸出MSB Q_D 接腳
(D)連接至表示十位數之SN 7490計數器的輸出MSB Q_A 接腳。

( ) **16** 一個除頻系統其輸入A及輸出Y之波形如圖所示,若波形A的頻率為30MHz,則下列何者為波形Y的頻率?

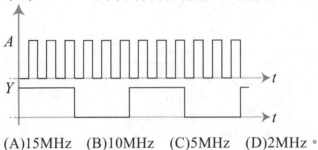

(A)15MHz　(B)10MHz　(C)5MHz　(D)2MHz。

( ) **17** 使用負緣觸發JK正反器來製作模數為56的漣波計數器,至少需使用多少個正反器?　(A)4個　(B)5個　(C)6個　(D)7個。

( ) **18** 一個4位元環形計數器(Ring Counter),其$Q_3Q_2Q_1Q_0$輸出之初值設為1000,在正常運作之下,計數器的輸出不會產生下列何種狀態?　(A)0100　(B)0010　(C)0001　(D)1001。

( ) **19** 如下圖所示之電路,將Reset輸入0及輸入時脈信號CLK,使Q_1Q_0輸出成為00後,再將Reset輸入1。此電路在CLK驅動下,Q_1Q_0將以下列何種順序來計數?

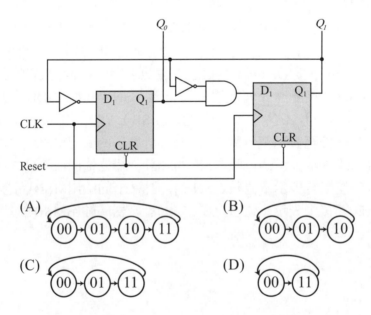

( ) **20** 如圖所示為異步計數器,若CLK的一個時脈週期為1.25μs,則Q_B的輸出頻率為何?

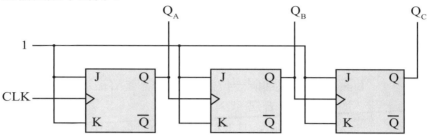

(A)800kHz　　　(B)400kHz

(C)200kHz　　　(D)100kHz。

( ) **21** 下列積體電路(IC)之編號中,何者之功能為計數器? 　(A)7400 (B)7490　(C)7447　(D)7404。

( ) **22** 一個同步計數器電路中,若使用4個JK正反器及一個AND邏輯閘,所有JK正反器的時脈信號連接在一起,一個JK正反器所需傳輸延遲時間為t_f,AND邏輯閘傳輸延遲時間為t_g,則此同步計數器電路之最高工作頻率f_{max}為何?

(A) $f_{max} < 1/(4 \times t_f + t_g)$

(B) $f_{max} < 4/(t_f + t_g)$

(C) $f_{max} < 1/(4 \times (t_f + t_g))$

(D) $f_{max} < 1/(t_f + t_g)$。

第九章　全真模擬試題

第一回

(　) **1** 設半加器有兩個一位元的輸入變數A(被加數)與B(加數)，關於半加器敘述何者錯誤？
(A)有和(sum,S)與進位(carry,C)兩個輸出變數
(B)用來實現兩個一位二進制數的加法運算
(C)和輸出$S=\overline{A \oplus B}$
(D)進位輸出$C=A \cdot B$。

(　) **2** $(21)_{16} \times (21)_8$為不同進位制的運算，下列何者為其計算結果？
(A)$(399)_{12}$　　　　　　　　　　(B)$(1011)_8$
(C)$(201)_{16}$　　　　　　　　　　(D)$(20301)_4$。

(　) **3** 下列敘述正確的有幾項？　(1)BCD加法器內之校正加法器功能為減3　(2)可以各位元的加法運算同時相加的加法器為並加器　(3)BCD碼為以4個位元的二進位數來代表1個位元的十進位數之數碼　(4)BCD加法器做二進制加法運算，在超過9的數時再加4做為進位補償
(A)2項　　　　(B)1項　　　　(C)4項　　　　(D)3項。

(　) **4** ①與②可以組成半加器，請問①、②為何？
(A)OR閘與NOR閘　　　　　　(B)OR閘與XNOR閘
(C)XOR閘與NOR閘　　　　　 (D)XOR閘與XNOR閘。

(　) **5** 如下圖所示之電路為哪種電路？
(A)半減器
(B)多工器
(C)解碼器
(D)編碼器。

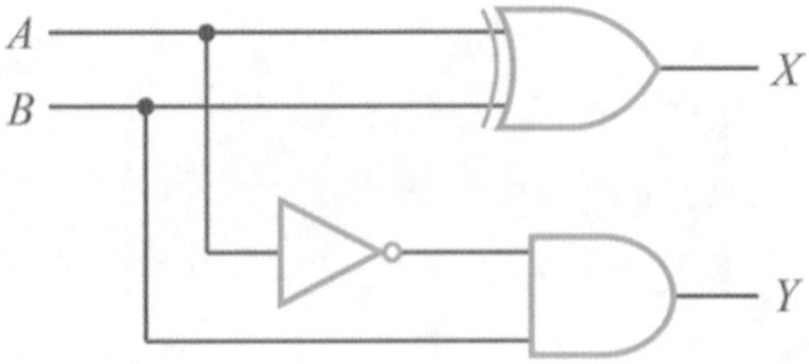

( ) **6** 如下圖所示之邏輯電路，輸出F的布林函數為何？

(A)$\overline{X}+Y$

(B)$\overline{X}+\overline{Y}$

(C)$X+Y$

(D)$X+\overline{Y}$。

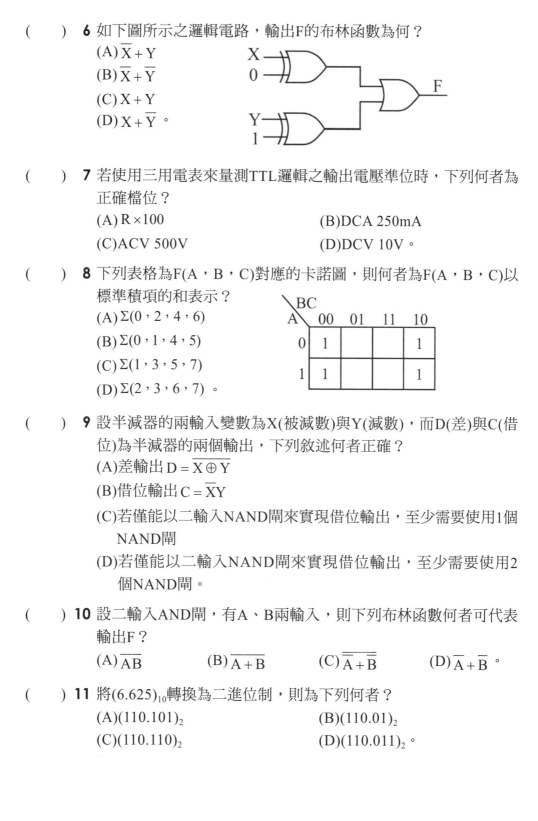

( ) **7** 若使用三用電表來量測TTL邏輯之輸出電壓準位時，下列何者為正確檔位？

(A)R×100

(B)DCA 250mA

(C)ACV 500V

(D)DCV 10V。

( ) **8** 下列表格為F(A，B，C)對應的卡諾圖，則何者為F(A，B，C)以標準積項的和表示？

(A)$\Sigma(0，2，4，6)$

(B)$\Sigma(0，1，4，5)$

(C)$\Sigma(1，3，5，7)$

(D)$\Sigma(2，3，6，7)$。

BC A	00	01	11	10
0	1			1
1	1			1

( ) **9** 設半減器的兩輸入變數為X(被減數)與Y(減數)，而D(差)與C(借位)為半減器的兩個輸出，下列敘述何者正確？

(A)差輸出 $D=\overline{X\oplus Y}$

(B)借位輸出 $C=\overline{X}Y$

(C)若僅能以二輸入NAND閘來實現借位輸出，至少需要使用1個NAND閘

(D)若僅能以二輸入NAND閘來實現借位輸出，至少需要使用2個NAND閘。

( ) **10** 設二輸入AND閘，有A、B兩輸入，則下列布林函數何者可代表輸出F？

(A)$\overline{\overline{A}\overline{B}}$

(B)$\overline{\overline{A+B}}$

(C)$\overline{\overline{A}+\overline{B}}$

(D)$\overline{A}+\overline{B}$。

( ) **11** 將$(6.625)_{10}$轉換為二進位制，則為下列何者？

(A)$(110.101)_2$

(B)$(110.01)_2$

(C)$(110.110)_2$

(D)$(110.011)_2$。

( ) **12** 下列減法器與加法器之敘述何者正確？
(A)三個半加器可以組成一個全加器
(B)與加法器相比，減法器其及閘輸入端多加了一個或閘
(C)並加法器屬於序向電路
(D)半減法器電路的借位輸出布林代數式為 $\overline{A}B$，其中半減法器電路之輸入變數為被減數A和減數B。

( ) **13** 如下圖所示之電路為哪種電路？
(A)半減器
(B)多工器
(C)解碼器
(D)編碼器。

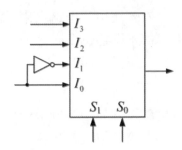

( ) **14** 如下圖所示將SR正反器連接成JK正反器，若方塊A、B分別僅能使用1個雙輸入邏輯閘，下列何者正確？
(A)方塊A使用AND、方塊B使用AND
(B)方塊A使用OR、方塊B使用OR
(C)R=KQ，S=JQ
(D)R=KQ，S=J+Q。

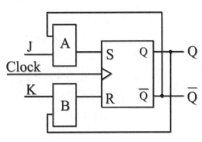

( ) **15** 如下圖所示之計數器電路由3個JK正反器接成，假設$Q_2Q_1Q_0$初值為010，若CLK輸入2個時脈週期後，則$Q_2Q_1Q_0$輸出值為何？

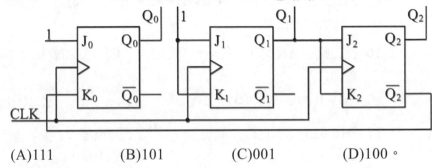

(A)111　　　(B)101　　　(C)001　　　(D)100。

( ) **16** 承上題，假設$Q_2Q_1Q_0$初值為001，若CLK輸入3個時脈週期後，則$Q_2Q_1Q_0$輸出值為何？

(A)010   (B)101   (C)111   (D)011。

( ) **17** 15模之強生計數器至少需要使用幾個JK正反器來完成？

(A)6   (B)8   (C)12   (D)16。

( ) **18** 一個具有四個輸入及一個輸出的XOR閘，可以令輸出結果為1的輸入組合有幾種？

(A)2   (B)4   (C)6   (D)8。

( ) **19** 下列代表布林代數定理的敘述何者正確？

(A)$\overline{XY} = \overline{X} + \overline{Y} \Rightarrow$ 第摩根定理   (B)$X \cdot \overline{X} = 0 \Rightarrow$ 第摩根定理

(C)$\overline{\overline{X}} = X \Rightarrow$ 消去定理   (D)$X \cdot 0 = 0 \Rightarrow$ 單一律。

( ) **20** 一布林函數 $AB + \overline{A}C + BC$，可化簡成下列何者？

(A)$A\overline{C} + \overline{A}B$ (B)$\overline{A}C + AB$

(C)$\overline{A}B + AC$ (D)$A\overline{B} + \overline{A}C$。

( ) **21** 下列各不同進位制的值，何者為最小？

(A)$(11111)_2$ (B)$(1B)_{16}$ (C)$(28)_{16}$ (D)$(52)_8$。

( ) **22** 如右圖所示，關於此輸出為3位元之狀態圖，下列敘述何者錯誤？

(A)設狀態初值為000，經過1個時脈週期後，輸出狀態值為001

(B)設狀態初值為001，經過2個時脈週期後，輸出狀態值為100

(C)設狀態初值為100，經過3個時脈週期後，輸出狀態值為000

(D)設狀態初值為101，經過4個時脈週期後，輸出狀態值為100。

(   ) **23** 如下圖所示，若要讓LED顯示為明滅閃爍，則開關S及T之設定
為何？

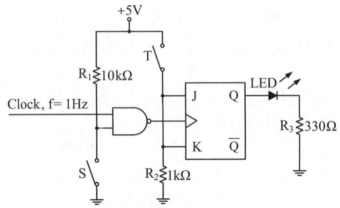

(A)S＝開關閉合、T＝開關閉合
(B)S＝開關閉合、T＝開關開路
(C)S＝開關開路、T＝開關閉合
(D)S＝開關開路、T＝開關開路。

(   ) **24** 若布林函數 $F(A,B,C,D) = BC + \overline{C}\overline{D} + AB$ ，則 $\overline{F}$ 可能為下列何
者？
(A) $\overline{BC} + \overline{B}\overline{D} + \overline{A}CD$ (B) $BC + \overline{B}\overline{D} + A\overline{C}D$
(C) $B\overline{C} + B\overline{D} + AC\overline{D}$ (D) $\overline{B}\overline{C} + B\overline{D} + \overline{A}C\overline{D}$ 。

(   ) **25** 布林函數 $F_1(A,B,C) = \Sigma(1,3,6,7)$ ， $F_2(A,B,C) = \Sigma(2,3,5,7)$ ，則
$F_1 \odot F_2$ 之結果以標準積項的和表示為何？
(A) $\Sigma(0,3,4,7)$ (B) $\Sigma(1,2,5,6)$
(C) $\Sigma(0,3,5,6)$ (D) $\Sigma(1,2,4,7)$ 。

(   ) **26** 如下圖所示之電路，由兩個4位元右移移位暫存器A與B組成，
SI_A 、 SI_B 與 SO_A 、 SO_B 分別為其串列輸入與串列輸出，移位暫存
器A與B均在CLK輸入為正緣時產生觸發並進行向右移位一次，
已知利用移位控制訊號使A與B內部所儲存的值累計4個Clock信
號輸入後就重複循環，假設移位暫存器A之初值為1011，移位暫
存器B之初值為0111，則Clock信號輸入8個週期後，移位暫存器
A與B內部所儲存的值分別為何？

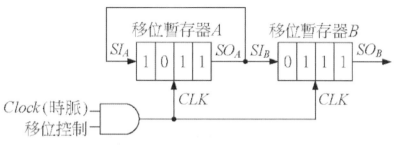

(A)A：1011、B：1011　　　(B)A：1011、B：0011
(C)A：0111、B：0110　　　(D)A：0111、B：1110。

(　) 27 555定時器基本上包括①個比較器、②個電阻分壓器、③個RS正反器、④個放電電晶體、⑤個反相閘，請問①、②、③、④、⑤依序為何？
(A)2、2、2、1、2　　　(B)2、2、2、1、1
(C)2、2、1、1、1　　　(D)2、1、1、1、1。

(　) 28 若 $F(A,B,C,D) = \Sigma(1,3,7,11,15) + d(0,2,5)$，d為任意項，下列何者錯誤？
(A)進行卡諾圖化簡後 $F(A,B,C,D) = CD + \overline{A}D + \overline{A}\,\overline{B}$
(B)$\overline{F}(A,B,C,D) = \Sigma(4,6,8,9,10,12,13,14)$
(C)$F(A,B,C,D)$有3個隨意項
(D)ABCD為其中一隨意項。

(　) 29 一個1位元比較器的輸入為X、Y，下列敘述何者正確？
(A)代表 $X \leq Y$ 之輸出為 $\overline{X} + \overline{Y}$
(B)代表 $X = Y$ 之輸出為 $\overline{X}Y + X\overline{Y}$
(C)代表 $X \geq Y$ 之輸出為 $X + \overline{Y}$
(D)代表 $X < Y$ 之輸出為 $X\overline{Y}$。

(　) 30 假設下圖中兩個邏輯閘的延遲時間皆為 T_d，則當A輸入一個由低準位轉為高準位的脈波，則Y輸出會 ① ；當A輸入一個由高準位轉為低準位的脈波，則Y輸出會 ② ，求①、②分別為何者？

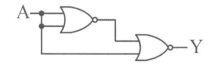

(A)①：在延遲 $\frac{T_d}{2}$ 時間後，輸出一個寬度為 $\frac{T_d}{2}$ 的高準位脈波後回到低準位、②：沒有反應

(B)①：在延遲 T_d 時間後，輸出一個寬度為 T_d 的高準位脈波後回到低準位、②：沒有反應

(C)①：沒有反應、②：在延遲 $\frac{T_d}{2}$ 時間後，輸出一個寬度為 $\frac{T_d}{2}$ 的高準位脈波後回到低準位

(D)①：沒有反應、②：在延遲 T_d 時間後，輸出一個寬度為 T_d 的高準位脈波後回到低準位。

(　) **31** 下列敘述有幾項正確？
(1)非同步計數器電路中，其前級正反器之輸出可依序觸發後級正反器的狀態改變
(2)非同步計數器可設計為上數計數器
(3)非同步計數器電路中，將前級正反器的輸出連接到後級正反器的時脈輸入端，各級正反器並非同時動作
(4)非同步計數器之優點為速度較快，適合用在高頻電路
(5)非同步計數器之缺點為電路設計簡單
(A)3　　　　　　(B)2　　　　　　(C)4　　　　　　(D)5。

(　) **32** 布林代數 $(B+C)(A+B+\bar{B}C+B\bar{C}+C)$ 等於下列何者？
(A) $AB+A\bar{C}$　　(B) $AB+AC$　　(C) $B+C$　　(D) $\bar{B}+C$。

(　) **33** 八進位數字 $(621)_8$ 轉換為十六進位數字，下列何者正確？
(A) $(26D)_{16}$　　(B) $(191)_{16}$　　(C) $(C88)_{16}$　　(D) $(891)_{16}$。

(　) **34** 如下圖所示之狀態圖所對應的狀態表應為下列何者？

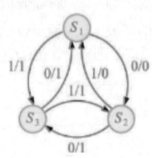

(A)

現態	次態		輸出	
	I/P=0	I/P=1	I/P=0	I/P=1
S_1	S_2	S_3	0	1
S_2	S_3	S_1	1	0
S_3	S_1	S_2	1	1

(B)

現態	次態		輸出	
	I/P=0	I/P=1	I/P=0	I/P=1
S_1	S_2	S_3	1	0
S_2	S_3	S_1	0	1
S_3	S_1	S_2	1	1

(C)

現態	次態		輸出	
	I/P=0	I/P=1	I/P=0	I/P=1
S_1	S_3	S_2	0	1
S_2	S_1	S_3	1	0
S_3	S_2	S_1	1	1

(D)

現態	次態		輸出	
	I/P=0	I/P=1	I/P=0	I/P=1
S_1	S_3	S_2	1	0
S_2	S_1	S_3	0	1
S_3	S_2	S_1	1	1

(　　) **35** 若有n個正反器，偶數模數型強生計數模數為 ① 、奇數模數型
強生計數模數為 ② ，請問①、②依序為何？
(A)2n、2n－1　　　　　　　(B)2n－1、2n
(C)2n、2n＋1　　　　　　　(D)2n＋1、2n。

（　　）**36** X、Y、Z是布林變數，下列布林代數運算何者正確？

(A)X AND X = 1

(B)(X OR Y) AND (X OR (NOT Y)) = X

(C)X AND (NOT X) = X

(D)X OR 1 = 0。

（　　）**37** 計算2進位數$(100.1)_2$的平方，下列何者為$(100.1)_2 \times (100.1)_2$的值？

(A)$(110001)_2$ 　　　　　　　　　　(B)$(11000.01)_2$

(C)$(111001)_2$ 　　　　　　　　　　(D)$(10100.01)_2$。

（　　）**38** 由8個正反器所組成的同步式二進位計數器，可由0計數到最大值為多少？

(A)160　　　　　(B)144　　　　　(C)256　　　　　(D)255。

（　　）**39** 如下圖所示，設正反器輸出初值$Q_1 = 1$、$Q_0 = 0$，當CLK輸入5kHz脈波後，下列敘述何者錯誤？

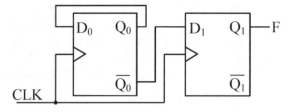

(A)$D_0 = 0$ 　　　　　　　　　　(B)$D_1 = 1$

(C)$Q_1 = 0$ 　　　　　　　　　　(D)F輸出始終保持不變。

（　　）**40** 下列有關布林代數之化簡，何者正確？

(A)$\overline{AB}+A\overline{B}=\overline{A}$ 　　　　　　　　(B)$(\overline{A}+B)C+(A+\overline{B})C=AC+BC$

(C)$\overline{AB}+A\overline{B}=\overline{B}$ 　　　　　　　　(D)$(\overline{A}+B)C+(A+\overline{B})C=C$。

第二回

( )　**1** 下列數量表示法的敘述何者錯誤？
(A)人體溫度變化屬於類比性資料
(B)數字溫度計為數位量
(C)只有高電位和電位的信號稱為類比信號
(D)方波、脈波均是數位信號。

( )　**2** 若某一邏輯閘輸出電流為5mA，輸入電流為2mA，求此邏輯閘最多能推動多少個邏輯閘的輸出？
(A)1個　　　　　(B)2個　　　　　(C)3個　　　　　(D)4個。

( )　**3** 在布林運算中，下列何者有誤？
(A)$\overline{A+B+C} = \overline{A} \cdot \overline{B} \cdot \overline{C}$
(B)$\overline{A} + A\overline{B} = \overline{B} + \overline{A}B$
(C)$A \oplus B = \overline{A}\ \overline{B} + AB$
(D)$A\left(\overline{A} + B\right) = AB$。

( )　**4** 函數$F(A,B,C,D) = \overline{\left(A + \overline{B\overline{C}} + CD\right) \cdot \overline{BC}}$可化簡為下列何者？
(A)$\overline{A}B\overline{C} + \overline{B}C$
(B)$\overline{A}B + BC$
(C)$\overline{A}B\overline{C} + BC$
(D)$\overline{A}B + \overline{B}C$。

( )　**5** 十六進位數字$(1AE)_{16}$等於下列何值？
(A)$(428)_{10}$
(B)$(11010110)_2$
(C)$(656)_8$
(D)$(11232)_4$。

( )　**6** 積體電路中，依邏輯閘數目之多寡分類，下列敘述何者錯誤？
(A)VLSI積體電路中含有1000個以上邏輯閘
(B)MSI積體電路中含有100個～1000個邏輯閘
(C)ULSI積體電路中含有100000個以上邏輯閘
(D)SSI積體電路中含有12個以下邏輯閘。

(　　) **7** 如右圖所示之 $F(A,B,C,D)$ 卡諾圖，則 $F(A,B,C,D)$ 可化簡為下列何者？

CD＼AB	00	01	11	10
00	1	0	1	1
01	0	0	0	0
11	0	0	0	0
10	1	0	1	1

(A)$D(\overline{A}+B)$　　(B)$\overline{D}(A+\overline{B})$　　(C)$\overline{A}(\overline{B}+D)$　　(D)$A(B+\overline{D})$。

(　　) **8** 下列何者為RS正反器真值表？

(A)

R	S	Q_{n+1}
0	0	Q_n
0	1	0
1	0	1
1	1	不允許

(B)

R	S	Q_{n+1}
0	0	Q_n
0	1	1
1	0	0
1	1	不允許

(C)

R	S	Q_{n+1}
0	0	不允許
0	1	1
1	0	0
1	1	Q_n

(D)

R	S	Q_{n+1}
0	0	1
0	1	Q_n
1	0	0
1	1	不允許

(　　) **9** 如下圖所示，此電路的輸出布林函數 $Y(A,B,C,D)$ 為何？

(A) $A+B+\overline{CD}$

(B) $(\overline{A+B}+A+B)CD$

(C) $(\overline{A+B}+A+B)\overline{CD}$

(D) $(\overline{A+B})\overline{CD}+(A+B)CD$ 。

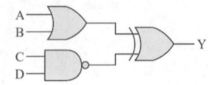

( ) **10** 函數$F(X,Y,Z)=\overline{\overline{\overline{XYZ}}\cdot\left(X+\overline{\overline{YZ}}\right)}$可化簡為下列何者？

  (A)$X+\overline{Z}YZ$ (B)$\overline{X}+\overline{Z}YZ$

  (C)$\overline{X}YZ+\overline{Y}X$ (D)$\overline{X}YZ+\overline{Z}X$。

( ) **11** $F(A,B,C,D)=\overline{\sum(0,1,4,5,7,13,15)}=\sum(?)$，$\sum(?)$為下列何者？

  (A)$\sum(2,3,6,8,9,10,11,12,14)$ (B)$\sum(0,1,4,5,7,13,15)$

  (C)$\sum(2,3,12,14)$ (D)$\sum(1,4,5,7,13)$。

( ) **12** 下方表格為F(A,B,C)之卡諾圖，求函數F(A,B,C)與下列何者相等？

A＼BC	00	01	11	10
0	0	1	0	1
1	1	0	1	0

  (A)$A\odot B\oplus C$ (B)$A\oplus B\odot C$

  (C)$A\odot B\odot C$ (D)$A\oplus B\oplus C$。

( ) **13** 下列四個運算式，何者所得的值最小？

  (A)$(100111)_2-(11000)_2$ (B)$(53)_8-(24)_8$

  (C)$(102)_{10}-(86)_{10}$ (D)$(9E)_{16}-(8A)_{16}$。

( ) **14** 十六進位運算式$(FBAD)_{16}-(BABA)_{16}$結果為何？

  (A)$(40F3)_{16}$ (B)$(40F2)_{16}$ (C)$(4013)_{16}$ (D)$(3013)_{16}$。

( ) **15** 輸入為a、b，輸出為D(差)、B_i(借位)之減法器敘述何者錯誤？

  (A)半減器中的輸出差邏輯運算$D=a\oplus b$

  (B)半減器中的輸出借位邏輯運算$B_i=\overline{ab}$

  (C)全減器電路中的輸出差邏輯運算$D_i=a_i\oplus b_i\oplus B_{i-1}$

  (D)全減器電路中的輸出借位邏輯運算$B_i=\overline{a_i}b_i+b_iB_{i-1}+\overline{a_i}B_{i-1}$。

( ) **16** 關於解碼器、編碼器之敘述何者錯誤？

  (A)編碼器其輸入(N)與輸出(M)的關係$N\leq 2^M$

  (B)編碼器可稱為資料分配器

  (C)解碼器其輸入(N)與輸出(M)的關係$M\leq 2^N$

  (D)解碼器電路中，若有N個輸入，則此邏輯電路輸入的最大值為2^N-1。

( ) **17** 下列何者為D型正反器激勵表？

(A)

Q_n	Q_{n+1}	D
0	0	1
0	1	0
1	0	1
1	1	0

(B)

Q_n	Q_{n+1}	D
0	0	0
0	1	1
1	0	0
1	1	0或1

(C)

Q_n	Q_{n+1}	D
0	0	0
0	1	1
1	0	0
1	1	1

(D)

Q_n	Q_{n+1}	D
0	0	0或1
0	1	0
1	0	1
1	1	0

( ) **18** 關於脈波的敘述何者正確？
(A)脈波前緣由振幅的10%至90%所需的時間為儲存時間
(B)脈波由後緣振幅90%至後緣振幅10%所需的時間為延遲時間
(C)脈波前緣由振幅的0%至10%所需的時間為上升時間
(D)由脈波前緣的振幅50%處和後緣的振幅50%處，兩點間的時間差為脈波寬度。

( ) **19** 十六進位數$(AC)_{16}$和$(96)_{16}$作XOR運算後，其結果以十六進位表示為何？ (A)$(3A)_{16}$ (B)$(BE)_{16}$ (C)$(C5)_{16}$ (D)$(29)_{16}$。

( ) **20** 下列布林式化簡何者錯誤？
(A)$\overline{A}B + \overline{A}\overline{B} = \overline{A}$
(B)$\overline{A} + AB = \overline{A} + B$
(C)$\overline{A} + \overline{A}B\overline{C} + \overline{A}D = \overline{A} + B\overline{C}D$
(D)$\overline{A}D\left(B + BC + \overline{B}C + B\overline{C} + \overline{B}\,\overline{C}\right) = \overline{A}D$ 。

( ) **21** 一函數 $F(A,B,C) = \pi(0,1,4,6)$，下列何者為其化簡結果？

(A)$A + B + C$

(B)$(A + B)(\overline{A} + C)$

(C)$(\overline{A} + \overline{B} + \overline{C})(\overline{A} + \overline{B} + C)(A + \overline{B} + \overline{C})(A + B + \overline{C})$

(D)$ABC + AB\overline{C} + \overline{A}BC + \overline{A}B\overline{C}$。

( ) **22** 如右圖所示之電路為何種邏輯電路？

(A)比較器

(B)加法器

(C)減法器

(D)解碼器。

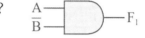
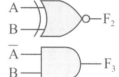

( ) **23** 承上題，關於此電路之敘述何者正確？

(A)$F_1 = \overline{A}B$　　　(B)$F_2 = A \oplus B$

(C)$F_3 = A\overline{B}$　　　(D)真值表為

A	B	F_1	F_2	F_3
0	0	0	1	0
0	1	0	0	1
1	0	1	0	0
1	1	0	1	0

。

( ) **24** 一函數 $F(X,Y,Z) = \Sigma(1,3,6,7)$，下列何者為其化簡結果？

(A)$XY\overline{Z} + X\overline{YZ} + \overline{X}YZ + \overline{XYZ}$

(B)$\overline{XY}Z + \overline{X}YZ + XY\overline{Z}$

(C)$\overline{X}Z + XY$

(D)$\overline{X}(Z + \overline{Y})$。

( ) **25** 如下圖所示，此電路的輸出布林函數 $Y(A,B)$ 為何？

(A)$\overline{A+B}$

(B)$A+B$

(C)$\overline{AB}$

(D)AB。

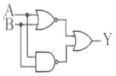

(　　) **26** 下列哪一個數值與其他不同？
(A)$(1001010)_2 - (11111)_2$　　　　(B)$(1001011)_2 - (100000)_2$
(C)$(1010000)_2 - (10101)_2$　　　　(D)$(111100)_2 - (10001)_2$。

(　　) **27** 利用IC7483加法器加上 ① 閘可實現2s補數減法，則①為何？
(A)XNOR　(B)XOR　(C)NOR　(D)OR。

(　　) **28** 下列RS閂鎖器真值表何者正確？

(A)用NOR組成之RS閂鎖器

R	S	Q_{n+1}
0	0	不允許
0	1	1
1	0	0
1	1	Q_n

(B)用NOR組成之RS閂鎖器

R	S	Q_{n+1}
0	0	Q_n
0	1	1
1	0	0
1	1	不允許

(C)用NAND組成之RS閂鎖器

R	S	Q_{n+1}
0	0	不允許
0	1	1
1	0	0
1	1	Q_n

(D)用NAND組成之RS閂鎖器

R	S	Q_{n+1}
0	0	Q_n
0	1	0
1	0	1
1	1	不允許

(　　) **29** 下列敘述有幾項正確？
(1)在設計一同步序向邏輯電路時，可能使用到狀態圖、狀態表、正反器激勵表
(2)計算機中之記憶體為組合邏輯
(3)串加法器為組合電路
(4)序向邏輯與輸入函數有關，與先前輸入值有關
(5)移位暫存器、同步計數器、漣波計數器為序向邏輯應用電路
(6)並加法器為組合電路
(A)3項　　　　　(B)4項　　　　　(C)2項　　　　　(D)5項。

（　　）**30** 下列函數與其卡諾圖之對應關係何者錯誤？

(A)函數F(A,B,C)＝C

A＼BC	00	01	11	10
0	0	1	1	0
1	0	1	1	0

(B)函數F(A,B,C)＝ABCD

A＼BC	00	01	11	10
0	1	1	1	1
1	1	1	1	1

(C)函數 $F(A,B,C,D)=BD$

AB＼CD	00	01	11	10
00	0	0	0	0
01	0	1	1	0
11	0	1	1	0
10	0	0	0	0

(D)函數 $F(A,B,C,D)=BD+\overline{B}\ \overline{D}$

AB＼CD	00	01	11	10
00	1	0	0	1
01	0	1	1	0
11	0	1	1	0
10	1	0	0	1

（　　）**31** 如下圖所示，此電路的輸出布林函數 $Y(A,B)$ 為何？

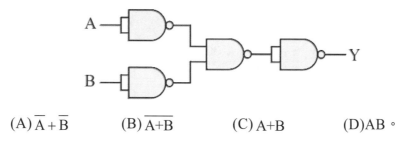

(A)$\overline{A}+\overline{B}$　　　　(B)$\overline{A+B}$　　　　(C)$A+B$　　　　(D)AB。

(　　) **32** 如下圖所示，此電路輸出Y(A,B)的邏輯功能為何？

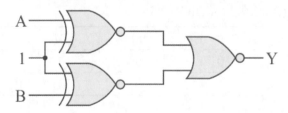

(A)

A	B	Y(A,B)
0	0	1
0	1	0
1	0	0
1	1	1

(B)

A	B	Y(A,B)
0	0	0
0	1	1
1	0	1
1	1	0

(C)

A	B	Y(A,B)
0	0	0
0	1	1
1	0	1
1	1	1

(D)

A	B	Y(A,B)
0	0	1
0	1	0
1	0	0
1	1	0

(　　) **33** 如下圖所示，此電路輸出布林函數Y(A,B,C,D)其卡諾圖為何？

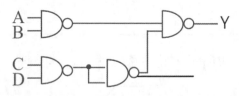

(A)

AB＼CD	00	01	11	10
00	1	1	1	0
01	1	1	1	0
11	1	1	1	1
10	1	1	1	0

(B)

AB＼CD	00	01	11	10
00	1	1	0	1
01	1	1	0	1
11	1	1	0	1
10	1	1	1	1

(C)

AB＼CD	00	01	11	10
00	1	1	1	0
01	1	1	1	0
11	1	1	1	0
10	1	1	1	1

(D)

AB＼CD	00	01	11	10
00	1	1	0	1
01	1	1	0	1
11	1	1	1	1
10	1	1	0	1

（　）**34** 欲設計一個非同步20模計數器最少需用到 ① 個正反器、欲設計一個非同步10模計數器最少需用到 ② 個正反器，則①、②依序為何？
(A)5、3　　　　　　　　　　(B)6、5
(C)5、4　　　　　　　　　　(D)4、3。

（　）**35** 利用第摩根定理化簡 $A+B \cdot C \cdot D \cdot E$ 可得下列何者？

(A) $ABD + CD + \bar{E}$　　　　　(B) $\bar{A}\,\bar{B}D + \bar{C}D + \bar{E}$
(C) $AD + BD + \bar{C}D + \bar{E}$　　　(D) $\bar{A}D + \bar{B}D + \bar{C}D + \bar{E}$。

（　）**36** 請問三個數 $(50)_8$、$(5D)_{16}$、$(1000010)_2$ 的大小關係為何？

(A) $(5D)_{16} > (50)_8 > (1000010)_2$

(B) $(1000010)_2 > (5D)_{16} > (50)_8$

(C) $(1000010)_2 > (50)_8 > (5D)_{16}$

(D) $(5D)_{16} > (1000010)_2 > (50)_8$。

（　　）**37** 下列各不同進位制的值，何者錯誤？

(A)$(0.24)_8=(0.3125)_{10}$　　　　(B)$(0.22)_4=(0.625)_{10}$

(C)$(0.42)_5=(0.68)_{10}$　　　　(D)$(0.11)_2=(0.75)_{10}$。

（　　）**38** $F(A,B,C)=\pi(1,2,5,7)=\overline{\Sigma(?)}$，$\overline{\Sigma(?)}$為下列何者？

(A)$\overline{\Sigma(1,2,5,7)}$　　　　(B)$\overline{\Sigma(0,3,4,6)}$

(C)$\overline{\Sigma(0,3,7)}$　　　　(D)$\overline{\Sigma(1,2,6)}$。

（　　）**39**「 ① 個半加器可以組成一個全加器、並加法器須使用 ② 個全加器、串加法器使用 ③ 個全加器」，則①、②、③依序為何？

(A)2、n、n　　　　(B)2、n、1

(C)3、2、n　　　　(D)3、n、1。

（　　）**40** 如右圖所示，此電路的輸出布林函數Y(A,B,C)卡諾圖為何？

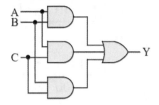

(A)

A＼BC	00	01	11	10
0	0	0	1	0
1	0	1	1	1

(B)

A＼BC	00	01	11	10
0	0	0	0	0
1	0	0	1	0

(C)

A＼BC	00	01	11	10
0	0	1	1	0
1	0	1	0	1

(D)

A＼BC	00	01	11	10
0	0	1	1	1
1	0	1	1	1

第三回

(   ) **1** 下列敘述何者錯誤？　(A)正弦波信號是類比信號　(B)脈波信號是數位信號　(C)方波信號為類位信號　(D)三角波信號是類比信號。

(   ) **2** 一個具有三個輸入及一個輸出的XOR閘，請問其輸出為0的輸入組合有幾種？　(A)3種　(B)4種　(C)2種　(D)1種。

(   ) **3** 利用第摩根定理化簡 $\overline{\overline{\overline{A+B}+C+D}+E}$ 可得下列何者？

$\quad$ (A)$\overline{E}(AB+C+D)$ $\qquad\qquad$ (B)$\overline{CDE}(A+B)$

$\quad$ (C)$\overline{E}\left(\overline{AB}+C+D\right)$ $\qquad\qquad$ (D)$\overline{CDE}\left(\overline{A}+\overline{B}\right)$。

(   ) **4** 關於邏輯閘組成之敘述何者正確？

$\quad$ (A)至少需要使用3個雙輸入的NAND閘才能組成一個3輸入的AND閘

$\quad$ (B)至少需要使用4個雙輸入的NAND閘才能組成一個3輸入的AND閘

$\quad$ (C)至少需要使用4個雙輸入的NOR閘才能組成一個2輸入的AND閘

$\quad$ (D)至少需要使用5個雙輸入的NOR閘才能組成一個2輸入的AND閘。

(   ) **5** 下列布林代數之運算何者正確？

$\quad$ (A)$\overline{A}+\overline{A}\cdot\overline{C}=1$ $\qquad\qquad$ (B)$\overline{\overline{A}\cdot\overline{B}}=\overline{A}+\overline{B}$

$\quad$ (C)$A\oplus1=A$ $\qquad\qquad$ (D)$A\odot1=A$。

(   ) **6** 若將八進位數值$(1357.642)_8$轉成十六進位數值，則下列選項何者正確？　(A)整數部分為1EF　(B)整數部分為2EF　(C)小數部分為D8　(D)小數部分為E1。

(   ) **7** 若某家上市公司，其股份分配如下，A：20%，B：30%，C：40%，D：10%，若是遇到提案表決時，須大於或等於60%股份才表示提案通過，請問下列選項中，何者為其SOP形式的布林代數？

$\quad$ (A)$\sum(6,7,10,11,13,14,15)$ $\qquad$ (B)$\sum(0,1,2,3,4,5,8,9,12)$

$\quad$ (C)$\sum(11,13,14,15)$ $\qquad\qquad$ (D)$\sum(11,12,13,14,15)$。

(   ) **8** 請問下列運算式與卡諾圖對應關係何者正確？

(A) $F(A,B,C,D) = \bar{A}\,\bar{B} + \bar{C}\,\bar{D} + CD$ 填入卡諾圖為：

AB＼CD	00	01	11	10
00	1	1	1	1
01	1	0	0	0
11	1	1	1	1
10	1	0	0	0

(B) $F(A,B,C,D) = \bar{B}\,\bar{C} + \bar{C}\,\bar{D}$ 填入卡諾圖為：

AB＼CD	00	01	11	10
00	1	1	0	0
01	1	0	0	0
11	1	0	0	0
10	1	1	0	0

(C) $F(A,B,C) = A\bar{C} + \bar{A}C$ 填入卡諾圖為：

A＼BC	00	01	11	10
0	1	0	0	1
1	0	1	1	0

(D) $F(A,B,C) = A\bar{A} + A\bar{C} + C\bar{A} + C\bar{C}$ 填入卡諾圖為：

A＼BC	00	01	11	10
0	1	0	0	1
1	0	1	1	0

(   ) **9** 下列敘述有幾項正確？
(1)全加法器僅能執行兩個1位元之二進位數相加
(2)並加器可執行兩組2個位元以上相加之加法電路
(3)並加器的相加方式為並列載入並列輸出
(4)並加器耗用的矽晶片面積小於串加器
(5)串加器操作模式較快速，並加器的速度較慢
(A)5項　　　　(B)4項　　　　(C)3項　　　　(D)2項。

（　）**10** 關於邏輯閘敘述何者錯誤？

(A)當輸入為奇數個1則輸出為1的邏輯閘為XOR閘

(B)當所有輸入均為0則輸出為1的邏輯閘為NOR閘

(C)當所有輸入均為0則輸出為0的邏輯閘為XNOR閘

(D)當有任一輸入端為0則輸出為1的邏輯閘為NAND閘。

（　）**11** 關於數位電路實驗的敘述何者正確？

(A)最適合採用電力分析儀來檢視邏輯電路之時序

(B)最適合採用邏輯分析儀來分析多個腳位之時序

(C)示波器可輸出不同頻率之時脈信號

(D)欲看信號波形，可使用的最簡便儀器為邏輯分析儀。

（　）**12** $F=\overline{\overline{A+B+C}+\overline{BD}}$ 之互補函數 $\overline{F}$ 為何？

(A)$\overline{A}\cdot\overline{B}\cdot\overline{C}$ 　　　　　　(B)$\overline{ABC}$

(C)$A+B+C$ 　　　　　　(D)0。

（　）**13** 布林代數 $F(A,B,C,D)=\sum(5,6,7,8,9,12,13,14,15)$ 可化簡為何？

(A)$AC+BD+BC$ 　　　　(B)$AB+A\overline{C}$

(C)$A\overline{C}+BD+BC$ 　　　(D)$\overline{A}B+A\overline{C}$。

（　）**14** $F(A,B,C,D)=(A+B+C+D)(A+B+C+\overline{D})(A+B+\overline{C})(\overline{A}+\overline{B}+\overline{C})(\overline{A}+B)$，

此布林函數可化簡為何？

(A)$\overline{A}+\overline{B}+\overline{C}$ 　　　　　(B)$\overline{A}+B+\overline{C}$

(C)$(\overline{A}+\overline{C})B$ 　　　　　(D)$(A+C)\overline{B}$。

（　）**15** 十六進位制數值 $(DA2)_{16}$、十進位制數值 $(41)_{10}$ 與二進位制數值 $(X)_2$ 的運算為 $(DA2)_{16}+(41)_{10}=(X)_2$，則X值為何？

(A)110111001011 　　　　(B)100011001011

(C)110111001000 　　　　(D)101011001001。

（　）**16** 若有一個三人團體，若是遇到提案表決時採取多數通過，請問下列哪一項可表示其布林代數？

(A)$F(A,B,C)=AB+BC+AC$ 　　(B)$F(A,B,C)=ABC$

(C)$F(A,B,C)=A+B+C$ 　　(D)$F(A,B,C)=ABC+\overline{ABC}$。

( ) **17** 下列敘述何者錯誤？
(A)漣波進位加法器亦稱串行加法器
(B)IC7483為一種執行4位元加法的IC
(C)前瞻快速加法器(Carry Look-ahead, CLA)具有減少延遲時間的優點
(D)漣波進位傳遞加法器結構為串聯n個全加器以實現n位元的加法運算。

( ) **18** 下列那一個數值與$(25.3)_8 - (16.4)_8$的運算結果相等？
(A)$(6.6)_8$ (B)$(5.6)_8$ (C)$(6.7)_8$ (D)$(5.7)_8$。

( ) **19** 如下圖所示之邏輯電路是屬於哪種組合邏輯元件？
(A)半加器   (B)全加器
(C)多工器   (D)編碼器。

( ) **20** 一個具有兩個輸入及一個輸出的NAND閘，請問其輸出為1的輸入組合有幾種？
(A)3種   (B)4種   (C)1種   (D)2種。

( ) **21** 化簡布林函數$F = \overline{\overline{AB} \cdot \overline{CD}} + \overline{\overline{A+B} \cdot \overline{C+D}}$之結果為何？
(A)$\overline{A+B+C+D}$ (B)A+B+C+D   (C)ABCD   (D)1。

( ) **22** 下列關於布林函數$F(A,B,C) = \Sigma(0,5,6) = \pi(1,2,3,4,7)$之敘述何者正確？
(A)$\pi(1,2,3,4,7)$為F(A,B,C)SOP式的數字式
(B)$\Sigma(0,5,6)$為F(A,B,C)POS式的數字式
(C)積項之和式即POS式，和項之積式即SOP式
(D)布林函數$F(A,B,C) = \overline{A} \cdot \overline{B} \cdot \overline{C} + A \cdot \overline{B} \cdot C + A \cdot B \cdot \overline{C}$。

( ) **23** 布林代數
$F(X,Y,Z,W) = \overline{X} \cdot \overline{Z} + \overline{W} \cdot \overline{Z} + X \cdot \overline{Z} + \overline{X} \cdot Z \cdot \overline{W} + \overline{X} \cdot \overline{Y} \cdot W + \overline{X} \cdot Y \cdot W$
可化簡為何？
(A)$\overline{Z}+\overline{X}$ (B)$\overline{Y}+\overline{X}$ (C)$\overline{Z}+\overline{Y}+\overline{X}$ (D)$\overline{Z}+\overline{W}+\overline{X}$。

( ) **24** 計算下列運算式，何者錯誤？
(A)$(3F)_{16} = (77)_8$
(B)$(A4.D)_{16} = (10100100.1101)_2$
(C)$(25.7)_8 = (15.E)_{16}$
(D)$(36.1)_8 = (11110.1)_2$。

( ) **25** 下列JK正反器敘述何者正確？
(A)若輸入端J＝1，K＝0，則時脈輸入時$Q_{n+1}=0$
(B)若輸入端J＝0，K＝0，則時脈輸入時$Q_{n+1}=Q_n$
(C)若輸入端J＝0，K＝1，則時脈輸入時$Q_{n+1}=1$
(D)若輸入端J＝1，K＝1，則時脈輸入時$Q_{n+1}=Q_n$。

( ) **26** 下列敘述何者錯誤？
(A)針對儀器設備使用不當所引起的電器火災，其首要滅火步驟是用水撲滅
(B)電壓配線、變壓器等各種通電中的電器火災又稱C類火災
(C)油類火災宜以掩蓋法隔離氧氣來撲滅火災
(D)乾粉滅火器須定期檢查壓力表是否正常。

( ) **27** 一個1位元比較器輸入為X與Y，輸出有$F_{X<Y}$、$F_{X>Y}$、$F_{X\leq Y}$、$F_{X\geq Y}$、$F_{X=Y}$，關於此1位元比較器真值表何者正確？

(A)

輸入		輸出	
X	Y	$F_{X<Y}$	$F_{X>Y}$
0	0	1	0
0	1	1	0
1	0	0	1
1	1	0	1

(B)

輸入		輸出	
X	Y	$F_{X<Y}$	$F_{X>Y}$
0	0	0	0
0	1	1	0
1	0	0	1
1	1	0	0

(C)

輸入		輸出		
X	Y	$F_{X\leq Y}$	$F_{X\geq Y}$	$F_{X=Y}$
0	0	0	0	1
0	1	1	0	0
1	0	0	1	0
1	1	0	0	1

(D)

輸入		輸出		
X	Y	$F_{X\leq Y}$	$F_{X\geq Y}$	$F_{X=Y}$
0	0	1	1	1
0	1	0	1	0
1	0	1	0	0
1	1	1	1	1

( ) **28** 承上題，輸出$F_{X<Y}$、$F_{X>Y}$、$F_{X\leq Y}$、$F_{X\geq Y}$、$F_{X=Y}$布林代數何者不成立？

(A)$F_{X<Y}+F_{X>Y}=X\oplus Y$ 　　　　　(B)$F_{X\leq Y}=\overline{X}+Y$

(C)$F_{X=Y}=\overline{XY}$ 　　　　　(D)$F_{X<Y}+F_{X\geq Y}=1$。

( ) **29** 關於右圖所示狀態圖之敘述何者正確？

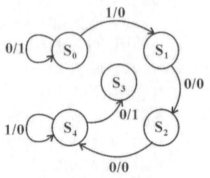

(A)當現在狀態為S_2，依序輸入0及1之後的次一狀態依序為S_4、S_3

(B)當現在狀態為S_2，依序輸入0及0之後的輸出邏輯值依序為0、1

(C)當現在狀態為S_0，依序輸入1及0之後的次一狀態依序為S_0、S_1

(D)當現在狀態為S_0，依序輸入0及1之後的輸出邏輯值依序為0、0。

( ) **30** 下列哪一個數值轉換錯誤？

(A)$(1.01)_2=(1.25)_{10}$ 　　　　　(B)$(1.01)_8=(1.015625)_{10}$

(C)$(1.1)_{16}=(1.0625)_{10}$ 　　　　　(D)$(1.5)_{10}=(1.3)_{16}$。

( ) **31** 布林函數$F(A,B,C)=(A+B)(A+C)(B+C)=\Sigma(?)$，求$\Sigma(?)$為何？

(A)$\Sigma(0,1,2,4)$ 　　　　　(B)$\Sigma(3,5,6,7)$

(C)$\Sigma(0,3,6,7)$ 　　　　　(D)$\Sigma(3,4,5,7)$。

( ) **32** 如下圖所示之循序邏輯電路，若符號A_n、B_n分別表示輸出A和B的現在狀態，A_{n+1}、B_{n+1}分別表示輸出A和B的次一狀態，則下列敘述何者錯誤？

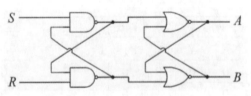

(A)若輸入端$S=0$，$R=1$，則$A_{n+1}=0$，$B_{n+1}=1$

(B)若輸入端$S=1$，$R=1$，則$A_{n+1}=A_n$，$B_{n+1}=B_n$

(C)若輸入端$S=0$，$R=0$，則$A_{n+1}=1$，$B_{n+1}=1$

(D)若輸入端$S=1$，$R=0$，則$A_{n+1}=1$，$B_{n+1}=0$。

(　　) **33** 如下圖所示之電路，將Reset輸入0及輸入時脈信號CLK，使Q_1Q_0
輸出成為00後，再將Reset輸入1。此電路在CLK驅動下，Q_1Q_0
將不會產生下列何種狀態？

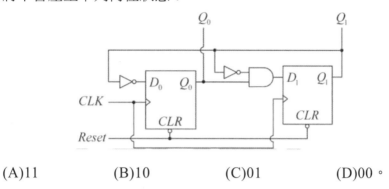

(A)11　　　　　　(B)10　　　　　　(C)01　　　　　　(D)00。

(　　) **34** 如下圖所示甲、乙兩電路，分別等效於下列何者？

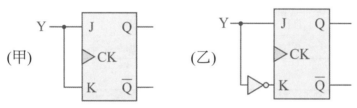

(A)甲：RS型正反器、乙：JK型正反器
(B)甲：JK型正反器、乙：RS型正反器
(C)甲：T型正反器、乙：D型正反器
(D)甲：D型正反器、乙：T型正反器。

(　　) **35** 承上題，關於甲、乙電路的輸入輸出敘述何者正確？
(A)甲電路中，若$Q_0=1$，當輸入Y＝00111001時，輸出Q＝11010001
(B)甲電路中，若$Q_0=0$，當輸入Y＝00111001時，輸出Q＝11101001
(C)乙電路中，若$Q_0=1$，當輸入Y＝11000110時，輸出Q＝11010001
(D)乙電路中，若$Q_0=0$，當輸入Y＝10101010時，輸出Q＝11001100。

(　　) **36** 如下圖所示，若$A_3A_2A_1A_0$輸入0110，C輸入0，則下列何者為
$B_3B_2B_1B_0$之輸出？
(A)1111
(B)0101
(C)0110
(D)1001。

( ) **37** 如下圖所示之狀態圖轉換為狀態表為下列何者？

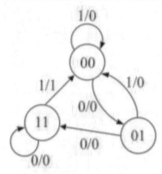

(A)

目前狀態	次一狀態		輸出邏輯值	
	輸入0	輸入1	輸入0	輸入1
00	01	00	0	0
01	11	00	0	0
11	11	00	0	1

(B)

目前狀態	次一狀態		輸出邏輯值	
	輸入0	輸入1	輸入0	輸入1
00	01	00	0	0
01	11	00	0	1
11	11	00	1	1

(C)

目前狀態	次一狀態		輸出邏輯值	
	輸入0	輸入1	輸入0	輸入1
00	01	00	0	0
01	00	00	0	0
11	01	00	0	1

(D)

目前狀態	次一狀態		輸出邏輯值	
	輸入0	輸入1	輸入0	輸入1
00	01	00	0	0
01	00	00	0	1
11	01	00	1	1

( ) **38** 請問Y(A,B)的布林代數式為何？
(A) $\overline{AB}$ (B) $\overline{A}+\overline{B}$
(C)A⊕B (D)A⊙B。

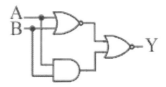

( ) **39** 如下圖所示甲、乙兩電路，應為何種循序邏輯？

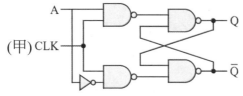

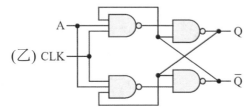

(A)甲：T型正反器、乙：D型正反器
(B)甲：D型正反器、乙：T型正反器
(C)甲：RS型正反器、乙：D型正反器
(D)甲：RS型正反器、乙：T型正反器。

( ) **40** 如右圖所示之F(A,B,C)卡諾圖，設x值為任意項，可定義為0或1，則下列敘述何者正確？

A \ BC	00	01	11	10
0	1	x	0	0
1	x	1	x	1

(A)$\overline{F}(A,B,C)$可表示為$B\overline{A}$
(B)F(A,B,C)可表示為$\Sigma(2,3)+d(1,4,7)$
(C)F(A,B,C)可表示為$\pi(0,5,6)+d(1,4,7)$
(D)F(A,B,C)可表示為$\overline{B}+C$。

第四回

( ) **1** 布林代數$Y(X,Y,Z) = (X+Z)(\overline{X}+Y)$之敘述何者錯誤？
(A)$Y(X,Y,Z)$以POS數字式表示為$\pi(0,2,4,5)$
(B)$Y(X,Y,Z)$以SOP數字式表示為$\Sigma(1,3,6,7)$
(C)$Y(X,Y,Z)$可表示為$\overline{X}\,\overline{Y}Z+\overline{X}YZ+XYZ+XY\overline{Z}$
(D)$Y(X,Y,Z)$可表示為$(\overline{X}+\overline{Y}+\overline{Z})(\overline{X}+Y+\overline{Z})(X+\overline{Y}+\overline{Z})(X+\overline{Y}+Z)$。

( ) **2** 下列如下圖所示之(甲)、(乙)電路依序為何種邏輯電路？

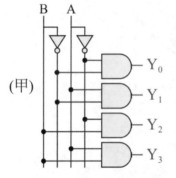

(A)解多工器、多工器
(B)多工器、解多工器
(C)解碼器、編碼器
(D)編碼器、解碼器。

( ) **3** 關於正負邏輯系統互換的敘述何者正確？
(A)正邏輯：AND閘&負邏輯：NAND閘
(B)正邏輯：NAND閘&負邏輯：NOR閘
(C)正邏輯：NOR閘&負邏輯：OR閘
(D)正邏輯：XNOR閘&負邏輯：NOR閘。

( ) **4** 關於互斥或閘、反互斥或閘的敘述，何者錯誤？
(A)互斥或閘由OR閘、AND閘、NOT閘組成
(B)互斥或閘即XOR閘、反互斥或閘即XNOR閘
(C)當輸入端有偶數的1，則輸出為1的邏輯閘為互斥或閘
(D)XOR閘的輸出經過反閘反相可得XNOR閘。

( ) **5** 計算二進位值$(11000101.101)_2$，轉換成八進位值的結果為何？
(A)$(605.5)_8$　　(B)$(601.1)_8$　　(C)$(305.5)_8$　　(D)$(301.1)_8$。

(　) **6** 計算二進位值$(1000010101001.111)_2$，轉換成十六進位值的結果
為何？

(A)$(80A9.7)_{16}$　　　　　　　　　(B)$(80A9.E)_{16}$

(C)$(10A9.7)_{16}$　　　　　　　　　(D)$(10A9.E)_{16}$。

(　) **7** 計算八進位值$(26.34)_8$，轉換成十六進位值的結果為何？

(A)$(16.7)_{16}$　　(B)$(1A.7)_{16}$　　(C)$(16.E)_{16}$　　(D)$(1A.E)_{16}$。

(　) **8** $(A569)_{16}-(1010010000001111)_2$的計算結果為何？

(A)$(326)_{10}$　　　(B)$(346)_{10}$　　　(C)$(229)_{10}$　　　(D)$(249)_{10}$。

(　) **9** 下列敘述何者錯誤？

(A)由3個D型正反器所組成的強生計數器之模數為6

(B)欲使用RS正反器組成JK正反器，需要用到AND閘

(C)使用4個JK正反器製作非同步計數器，又稱漣波計數器

(D)JK正反器若外加一反相電路使$K=\overline{J}$，可視為T型正反器。

(　) **10** 一JK正反器其低電位動作的Preset和Clear均連接至邏輯1，若輸
入J＝K＝1，CLK採負緣觸發且CLK頻率f＝2kHz，則JK正反器
輸出Q之頻率為何？

(A)2kHz　　　(B)1.5kHz　　　(C)500Hz　　　(D)1kHz。

(　) **11** 若有一個3×8解碼器，其輸出$Y_0 \sim Y_7$為低電位動作，輸出Y_7
為MSB，將邏輯訊號A、B、C連接至該解碼器之$2^2,2^1,2^0$輸入
接腳，並將輸出Y_0,Y_4,Y_7連接至一個三輸入AND閘，此三輸入
AND閘的輸出F(A,B,C)邏輯式可表示為下列何者？

(A)$Y_0 \cdot Y_4 \cdot Y_7$

(B)$(A+B+C)(A+\overline{B}+\overline{C})(\overline{A}+\overline{B}+\overline{C})$

(C)$\pi(0,4,7)$

(D)$\Sigma(1,2,5,6)$。

(　) **12** 如下圖所示之電路為下列何種電路？

(A)半減器　　　(B)半加器　　　(C)全加器　　　(D)多工器。

（　　）**13** 邏輯分析儀主要的功能為何？
(A)時序分析　　　　　　　　　　(B)量測線性電壓
(C)功率分析　　　　　　　　　　(D)電流分析。

（　　）**14** 計算十六進位值$(1F6.C)_{16}$，轉換成八進位值的結果為何？
(A)$(766.64)_8$　　(B)$(746.64)_8$　　(C)$(766.6)_8$　　(D)$(746.6)_8$。

（　　）**15** $F=\overline{\overline{\overline{A+B+C}}+\overline{\overline{B}+\overline{D}}}$之互補函數$\overline{F}$為何？
(A)$\overline{A}\cdot\overline{C}\cdot(B+D)$　　　　　　　(B)$\overline{A}\cdot\overline{C}\cdot(\overline{B}+\overline{D})$
(C)$\overline{A}\cdot\overline{B}\cdot\overline{C}$　　　　　　　　　(D)$A\cdot B\cdot C$。

（　　）**16** 一邏輯函數$Y(A,B,C,D)=\Sigma(2,3,4,5,6,7,8,9,10,11,12,14)$，下列何者為$Y(A,B,C,D)$的表示式？
(A)$(A+B+C)(\overline{A}+\overline{B}+\overline{D})$　　　(B)$(\overline{A}+\overline{B}+\overline{C})(A+B+D)$
(C)$\pi(1,13,15)$　　　　　　　(D)$\pi(0,1,13)$。

（　　）**17** 設$Y=(A+BC)(AB+\overline{C})$之互補函數為$\overline{Y}$，下列布林代數表示式之真值表，何者與$\overline{Y}$相同？
(A)$A(B+\overline{C})$　　　　　　　(B)$\overline{\overline{A}+BC}$
(C)$A+A\overline{B}C$　　　　　　　(D)$\overline{A}+\overline{B}C+\overline{B}CA$。

（　　）**18** 如右圖所示，關於輸入端A、B和輸出端S、C的敘述何者正確？
(A)若$(A,B)=(0,0)$，則$(S,C)=(1,0)$
(B)若$(A,B)=(0,1)$，則$(S,C)=(0,0)$
(C)若$(A,B)=(1,1)$，則$(S,C)=(0,1)$
(D)若$(A,B)=(1,0)$，則$(S,C)=(1,1)$。

（　　）**19** 關於邏輯閘敘述何者錯誤？
(A)AND、OR邏輯閘可組成所有邏輯電路
(B)OR、NOT邏輯閘可組成所有組合電路
(C)NAND邏輯閘可模擬三種基本邏輯閘
(D)NOR邏輯閘被稱為萬用邏輯閘。

（　　）**20** 如下圖所示，若使輸入$B=1$，則A、C、S關係何者成立？
(A)$A=1$，$C=0$，$S=0$
(B)$A=1$，$C=1$，$S=0$
(C)$A=0$，$C=1$，$S=1$
(D)$A=0$，$C=0$，$S=0$。

（　）**21** 下列表格為一邏輯函數Y(A,B,C)真值表，下列何者為其POS式？

A	B	C	Y
0	0	0	1
0	0	1	0
0	1	0	1
0	1	1	0
1	0	0	1
1	0	1	0
1	1	0	1
1	1	1	1

(A) $\pi(1,3,5)$　　　　　　　　　(B) $\pi(0,2,4,6,7)$

(C) $\pi(2,4,6,7)$　　　　　　　　(D) $\pi(2,4,6)$ 。

（　）**22** 下列關於數位邏輯敘述何者錯誤？
(A)自然界中所獲得的信號大都為類比信號
(B)數位表示法適用於連續的位階表示法
(C)以高電位代表邏輯1，低電位代表邏輯0稱為正邏輯
(D)數位信號常以Hi與Low表示。

（　）**23** 關於邏輯閘的布林式何者錯誤？
(A)NAND閘：$F=\overline{AB}$　　　　　(B)NOR閘：$F=\overline{A+B}$
(C)XNOR閘：$F=\overline{AB}+AB$　　(D)XOR閘：$F=\overline{A}B+A\overline{B}+AB$ 。

（　）**24** 下列邏輯閘敘述何者正確？
(A)當有任一輸入端為1則輸出端即為1的邏輯閘是AND閘
(B)當全部的輸入端為1則輸出端為1的邏輯閘是OR閘
(C)當有任一輸入端為1則輸出端即為0的邏輯閘是XOR閘
(D)當有任一輸入端為0則輸出端即為1的邏輯閘是NAND閘。

（　）**25** 寫出Y的布林代數式？
(A)$A \oplus B$　　　(B)$A \odot B$
(C)$\overline{A} \oplus \overline{B}$　　　(D)$\overline{AB}$ 。

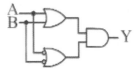

（　）**26** 關於示波器的功能介紹何者錯誤？

(A)VOLTS：決定波形每一垂直刻度所代表的電壓值

(B)INTEN：調整波形的亮度

(C)FOCUS：調整波形的清楚程度

(D)SWP VAR：調整波形在顯示螢幕中的垂直位置。

（　）**27** 下列關於RS型、JK型、D型、T型正反器特徵方程式之敘述何者正確？

(A)RS型正反器：$Q_{n+1}(R,S,Q_n) = S + RQ_n$

(B)JK型正反器：$Q_{n+1}(J,K,Q_n) = J\overline{Q_n} + \overline{K}Q_n$

(C)D型正反器：$Q_{n+1}(D,Q_n) = \overline{D}$

(D)T型正反器：$Q_{n+1}(T,Q_n) = T + Q_n$。

（　）**28** 傳送控制數位信號的過程不具有哪些優點？

(A)不易受雜訊干擾 　　　　　(B)可利用軟體程式控制

(C)傳送速度快 　　　　　　　(D)可精確表示原信號。

（　）**29** 若邏輯閘共有A、B兩個輸入端，Y為輸出端，關於A、B、Y狀態時序之敘述何者正確？

(A)若A=10101，B=01100，Y=11001，則此閘應為OR閘

(B)若A=10101，B=01100，Y=00100，則此閘應為XNOR閘

(C)若A=00111，B=10101，Y=11010，則此閘應為NAND閘

(D)若A=00111，B=10101，Y=10111，則此閘應為XOR閘。

（　）**30** 關於雙輸入的NAND閘、雙輸入的AND閘敘述何者錯誤？

(A)若NAND閘的兩輸入均相同時，NAND閘輸出為1

(B)令雙輸入NAND閘的輸出為1的輸入組合有3種

(C)若AND閘的兩輸入互不相同時，AND閘輸出為0

(D)令雙輸入AND閘的輸出為1的輸入組合有1種。

（　）**31** 請問 $Y(A,B)$ 的布林代數式為何？

(A)$A+\overline{B}$ 　　　　　(B)$\overline{AB}$

(C)$\overline{A \oplus B}$ 　　　　　(D)$A \oplus B$。

( )　**32** 化簡$\overline{\overline{A+B\cdot C+D}}+\overline{\overline{A\cdot B\cdot C\cdot D}}$可得下列何者？

    (A)ABCD   (B)1

    (C)(A+B)(C+D)   (D)AB+CD。

( )　**33** 化簡$\left(A+\overline{B}+\overline{C}\right)\left(A+\overline{B}+C\right)\left(A+\overline{B}+AB+\left(A+\overline{B}\right)\overline{AC}\right)$可得下列何者？

    (A)$A+\overline{B}$ (B)$\overline{A}+B+\overline{C}$

    (C)$\overline{AC}+B\overline{C}$ (D)$A\overline{C}+\overline{B}C$。

( )　**34** $F(X,Y,Z,W)=\overline{X}\cdot\overline{Y}\cdot\overline{Z}\cdot\overline{\overline{\overline{Y}}}\cdot\overline{\overline{W}}$之互補函數$\overline{F}$為何？

    (A)$\overline{XYZ}$ (B)XYZ

    (C)$\overline{X+Y+Z}$ (D)X+Y+Z。

( )　**35** 若$Y(A,B,C,D)=\Sigma(0,1,4,5,8,10)$，經化簡後為何？

    (A)$\overline{A}\ \overline{C}+A\overline{B}\ \overline{D}$ (B)$AC+\overline{A}BD$

    (C)$C(\overline{A}+D)$ (D)$\overline{C}(A+\overline{D})$。

( )　**36** 若$Y(A,B,C,D)=\pi(8,9,10,11,12,14,15)+d(3,6,7,13)$，經化簡後為何？

    (A)$\overline{ACD}$ (B)$\overline{AB}$

    (C)$\overline{A}$ (D)$\overline{AC}$。

( )　**37** 欲以雙輸入NAND閘來組成一個雙輸入的NOR閘，至少需使用幾個雙輸入NAND閘？

    (A)2個   (B)3個

    (C)4個   (D)5個。

( )　**38** 「電子碼表、傳統汽車速度表、水銀溫度計、指針式電壓表、數字溫度計」屬於類比量的有幾項？

    (A)4項   (B)3項

    (C)2項   (D)1項。

( ) **39** 下列布林函數與卡諾圖的對應關係何者錯誤？

(A)

A \ BC	00	01	11	10
0	1	0	1	0
1	0	1	0	1

⇒ XNOR閘

(B)

AB \ CD	00	01	11	10
00	0	1	0	1
01	1	0	1	0
11	0	1	0	1
10	1	0	1	0

⇒ XOR閘

(C)

AB \ CD	00	01	11	10
00	1	0	0	0
01	0	0	0	0
11	0	0	0	0
10	0	0	0	0

⇒ XNOR閘

(D)

A \ B	0	1
0	1	1
1	1	0

⇒ NAND閘

( ) **40** 下列布林代數運算何者錯誤？

(A) $\left(X+\overline{Y}+Z+W\right)\left(X+\overline{Y}+Z+\overline{W}\right) = X+\overline{Y}+Z$

(B) $\overline{X}Y+X\overline{Y}+XY = X+Y$

(C) $X\overline{Y}+XYZ = X\overline{Y}+YZ$

(D) $\left(X+Y\right)\left(X+\overline{Y}\right) = X$。

第十章　近年試題

( )　**1** 在傳輸七個位元的ASCII碼時，會採用偶同位或奇同位的驗證方式，並會置入一個同位位元(Parity Bit)，則此同位位元的產生無法使用何種邏輯閘來實現？　(A)反及(NAND)閘　(B)或(OR)閘　(C)反或(NOR)閘　(D)互斥或(XOR)閘。

( )　**2** 下列邏輯閘何者不具結合性？　(A)或(OR)閘　(B)及(AND)閘　(C)反或(NOR)閘　(D)互斥或(XOR)閘。

( )　**3** 下圖邏輯電路利用第摩根(De Morgan)定理化簡之後，結果為下列何者？　(A)$F=A+B$　(B)$F=\overline{A}+\overline{B}+\overline{C}$　(C)$F=A+B+C$　(D)$F=A+B+C+D$。

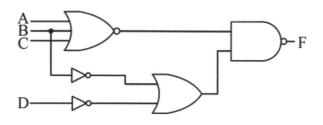

( )　**4** 有關可程式邏輯元件，若以AND陣列與OR陣列規劃方式來分類，下列敘述何者正確？　(A)PROM為AND陣列不可規劃，OR陣列可規劃　(B)PAL為AND陣列不可規劃，OR陣列可規劃　(C)PLA為AND陣列不可規劃，OR陣列可規劃　(D)PAL為AND陣列可規劃，OR陣列可規劃。

( )　**5** 下圖所示之電路，其輸出的布林函數$Y=F(A,B,C)$為下列何者？　(A)$Y=\sum(2,3,4,6)$　(B)$Y=\sum(2,4,5,6)$　(C)$Y=\sum(2,4,6,7)$　(D)$Y=\sum(2,3,5,6)$。

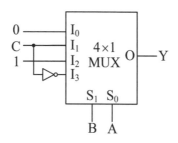

(　)　**6** 布林函數 $X = \overline{A} + A\overline{B}C + AB\overline{C}$，使X=1的輸入組合總共有幾種？
(A)4種　(B)5種　(C)6種　(D)7種。

(　)　**7** 十進位數−55以2'S補數可表示為：

(A)$10110111_{(2)}$ (B)$11010110_{(2)}$

(C)$11001001_{(2)}$ (D)$11001011_{(2)}$。

(　)　**8** 代表英文字母"q"之ASCII碼為$71_{(16)}$，則代表字母"k"之ASCII碼為下列何者？　(A)$73_{(16)}$　(B)$75_{(16)}$　(C)$63_{(16)}$　(D)$6B_{(16)}$。

(　)　**9** 下圖屬於下列何種電路？　(A)SR正反器　(B)JK正反器　(C)D型正反器　(D)T型正反器。

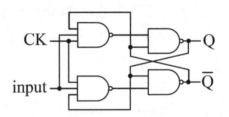

(　)　**10** 承上題把CK接到邏輯1，若input腳輸入一週期性方波，則Q之輸出狀態為下列何者？　(A)維持目前邏輯值　(B)為週期性方波　(C)為邏輯0　(D)為邏輯1。

(　)　**11** 一個除2^4下數計數器，當計數顯示為$0010_{(2)}$時，再經4個時脈輸入後，其新數值顯示應為下列何者？　(A)$0100_{(2)}$　(B)$0110_{(2)}$　(C)$1110_{(2)}$　(D)$1010_{(2)}$。

(　)　**12** 下圖為一狀態圖表，當現在狀態為11時，依序輸入0及1之後，則狀態表中的「下次狀態」與「輸出」邏輯值依序分別為下列何者？　(A)01,00,0,0　(B)01,11,0,0　(C)11,01,0,0　(D)11,00,0,1。

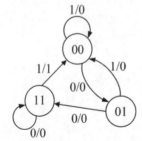

現在	下次狀態		輸出	
狀態	輸入0	輸入1	輸入0	輸入1
00				
01				
11				

( ) **13** 有關數位邏輯波形之下降時間定義，下列何者正確？　(A)電壓準位10%至90%的間隔時間　(B)電壓準位50%至0%的間隔時間　(C)電壓準位90%至10%的間隔時間　(D)電壓準位100%至90%的間隔時間。

( ) **14** 下圖所示，當A端輸入為1kHz的方波，B端輸入為1，C端輸入為0，D端輸入為1，則F端輸出信號為：　(A)相位超前的1kHz方波　(B)相位落後的1kHz方波　(C)1　(D)0。

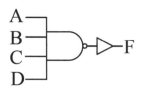

( ) **15** 數位介面電路設計常用的I^2C（Inter-Integrated Circuit）匯流排中，其資料及時脈兩條引線都採用CMOS開汲極(Open Drain)或TTL開集極（Open Collector）的方式連接，因此在使用I^2C匯流排時，下列敘述何者錯誤？　(A)兩條引線接腳的內部電晶體在導通時，為接地的邏輯低準位　(B)兩條引線接腳都需各連接一個提升電阻到工作電壓的電源端　(C)兩條引線接腳不導通時，形同斷線浮接　(D)因為兩條引線接腳的輸出端皆為開路狀態，在兩條引線上不可接成線接及（Wired-AND）閘

( ) **16** 數位邏輯實習需一個4輸入的NOR閘時，則最少需要幾個2輸入NOR閘來實現？　(A)3個　(B)5個　(C)6個　(D)7個

( ) **17** 實驗時，一個組合邏輯電路與各邏輯閘的輸入/輸出所量測到的電壓如圖所示，則圖中哪一個邏輯閘的功能發生異常？　(A)A (B)B　(C)C　(D)D。

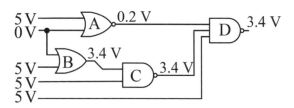

( ) **18** 一個TTL邏輯實驗的電路如下圖所示，此邏輯電路的功能為何？　(A)解碼器　(B)編碼器　(C)多工器　(D)解多工器。

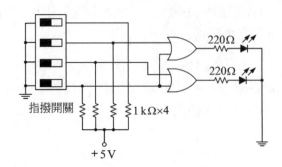

( ) **19** 如下圖所示的邏輯電路，其功能為下列何者？　(A)比較器 (B)減法器　(C)半加器　(D)多工器。

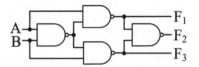

( ) **20** 四種常用的滅火方法中，將可燃物移除，使燃燒反應因缺少可燃物而停止燃燒的方法為：　(A)隔離法　(B)窒息法　(C)冷卻法　(D)抑制法。

( ) **21** 有關示波器面板上的EXTTRIG接頭之功能，下列敘述何者正確？　(A)外部輸入觸發時基產生信號　(B)外部觸發探棒衰減倍率調整　(C)輸出至外部觸發波形輔助通道　(D)輸出至外部觸發同步信號。

( ) **22** 在邏輯實驗中如欲分析多個腳位之時序，則採用下列何種儀器最適當？　(A)數位IC測試器　(B)函數波形產生器　(C)邏輯測試棒　(D)邏輯分析儀。

( ) **23** 數位邏輯實驗時，若以邏輯閘完成了下圖電路，則此電路之功能與下列哪個正反器較相符？

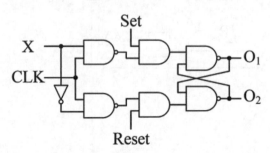

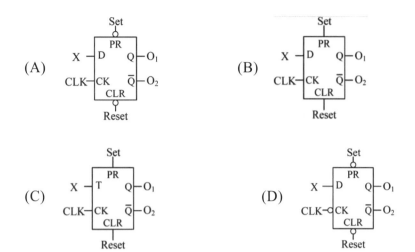

( )　**24** 下圖為正反器實驗電路，J、PR、K、CLR腳分別接到實驗電路1與2，通電後發現兩個LED一直都亮，則最有可能發生下列哪種情況？　(A)兩個LED極性接反了　(B)PR及CLR短路到GND　(C)CLK按鍵卡住　(D)J、K皆空接。

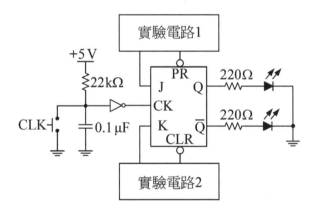

( )　**25** 脈波產生器實習中，若需要產生一個25%工作週期之脈波信號，下列何種電路可以直接實現？　(A)四位元的環型計數器　(B)四位元同步式上數計數器　(C)四位元非同步式上數計數器　(D)四位元同步式下數計數器。

110年 統測試題

( )　**1** 某一週期性數位信號的波形如圖(一)所示，對於該週期性數位信號，下列敘述何者正確？
(A)週期為10ms，頻率為100Hz，工作週期為10%
(B)週期為1ms，頻率為1000Hz，工作週期為10%
(C)週期為10ms，頻率為1000Hz，工作週期為20%
(D)週期為1ms，頻率為100Hz，工作週期為20%

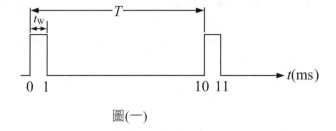

圖(一)

( )　**2** 使用8位元表示的十六進制$2A_{(16)}$數值，經由2的補數（2's Complements）運算後，其數值為何？　(A)$D3_{(16)}$　(B)$D4_{(16)}$ (C)$D5_{(16)}$　(D)$D6_{(16)}$

( )　**3** 布林代數表示式 $X = \overline{(A+\overline{B})(\overline{C}+D)}$ 使用第摩根定理簡化後的輸出為何？(A)$X=ABCD$　(B)$X=AB+CD$　(C) $X=A\overline{B}+\overline{C}D$ (D) $X=\overline{A}B+C\overline{D}$

( )　**4** 圖(二)為某JK型正反器的接線圖，時脈輸入(CLK)為10kHz方波，Q的初始狀態為0，則CLKA與CLKB的輸出波形，下列何者正確？

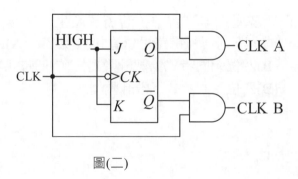

圖(二)

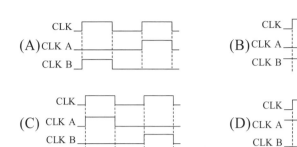

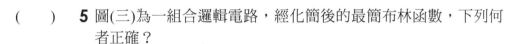

( ) **5** 圖(三)為一組合邏輯電路，經化簡後的最簡布林函數，下列何者正確？

(A) $Y=\overline{A}\,\overline{B}\overline{C}+C\,D$

(B) $Y=\overline{A}\,\overline{B}\overline{C}+A\,B$

(C) $Y=\overline{A}\,\overline{C}\overline{D}+A\,B$

(D) $Y=A\,\overline{C}\overline{D}+\overline{C}\,\overline{D}$

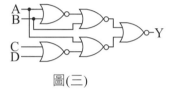

圖(三)

( ) **6** 欲把16個1位元的資料用16個時脈週期暫存到1個16位元的移位暫存器，再用1個時脈週期傳給1個16位元的微控制器來處理，則需要用到下列哪種移位暫存器？

(A)SISO（Serial In Serial Out）

(B)SIPO（Serial In Parallel Out）

(C)PISO（Parallel In Serial Out）

(D)PIPO（Parallel In Parallel Out）

( ) **7** 圖(四)電路為使用JK正反器組成之計數器，若$Q_3Q_2Q_1Q_0$的初始狀態為0000且CLK適當觸發，則輸出序列$(Q_3Q_2Q_1Q_0)$轉成10進制後的數值變化，下列何者正確？

(A)0→15→14→13→10→5→10→5…

(B)0→5→10→15→10→5→0→5…

(C)0→15→14→13→12→11→10→9…

(D)0→15→10→5→10→15→10→5…

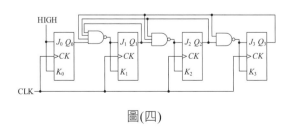

圖(四)

(　　)　**8** 設計模數均為10(Modulus-10)的強森(Johnson)與環形(Ring)計數器時，下列敘述何者正確？

(A)強森計數器需要5個正反器，輸出波形的工作週期為50%；環形計數器需要10個正反器，輸出波形的工作週期為10%

(B)強森計數器需要10個正反器，輸出波形的工作週期為50%；環形計數器需要5個正反器，輸出波形的工作週期為10%

(C)強森計數器需要5個正反器，輸出波形的工作週期為10%；環形計數器需要10個正反器，輸出波形的工作週期為50%

(D)強森計數器需要10個正反器，輸出波形的工作週期為10%；環形計數器需要5個正反器，輸出波形的工作週期為50%。

(　　)　**9** 布林代數等式X+(Y+Z)=(X+Y)+Z符合下列哪一個定律？
(A)分配律　(B)結合律　(C)交換律　(D)同質律。

(　　)　**10** 圖(五)電路的時脈信號CLK為10kHz，狀態圖數字排列為$Q_2Q_1Q_0$，若初始狀態為001，則此電路的狀態圖，下列何者正確？

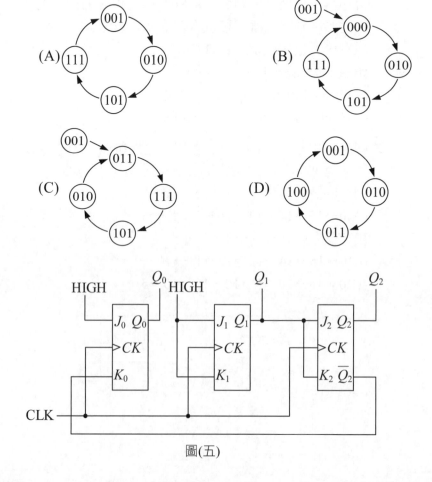

圖(五)

( ) **11** 圖(六)為使用標準全加器(FA)所組成之加減法電路,其中A_0~
A_3、B_0~B_3及Sub為輸入端,S_0~S_3及X為輸出端,則關於此電
路的動作,下列敘述何者錯誤?
(A)可執行4位元加法且輸出5位元
(B)XOR閘可執行1's補數
(C)執行減法時Sub為HIGH
(D)Sub為端迴進位(End-around carry)輸入端。

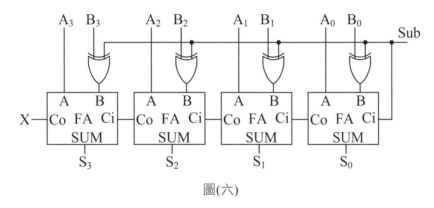

圖(六)

( ) **12** 圖(七)為1位元之比較器符號圖,則其實現的邏輯電路,下列何
者正確?

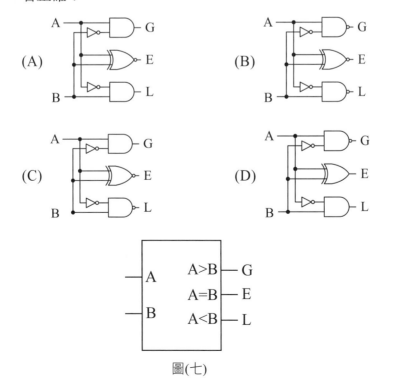

圖(七)

(　　) **13** 圖(八)為已規劃好的PLA，輸入分別為A、B、C及D，則輸出F應為下列何者？

(A) $F=\overline{A}BD+\overline{A}CD+ABCD+A\overline{D}+\overline{A}\,\overline{C}D+BC\overline{D}$

(B) $F=A\overline{B}CD+\overline{A}BD+\overline{A}\,CD$

(C) $F=\overline{A}BD+\overline{A}C\overline{D}+ABCD+\overline{A}\,\overline{C}D+BC\overline{D}$

(D) $F=A\overline{B}CD+\overline{A}\,\overline{C}D+B\overline{C}\,\overline{D}$

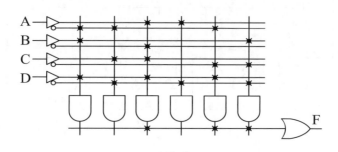

圖(八)

(　　) **14** 實驗時，有關一般常用直流穩壓電源供應器之限流設定與功能，下列敘述何者最恰當？
(A)因為有限流保護，開始時設定愈大愈好
(B)電壓過高時，才會自動轉為定電流供電
(C)電流過載時，才會自動轉為定電壓供電
(D)電流過載時，才會自動轉為定電流供電

(　　) **15** 某同學實習時手邊只有圖(九)中的6顆IC，欲組合出1個1位元的全加器(Full Adder,FA)，則下列敘述何者正確？
(A)74 LS 00、74 LS 02、74 LS 04 各一顆
(B)74 LS 08、74 LS 32、74 LS 86 各一顆
(C)74 LS 02、74 LS 08、74 LS 32 各一顆
(D)74 LS 02、74 LS 32、74 LS 86 各一顆

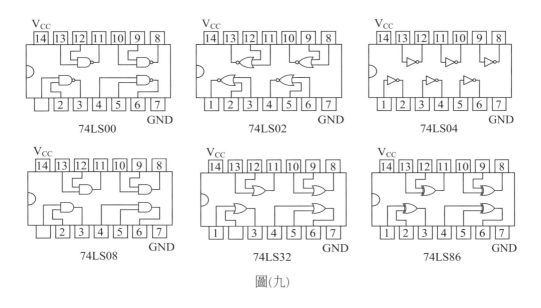

圖(九)

( )　**16** 承上題，關於邏輯閘的組合設計，下列敘述何者錯誤？
(A)使用一顆74 LS 00最多可以組成2個AND邏輯閘
(B)使用一顆74 LS 02 最多可以組成1個AND邏輯閘
(C)使用一顆74 LS 00 最多可以組成1個NOR邏輯閘
(D)使用一顆74 LS 02 最多可以組成1個XOR邏輯閘

( )　**17** 標準74 HC 147十進位對BCD碼優先編碼器(Decimal-to-BCD Priority Encoder)的IC接腳如圖(十)，若第(2)、(5)、(12)接腳的邏輯準位為0，其他資料輸入接腳的邏輯準位為1，則其輸出$(\overline{A3}\ \overline{A2}\ \overline{A1}\ \overline{A0})$為下列何者？
(A)1101　　　(B)0101
(C)0111　　　(D)0110

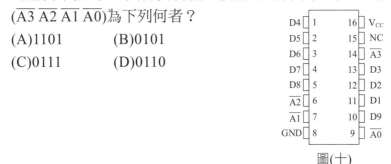

圖(十)

( )　**18** 某數位IC系列之$V_{OH}=3.6V$，$V_{OL}=0.3V$，$V_{IH}=2.0V$，$V_{IL}=0.9V$，則關於雜訊免疫力V_{NL}及V_{NH}的數值，下列何者正確？
(A)$V_{NL}=1.7V$　(B)$V_{NL}=1.1V$　(C)$V_{NH}=3.3V$　(D)$V_{NH}=1.6V$

(　　) **19** 某學生使用圖(十一)所示的IC 7447實作1個共陽極七段顯示器
解碼電路,當IC 7447的第(1)、(2)、(6)、(7)接腳的邏輯信號準
位為0、0、1、1與1、1、0、0時,發現七段顯示器上出現的數
字分別為9與8,則下列敘述何者最為正確?
(A)電路工作正常
(B)IC 7447的第(14)接腳開路,未連接到七段顯示器的g段LED接
　　線
(C)七段顯示器的a與b段LED接線以電阻接地,而未連接到IC
　　7447
(D)IC 7447的第(3)接腳接地

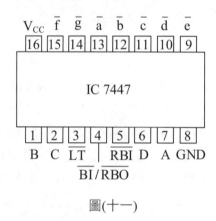

圖(十一)

(　　) **20** 關於圖(十二)由555計時器組成的無穩態多諧振盪器電路,其中
R_1、R_2各為$1k\Omega$,則下列敘述何者正確?
(A)輸出的振盪波形的頻率與R_1、R_2及C_2有關
(B)V_{CC}工作電壓為5V,無法與CMOS族邏輯IC配合使用
(C)輸出的振盪波形沒辦法獲得50%的工作週期(Duty Cycle)
(D)C_1要比C_2大10倍以上,以便獲得最好的抗雜訊干擾能力

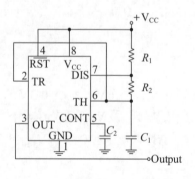

圖(十二)

(　) **21** 邏輯電路實驗有多顆TTL IC共同完成一些邏輯功能，若工作頻率及輸入信號有一定的要求下，通常會在每顆IC的V_{CC}與GND之間連接一個0.1μF的電容，則它的作用下列何者錯誤？
(A)穩定V_{CC}的電壓　　　　　　(B)降低電源雜訊
(C)反交連以減少電源雜訊　　　(D)提供電壓整流

(　) **22** 建築物內若引發大火，位於起火層避難逃生方法，下列敘述何者錯誤？
(A)採低姿勢迅速往水平方向之安全門、梯逃生
(B)採低姿勢迅速往頂樓逃生
(C)如沒發現逃生門梯，可至窗口、陽台呼救
(D)安全門、梯是最好的逃生途徑

(　) **23** 一個3.3V電源之CMOS微控制器(MCU)的輸出腳，其內部具有提升電阻，欲推動一個標準5.0V電源的TTL IC，下列哪個電路的連接最適當？

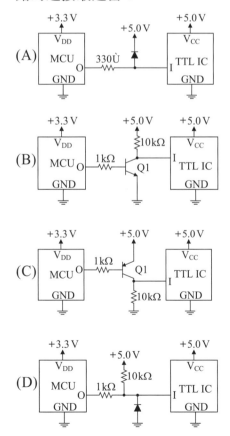

(　　) **24** 實驗中欲設計一邏輯功能如表，下列哪個電路無法實現該功能？

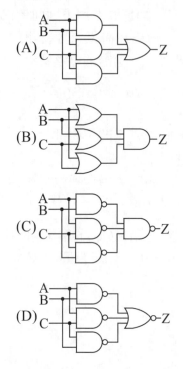

A	B	C	Z
0	0	0	0
0	0	1	0
0	1	0	0
0	1	1	1
1	0	0	0
1	0	1	1
1	1	0	1
1	1	1	1

(　　) **25** 實驗電路需要設計一個TTL IC之非同步除法器電路如圖(十三)，若欲使電路中的X邏輯閘搭配指撥開關執行除5(Modulus 5)功能，下列何者正確？

(A)X為3輸入NAND，且SW1=ON、SW2=OFF、SW3=ON

(B)X為3輸入AND，且SW1=ON、SW2=OFF、SW3=ON

(C)X為3輸入NOR，且SW1=OFF、SW2=ON、SW3=ON

(D)X為3輸入OR，且SW1=ON、SW2=OFF、SW3=ON

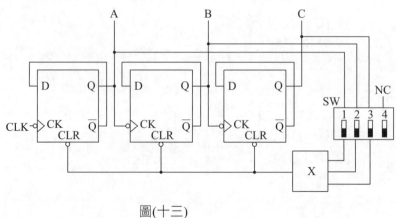

圖(十三)

111年 統測試題

( )　**1** 有一脈波的頻率為25KHz，脈波寬度(PulseWidth)為0.025ms，脈波週期時間及工作週期各為多少？
(A)0.04ms及75%
(B)0.04ms及62.5%
(C)0.05ms及50%
(D)0.05ms及37.5%。

( )　**2** 如圖所示之輸入端波形及其邏輯電路，僅考慮4個時序，當A點輸入之時序準位為0110，B點輸入之時序準位為1100時，則C點輸出之時序準位為何？

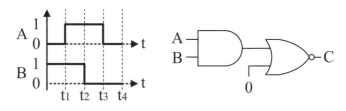

(A)1011　　　(B)0101　　　(C)1010　　　(D)0100。

( )　**3** 對如圖數位電路之描述，下列何者錯誤？

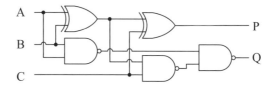

(A)P輸出的布林代數式為P=A⊕B⊕C
(B)Q輸出的布林代數式為Q=AB+BC+AC
(C)電路可化簡為

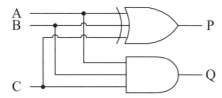

(D)真值表

A	B	C	P	Q
0	0	0	0	0
0	0	1	1	0
0	1	0	1	0
0	1	1	0	1
1	0	0	1	0
1	0	1	0	1
1	1	0	0	1
1	1	1	1	1

。

(　　) **4** 一個具有三個輸入的NAND(反及閘)，輸入為A、B、C，輸出為Y，其真值表與下列何者相同？

(A) $Y = \overline{A}\,\overline{B}\,\overline{C}$ 　　　　　　　(B) $Y = \overline{A+B}\,\overline{C}$

(C) $Y = \overline{A} + \overline{AB} + \overline{C} + \overline{BC}$ 　　(D) $Y = \overline{A}\,\overline{BC}$ 。

(　　) **5** 化簡如圖數位電路，下列描述何者正確？

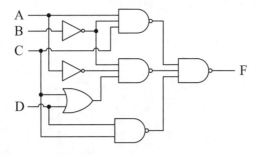

(A)化簡後積項和(SOP)布林代數式為

　　$F(A,B,C,D) = CD + \overline{B}C + \overline{A}\,\overline{B}D$

(B)化簡後積項和(SOP)布林代數式為

　　$F(A,B,C,D) = CD + \overline{B}\,(C + \overline{A}D)$

(C)化簡後和項積(POS)布林代數式為

　　$F(A,B,C,D) = (C+D)(\overline{B}+CD)(\overline{A}+C)$

(D)化簡後和項積(POS)布林代數式為

　　$F(A,B,C,D) = C(\overline{A}+D)(\overline{B}+D)(\overline{B}+C)$ 。

( )　**6** 布林代數式F(A,B,C,D)=∑(1,3,5,7,11,15)+d(0,2,5)，d代表隨意項(don't care)，化為最簡和項積(POS)之布林代數式為何？

(A)$\overline{A}\,\overline{B}$+CD

(B)$\overline{A}$D+CD

(C)D($\overline{A}$+C)

(D)(A+D)($\overline{A}$+C)($\overline{A}$+D)。

( )　**7** 十進制數字254轉換為二進制數字，下列何者正確？
(A)11111110　　　　　　　(B)10000001
(C)01111111　　　　　　　(D)01111110。

( )　**8** 一個8位元的二進制數字系統採用2的補數來表示負數，若將16-32的十進制減法運算結果儲存至此系統，則下列何者正確？
(A)11110000　　　　　　　(B)00010000
(C)10010000　　　　　　　(D)11101111。

( )　**9** 如圖所示之數位電路，為下列何者之設計？
(A)多工器
(B)加法器
(C)比較器
(D)減法器。

( )　**10** 如圖為共陽極的七段顯示器，當輸出數字為3時，則顯示器接腳ABCDEFG的輸入電位依序列出，下列何者正確？(註：1代表高電位，0代表低電位)
(A)0000110
(B)0000011
(C)1111001
(D)1100000。

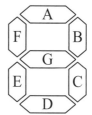

( ) **11** 如圖為一使用4位元加法器所設計的數位電路，其中輸入訊號為$A_3A_2A_1A_0$、$X_3X_2X_1X_0$和前級進位輸入(Carry-In)C_0。當$C_0=1$且輸入訊號$A_3A_2A_1A_0=1010$和$X_3X_2X_1X_0=0101$，則進位輸出(Carry-Out)C_1與輸出訊號$S_3S_2S_1S_0$為何？

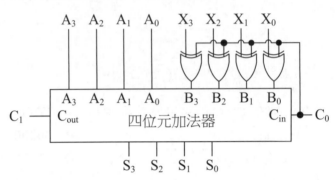

(A)$C_1=0$且$S_3S_2S_1S_0=0101$
(B)$C_1=0$且$S_3S_2S_1S_0=1111$
(C)$C_1=1$且$S_3S_2S_1S_0=0101$
(D)$C_1=1$且$S_3S_2S_1S_0=1111$。

( ) **12** 全加器的輸入訊號為A、B與前級進位輸入(Carry-In)C_{in}，輸出訊號為和S與進位輸出(Carry-Out)C_{out}，關於全加器的功能敘述與邏輯運算式，下列何者錯誤？
(A)C_{in}的功能與半加器相同
(B)$S=A \oplus B \oplus C_{in}$
(C)$C_{out}=AB+BC_{in}+AC_{in}$
(D)多個全加器之間可進行串接以成為更多位元的加法器。

( ) **13** 如圖所示，當輸入訊號J=K=1時，若輸入之時序脈波clk頻率為100MHz，則輸出Q之頻率為何？
(A)25MHz
(B)50MHz
(C)100MHz
(D)200MHz。

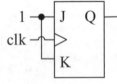

( )　**14** 如圖是一D型正反器，其輸入端與輸出端波
形之關係，下列何者正確？

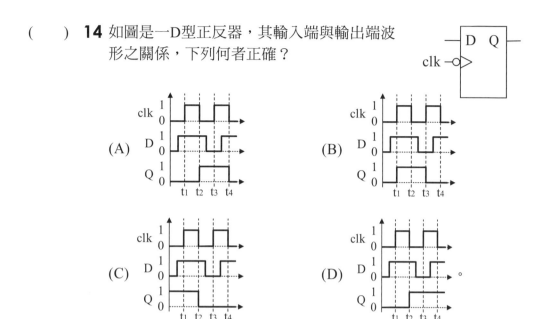

( )　**15** 用4個4×1多工器及4個D型正反器$(D_3D_2D_1D_0)$來設計通用型移
位暫存器(Universal Shift Register)，具有向左移位、向右移
位、平行載入$(I_3I_2I_1I_0 \rightarrow D_3D_2D_1D_0)$及不變等功能，電路如圖，
S_1S_0為多工器的選擇線，其功能描述下列何者正確？

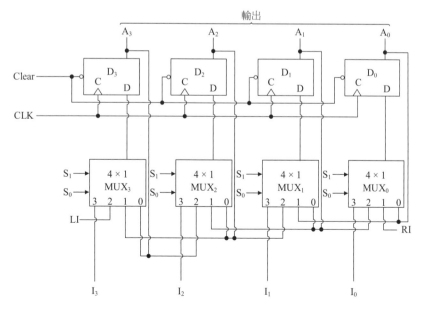

(A)S_1S_0=00時，平行載入　　(B)S_1S_0=01時，不變
(C)S_1S_0=10時，向右移位　　(D)S_1S_0=11時，向左移位。

( ) **16** 如圖是使用555定時器及D型正反器設計一個脈波產生器，V_{CC}為+5V~+15V，如果T的輸出脈波頻率為1KHz，當C1=0.01μF時，下列何種電阻組合最適合？

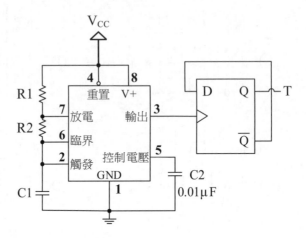

(A)R1=10KΩ，R2=30KΩ
(B)R1=15KΩ，R2=45KΩ
(C)R1=20KΩ，R2=60KΩ
(D)R1=30KΩ，R2=90KΩ。

( ) **17** 使用兩個正反器設計一個2位元同步計數器，其狀態用Q_1Q_0表示，Q_1Q_0=00時，代表狀態S0；Q_1Q_0=01時，代表狀態S1；Q_1Q_0=10時，代表狀態S2；Q_1Q_0=11時，代表狀態S3。若輸入為X，其狀態圖如圖，則下列狀態表何者正確？

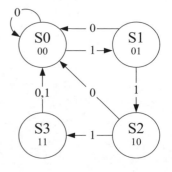

		目前狀態		次一狀態	
	X	$Q_1(t)$	$Q_0(t)$	$Q_1(t+1)$	$Q_0(t+1)$
(A)	0	0	0	0	0
	0	0	1	0	0
	0	1	0	0	0
	0	1	1	0	0
	1	0	0	0	1
	1	0	1	1	0
	1	1	0	1	1
	1	1	1	0	0

(B)

X	目前狀態		次一狀態	
	$Q_1(t)$	$Q_0(t)$	$Q_1(t+1)$	$Q_0(t+1)$
0	0	0	0	0
0	0	1	0	1
0	1	0	1	0
0	1	1	1	1
1	0	0	0	1
1	0	1	1	0
1	1	0	1	1
1	1	1	0	0

(C)

X	目前狀態		次一狀態	
	$Q_1(t)$	$Q_0(t)$	$Q_1(t+1)$	$Q_0(t+1)$
0	0	0	0	1
0	0	1	1	0
0	1	0	1	1
0	1	1	0	0
1	0	0	0	0
1	0	1	0	0
1	1	0	0	0
1	1	1	0	0

(D)

X	目前狀態		次一狀態	
	$Q_1(t)$	$Q_0(t)$	$Q_1(t+1)$	$Q_0(t+1)$
0	0	0	0	1
0	0	1	1	0
0	1	0	1	1
0	1	1	0	0
1	0	0	0	0
1	0	1	0	1
1	1	0	1	0
1	1	1	1	1

。

(　) **18** 關於實習工場安全與衛生的敘述，下列何者錯誤？
(A)通電中的變壓器起火燃燒，可以使用二氧化碳滅火器來撲滅
(B)實習工場的消毒酒精起火燃燒，此為B類火災
(C)燒燙傷急救的實施步驟依序為「沖、脫、泡、蓋、送」
(D)心肺復甦術的實施步驟依序為「叫、叫、A、B、C、D」。

Note

解答與解析

第一章　數位邏輯基本概念

模擬演練

P.12　**1 (A)**

2 (D)。數位訊號處理為Digital Signal Processing。

3 (C)　　**4 (C)**

5 (B)。MSI邏輯閘的數目為12~100個之間。

6 (C)

歷屆考題

1 (D)

2 (A)。方波信號就是一般我們所理解的數位邏輯訊號，其餘選項皆為連續性的信號，沒有一個標準的0或1的準位

3 (B)。CD4011為CMOS邏輯IC

第二章　基本邏輯閘

模擬演練

P.50　**1 (B)**。

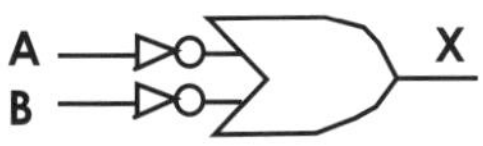

A	B	X
0	0	1
0	1	1
1	0	1
1	1	0

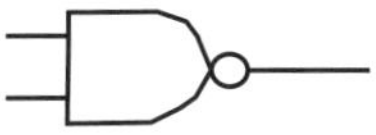

2 (D)。

A	B	X
0	0	1
0	1	0
1	0	0
1	1	0

3 (C)   4 (D)

5 (A)。

A	B	Y	X
0	0	1	0
0	1	0	1
1	0	0	1
1	1	0	1

6 (C)   7 (B)   8 (D)   9 (B)

P.51 **10 (A)**

11 (D)。

A	1	0	1	0
B	0	1	1	0
X	1	1	0	0

$X = A \oplus B$

12 (A)。為 buffer

13 (D)。$V_{NH} = V_{OH(min)} - V_{IH(min)} = 4.5 - 3.5 = 1V$

14 (C)。$V_{NL} = V_{OH(max)} - V_{OL(max)} = 0.7 - 0.2 = 0.5V$

15 (A)。$Fan\ out = \dfrac{I_{O(max)}}{I_{I(max)}} = \dfrac{5}{0.5} = 10$

16 (D)。CMOS靜態消耗功率 = 0

17 (C)   18 (C)   19 (D)   20 (B)

P.52 **21 (A)   22 (B)   23 (C)   24 (C)   25 (B)**

26 (A)。

27 (B)。若下半部NMOS並聯則為OR
　　　　若下半部NMOS串聯則為AND

28 (B)　　**29 (A)**

30 (D)。此DL的真值表為

A	B	D_1	D_2	X
0	0	ON	ON	0
0	1	ON	OFF	0
1	0	OFF	ON	0
1	1	OFF	OFF	1

歷屆考題

P.53 **1 (B)**。如表可排出快至慢

標準型TTL (74)	9nS
低功率型TTL(74L)	33nS
高速型TTL(74H)	6nS
蕭特基型TTL(74S)	3nS
低功率蕭特基型TTL(74LS)	9.5nS

2 (B)。ECL是選項中交換速度最快的電路

3 (D)。右圖為二極體邏輯電路，
當 V_1 或 V_2 有一個為邏輯1時，
輸出 V_o 即為1，此為OR閘

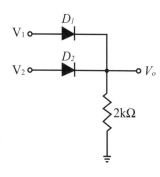

4 (B)。由真值表可得此為NAND閘

5 (C)。可列出NAND閘邏輯電路真值表如下，

A	B	X
0	0	1
0	1	1
1	0	1
1	1	0

故可知共有3個為1的欄位

6 (B)。邏輯分析儀就是將方波解碼成所需要的數位信號，利用時序分析出
波形。

7 (D)。如各邏輯閘皆沒壞可依照圖形可分析如下

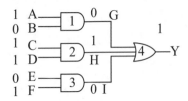

　　所以由表中可得Y不一樣，故可得邏輯閘編號4號的OR閘壞掉了

P.54 **8 (B)**。由題目中的邏輯電路可得，B 過一段時間之後為 A 的反向，且Y只有在當 $A=B=0$ 時會為1，故只有選項(B)的波形為正確的

9 (B)。由真值表中可以發現當只有奇數個輸入為1時，輸出為1，此為XOR閘的特性

10 (B)。我們通常利用函數波信號產生器來產生數位信號，可利用調整波形週期達到調整不同頻率之時脈信號

11 (B)。$Y = \overline{A}\,\overline{B}\,\overline{C} = \overline{A+B+C}$

P.55 **12 (B)**　　　　　　　　**13 (C)**

14 (D)。

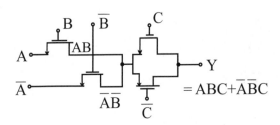

第三章　布林代數及第摩根定理

模擬演練

P.68 **1 (B)**。x+0=x

2 (D)。(A)正確為x・x=x，(B)正確為x+x=x，(C)正確為x・$\overline{x}$=0

P.69 **3 (C)**。x(y+z)=x・y+x・z

4 (C)。a・b・$\overline{b}$=a・0=0

5 (D)。x($\overline{x}$+y)=x・$\overline{x}$+xy=0+xy=xy

6 (D)。ab+$\overline{ab}$=1 (補數定律)

7 (A)。w+wx+wy+wz=w+wy+wz=w+wz=w (消去定律)

8 (B)。w+$\overline{w}$x+$\overline{w}$y+$\overline{w}$z=w+x+$\overline{w}$y+$\overline{w}$z=w+x+y+$\overline{w}$z=w+x+y+z(消去定律)

9 (A)。$\overline{xy}$+$\overline{\overline{x}\ \overline{y}}$=$\overline{x}$+$\overline{y}$+x+y=1+1=1

10 (C)。$(\overline{x+y})(\overline{\overline{x}+\overline{y}})$=$\overline{x}\cdot\overline{y}\cdot x\cdot y$=0・0=0

11 (C)。第摩根第一定理

12 (B)。萬用閘為NAND閘或是NOR閘

13 (A)。

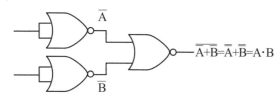

14 (D)。(A)為NOT閘。(B)為OR閘。(C)為NOR閘

P.70 **15 (B)**。布林代數的基本運算為AND,OR,NOT

16 (A)。此為AND閘

17 (A)

$\overline{\overline{A}+\overline{B}}$=$\overline{\overline{A}}=\overline{\overline{B}}$=A・B

18 (C)。此為XNOR閘布林代數表示為$\overline{A}\ \overline{B}$+AB

歷屆考題

1 (A)。利用互補函數

$$\overline{F} = \overline{\left(AB+\overline{C}\right)\left(A+BC\right)} = \overline{AAB+A\overline{C}+ABBC+BC\overline{C}} = \overline{AB+A\overline{C}+ABC}$$

$$= \overline{AB+A\overline{C}} = \overline{A\left(B+\overline{C}\right)} = \overline{A}+\overline{B}\cdot C$$

2 (D)。依照題目中的邏輯電路可寫成

$$F = \overline{\overline{A\overline{AB}}+\overline{B\overline{AB}}} = \left(A\overline{AB}\right)\left(B\overline{AB}\right) = AB\overline{AB} = 0$$

3 (B)。XOR閘的真值表為

A	B	X
0	0	0
0	1	1
1	0	1
1	1	0

P.71 **4 (D)**。可依照題意畫出

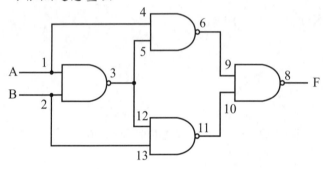

故可得此為XOR閘 $F = A \oplus B = (AB + A'B')'$

5 (A)。 $\overline{\overline{A+B+C} \cdot (\overline{B}+\overline{D})} = \overline{\overline{A+B+C}} + \overline{(\overline{B}+\overline{D})} = A+B+C+BD = A+B+C$

6 (B)。可依照XOR閘的真值表來導輸出為 $F = \overline{A}$

A	B	X
0	1	1
1	1	0

7 (D)

P.72 **8 (C)**。(A) $X \cdot (Y + Z + \overline{Y}) = X(1+Z) = X$

(B) $Y + Y \cdot Z \cdot 1 \cdot \overline{Z} = Y + 0 = Y$

(C) $(A + \overline{B} + C) \cdot B = AB + B\overline{B} + BC = AB + BC$

(D) $\overline{(A + \overline{BC})} = \overline{A}(\overline{\overline{BC}}) = \overline{A}(B + \overline{C})$

9 (B)。可利用如圖之邏輯電路等效，故可知為4個反及閘

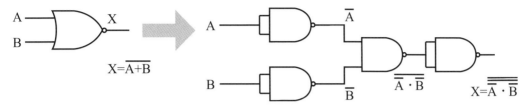

$$X=\overline{A+B}$$

$$X=\overline{\overline{A}\cdot\overline{\overline{B}}}$$

10 (D)。可依照邏輯電路寫出布林代數式$F=\overline{\overline{AB}\ \overline{BC}}=AB+BC$

11 (B)。
$$\begin{array}{r}1010\\ \oplus\,0000\\\hline 1010\end{array}\Rightarrow 1010=B_3B_2B_1B_0$$

第四章　布林代數化簡

模擬演練

P.91　1 (B)。

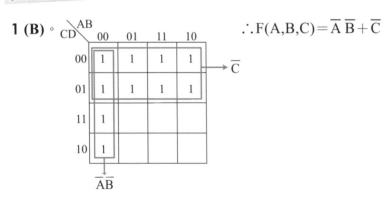

$$\therefore F(A,B,C)=\overline{A}\,\overline{B}+\overline{C}$$

2 (C)。$F=\sum(0,2,3,6,7)$ 故可畫出卡諾圖如下

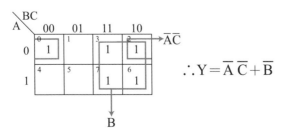

$$\therefore Y=\overline{A}\,\overline{C}+\overline{B}$$

P.92 **3 (C)**。由題目中可求得

$$F（ABCD）=（0001,0011,0101,0111,1000,1010,1101）$$
$$=\sum（1,3,5,7,8,10,13）=\prod（0,2,4,6,9,11,12,14,15）$$

4 (D)。使用OR-AND製作邏輯電路時，於卡諾圖中是取0的方格產生和項之積

5 (A)。

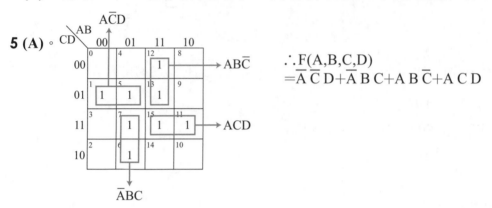

$$\therefore F(A,B,C,D)$$
$$=\bar{A}\,\bar{C}\,D+\bar{A}\,B\,C+A\,B\,\bar{C}+A\,C\,D$$

6 (C)。$\prod(0,1,4)=\overline{\sum(0,1,4)}$

7 (B)。$\overline{\sum(2,3,5,7)}=\sum(0,1,4,6)$

8 (C)。
$$F(A,B,C)=\bar{A}B+\bar{B}\bar{C}=\bar{A}B(C+\bar{C})+\bar{B}\bar{C}(A+\bar{A})$$
$$=\bar{A}BC+\bar{A}B\bar{C}+A\bar{B}\bar{C}+\bar{A}\bar{B}\bar{C}=m_3+m_2+m_4+m_0$$
$$=\sum(0,2,3,4)$$

9 (C)。
$$F(X,Y,Z)=(\bar{X}+\bar{Y}+Z)(\bar{X}+Y+\bar{Z})(X+\bar{Y}+Z)(X+Y+\bar{Z})$$
$$=M_1\cdot M_2\cdot M_5\cdot M_6$$
$$=\prod(1,2,5,6)$$

P.93 **10 (B)**。

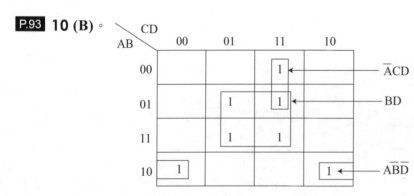

$$\therefore F(A,B,C,D)=\bar{A}CD+BD+A\bar{B}\bar{D}$$

11 (C)。

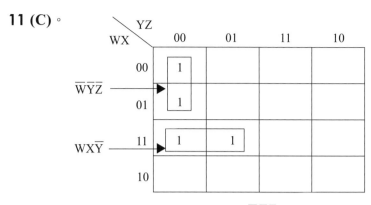

$$\therefore F(W, X, Y, Z) = \overline{W}\,\overline{Y}\,\overline{Z} + WX\overline{Y}$$

12 (D)。

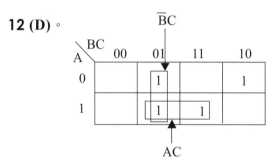

$$\therefore F(A, B, C) = AC + \overline{B}C + \overline{A}B\overline{C}$$

13 (A)。

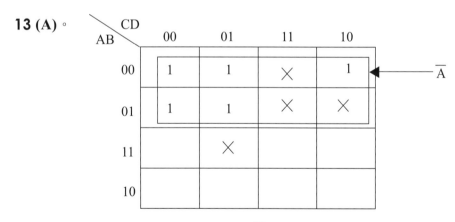

$$\therefore F(A, B, C, D) = \overline{A}$$

14 (B)。

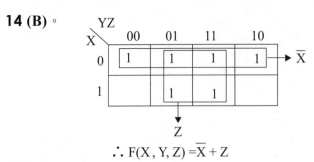

$$\therefore F(X, Y, Z) = \overline{X} + Z$$

15 (C)

16 (D)。

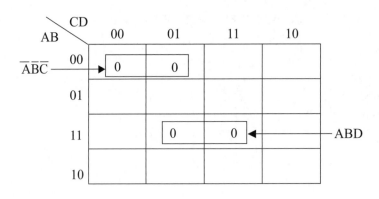

$$\therefore \overline{F} = \overline{A}\overline{B}\overline{C} + ABD$$
$$F = \overline{\overline{A}\overline{B}\overline{C} + ABD} = (A + B + C)(\overline{A} + \overline{B} + \overline{D})$$

17 (D)

18 (D)。$F(A, B, C) = \prod(0, 1, 2) = \sum(3, 4, 5, 6, 7)$

P.94 **19 (B)**

20 (D)。

$$\therefore F(A, B, C) = \overline{A}\overline{C} + B$$

21 (C)

22 (B)。$ABC + \overline{A}BC = BC$

歷屆考題

1 (D)。$\overline{Y} = \overline{ABC + BCD + A\overline{B}} = \overline{ABC} \cdot \overline{BCD} \cdot \overline{A\overline{B}} = (\overline{A} + \overline{B} + \overline{C})(\overline{B} + \overline{C} + \overline{D})(\overline{A} + B)$

P.95

2 (C)。

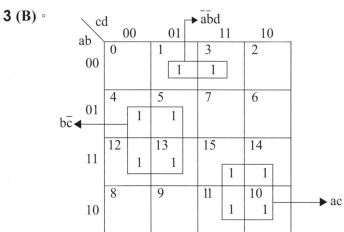

∴ $F = C + \overline{D}$

3 (B)。

∴ $F(a, b, c, d) = \overline{a}\overline{b}d + b\overline{c} + ac$

4 (C)。

∴ $F = \overline{b}\overline{c} + d$

5 (B)。

AB＼CD	00	01	11	10
00	0	1　　1	3	2
01	4　　1	5	7　　1	6　　1
11	12	13	15　　1	14
10	8　　1	9　　1	11　　1	10　　1

> **解題小幫手**
> 基本質隱含項：指化簡的各項中必須包含一個最小項是其他所沒有的如(1,9)包含的1是其他所包不到的，因此(1,9)為基本質隱含項。

6 (B)。

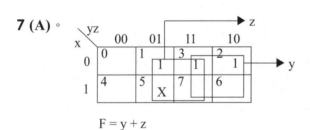

$$= (x+y)(x+\overline{y}) = x = A+B\overline{D}$$

7 (A)。

x＼yz	00	01	11	10
0	0	1　　1	3　　1	2　　1
1	4	5　　X	7	6

$$F = y + z$$

8 (B)。

A＼BC	00	01	11	10
0	0	1　　1	3　　1	2　　X
1	4	5　　X	7　　1	6

$$F = C$$

9 (C)。$\mathrm{NAND}(\mathrm{NAND}(A, B, C), \overline{A}, C)$
$= \overline{\overline{ABC}\,\overline{A}C} = \overline{\overline{ABC}} + \overline{\overline{A}} + \overline{\overline{C}}$
$= ABC + A + \overline{C}$
$= A + \overline{C}$

10 (C)。同題5。

第五章　數字系統

模擬演練

P.119

1 (A)。MSB為最大槽位7654

$$\overset{\uparrow}{\text{MSB}} \quad \overset{\uparrow}{\text{LSB}}$$

2 (B)。

$$
\begin{array}{ccccccc}
0 & 1 & 1 & 0 & 1 & . & 0 & 1 \\
2^4 & 2^3 & 2^2 & 2^1 & 2^0 & & 2^{-1} & 2^{-2}
\end{array}
$$

$$\therefore 1\times 2^3 + 1\times 2^2 + 1\times 2^0 + 1\times 2^{-2}$$
$$=8+4+1+0.25=13.25$$

3 (C)。補0　　　　　補0

$$
\underset{\downarrow}{\underline{001}} \quad \underset{\downarrow}{\underline{101}} . \underset{\downarrow}{\underline{010}}
$$
$$
\underline{1} \quad \underline{5} \quad . \quad \underline{2}_{(8)}
$$

4 (B)。補0　　　　　　　　補0

$$
\underline{0000}\,\underline{1101} . \underline{01}\,\underline{00}
$$
$$
\underline{0} \quad \underline{D} \quad . \quad \underline{4}_{(16)}
$$

5 (A)。

$$
\begin{array}{cccc}
3 & 2 & 1 & . \quad 7 \\
8^3 & 8^2 & 8^0 & 8^{-1}
\end{array}
$$

$$\therefore 3\times 8^3 + 2\times 8^2 + 1\times 8^0 + 7\times 8^{-1}$$
$$=1536+128+1+0.875$$
$$=1665.875$$

6 (C)。

$$
\begin{array}{cccc}
3 & 2 & 1 & . \quad 7 \\
\downarrow & \downarrow & \downarrow & \downarrow
\end{array}
$$
$$
\underline{011} \quad \underline{010} \quad \underline{001} \quad \underline{111}_{(2)}
$$

7 (D)。

$$
\begin{array}{cccc}
3 & 2 & 1 & . \quad 7 \\
\downarrow & \downarrow & \downarrow & \downarrow
\end{array}
$$
$$
\underline{011} \quad \underline{010} \quad \underline{001} \quad \underline{111}_{(2)}
$$

8 (A)。

$$
\begin{array}{ccc}
E & F & . \quad D \\
16^1 & 16^0 & 16^{-1}
\end{array}
$$

$$\therefore 14\times 16^1 + 15\times 16^0 + 13\times 16^{-1}$$
$$= 239.8125$$

9 (C)。

$$
\begin{array}{cccc}
E & F & . & D \\
\downarrow & \downarrow & & \downarrow
\end{array}
$$
$$
\underline{1110} \quad \underline{1111} \quad . \quad \underline{1101}_{(2)}
$$

10 (D)。E F.D $\rightarrow$ 11101111.1101

$$
\underset{\downarrow}{\underline{011}} \; \underset{\downarrow}{\underline{101}} \; \underset{\downarrow}{\underline{111}} \; . \; \underset{\downarrow}{\underline{110}} \; \underset{\downarrow}{\underline{100}}
$$
$$
\underline{3} \quad \underline{5} \quad \underline{7} \quad . \quad \underline{6} \quad \underline{4}_{(8)}
$$

P.120 11 (D)。

$$
\underset{\downarrow}{\underline{0110}} \; \underset{\downarrow}{\underline{1001}} \; \underset{\downarrow}{\underline{0010}}_{(BCD)}
$$
$$
\underline{6} \quad \underline{9} \quad \underline{2}
$$

12 (C)。

$$
\underset{\downarrow}{\underline{0110}} \; \underset{\downarrow}{\underline{1001}} \; \underset{\downarrow}{\underline{0100}}_{(加三碼)}
$$
$$
\underline{3} \quad \underline{6} \quad \underline{1}
$$

13 (A)。

由最低位元開始 ←

$$
\begin{array}{ccccc}
0 & 0 & 1 & 0 & 1
\end{array}
$$

加0

$$
\begin{array}{cccc}
0 & 1 & 1 & 1
\end{array}
$$

14 (A)。

$$
\begin{array}{cccc}
0 & 1 & 0 & 1 \\
\downarrow & \downarrow & \downarrow & \downarrow
\end{array}
$$
$$
\begin{array}{cccc}
0 & 1 & 1 & 0
\end{array}
$$

15 (D)。

$$12_{(10)} \rightarrow 1100$$

$$
\begin{array}{cccc}
0 & 1 & 1 & 0 & 0
\end{array}
$$

加0

$$
\begin{array}{cccc}
1 & 0 & 1 & 0
\end{array}
$$

16 (B)。$0101_{(Gray)} \longrightarrow 0110_{(2)} \longrightarrow 6_{(10)}$

17 (A)。

因為B的ASCII碼為 $42_{(H)}$，
且B到P中間隔了14，

$$42_{(H)} = 01000010$$
$$+ \quad 1110$$
$$\overline{\quad\quad 01010000}$$

$\therefore$ P為 $50_{(H)}$

18 (B)。 $01100011 \rightarrow 10011100$

19 (A)。 $01100011 \xrightarrow{\text{取1'S補數}} 10011100$
$\xrightarrow{\text{加1}} 10011101$

20 (D)。

2'S補數的範圍為

$-(2^{n-1}) \sim +(2^{n-1}-1)$
$= -2^3 \sim +(2^3-1) = -8 \sim +7$

21 (C)。

$\therefore$ 二進位為 $\underline{0}101101$

補0 $\downarrow$ 1'S補數

1010010

$\downarrow$ 取負號

11010010

負號 ┘

P.121 22 (A)。 $01011011 \xrightarrow{\text{減1}} 01011010 \xrightarrow{\text{取1'S補數}} 10100101$

23 (B)。

P_1 由 m_1, m_2, m_4 決定，且偶同位

P_2 由 m_1, m_3, m_4 決定，且偶同位

P_3 由 m_2, m_3, m_4 決定，且偶同位

$\therefore$ 傳送的漢明碼為 0100101

24 (D)。

```
1  2  3  4  5  6  7
0  0  1  0  1  0  0
            0  1  0  0  ← C₃由4，5，6，7決定，且偶同位C₃=1
      0  1        0  0  ← C₂由2，3，6，7決定，且偶同位C₂=1
0     1  1        0     ← C₁由1，3，5，7決定，且偶同位C₁=0
```

$\therefore C_3C_2C_1 = 110 \rightarrow$ 第6個位元錯，更正後，正確為0010110

25 (A)。漢明碼為
$$\begin{matrix} P_1 & P_2 & m_1 & P_3 & m_2 & m_3 & m_4 \\ 0 & 1 & 1 & 0 & 0 & 1 & 1 \end{matrix}$$
$\therefore m_1m_2m_3m_4 = 1011$

歷屆考題

1 (A)。$00010010_{(2)} = 1\times 2^4 + 1\times 2^1 = 18_{(10)} = 00011000_{(BCD)}$

2 (C)。$1000_{(2)} \rightarrow 0111 \rightarrow 1000_{(2)}$

3 (D)。$52_{(16)} = 5\times 16^1 + 2\times 16^0 = 82_{(10)}$，$52_{(8)} = 5\times 8^1 + 2\times 8^0 = 42_{(10)}$

所以 $82_{(10)} \times 42_{(10)} = 3444_{(10)} = 311310_{(4)}$

4 (B)。$00011001_{(BCD)} = 15_{(10)} = 00010011_{(2)}$

5 (D)。(A)$101110_{(2)} - 11111_{(2)} = 46 - 31 = 15_{(10)}$

(B)$64_{(8)} - 46_{(8)} = 52 - 38 = 14_{(10)}$

(C)$103_{(10)} - 90_{(10)} = 13_{(10)}$

(D)$4C_{(16)} - 3A_{(16)} = 76 - 58 = 18_{(10)}$

6 (A)。利用十進位制轉換為二進位制可得$5_{(10)} = 0101_{(2)}$

7 (C)。$01000011_{(BCD)} = 43_{(10)} = 00101011_{(2)}$

P.122

8 (A)。 $34_{(10)} = 00110100_{(BCD)}$

9 (C)。 $7_{(10)} = 0111_{(2)} \rightarrow 1000 \rightarrow 1001_{(2)}$

10 (B)。 可利用BCD碼可得7   5   6

                                   ↓   ↓   ↓

                          0111 0101 0110

11 (A)。 整數部份為9E   小數部份為C

$$
\begin{array}{r}
16\,\lfloor\,158 \\
16\,\lfloor\,9 \quad \cdots\cdots 14=E \\
0 \quad \cdots\cdots 9
\end{array}
\qquad 0.75 \times 16 = 12
$$

故可知 $158.75_{(10)} = 9E.C_{(16)}$

12 (A)。 (A) $ABC_{(16)} = \underline{101}\,\underline{010}\,\underline{101}\,\underline{111}\,\underline{00}_{(2)} = 5274_{(8)}$

        (B) $400_{(5)} = 4 \times 5^2 = 100_{(10)}$

        (C) $3C7_{(16)} = 3 \times 16^2 + 12 \times 16 + 7 \times 16^0 = 768 + 192 + 7 = 967_{(10)}$

        (D) $E7_{(16)} = 14 \times 16^1 + 7 \times 16^0 = 231_{(10)}$

第六章　組合邏輯電路設計及應用

模擬演練

P.158 **1 (A)**。

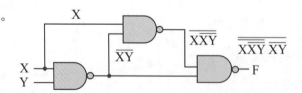

2 (A)。 $\overline{\overline{\overline{X\overline{XY}}}\,\overline{XY}} = \overline{\overline{X\overline{XY}}} + \overline{\overline{XY}} = X\overline{XY} + XY = X(Y + \overline{Y} + \overline{X}) = X$

3 (C)

P.159 **4 (B)**。

B	C	F
0	0	1
0	1	0
1	0	A
1	1	$\overline{A}$

$$\therefore F = \overline{B}\overline{C} + A\overline{B}\overline{C} + \overline{A}BC$$
$$= \overline{A}\overline{B}\overline{C} + A\overline{B}\overline{C} + A\overline{B}\overline{C} + \overline{A}BC$$
$$= 000 + 100 + 110 + 011$$
$$= \Sigma(0,3,4,6)$$

5 (A)

6 (B)。16 對 1 的多工器有 4 個選擇輸入，1 個輸入資料。

7 (B)。

$\therefore a, b, d, e, g$ 亮時為 "2"

8 (A)

9 (B)。$M \leq 2^N \Rightarrow 256 \leq 2^N \Rightarrow N=8$

10 (C)。MUX 只有一個輸出。

P.160 **11 (C)**　**12 (B)**　**13 (C)**　**14 (A)**　**15 (B)**　**16 (B)**　**17 (D)**

18 (A)　**19 (A)**　**20 (C)**

P.161 **21 (C)**　**22 (C)**

23 (B)。

A	B	Y
0	0	C
0	1	1
1	0	0
1	1	$\overline{C}$

$\therefore Y = \overline{A}\overline{B}C + \overline{A}B + AB\overline{C}$

24 (B)。$F = AB$

25 (C)。$F = \overline{A}\,\overline{B} + AB = \overline{A \oplus B}$

歷屆考題

1 (C)。利用 $F = AD + \overline{A}C$，$C = \overline{B}$，$D = B \Rightarrow F = AB + \overline{A}\overline{C} = A \oplus B$

P.162 **2 (A)**。BCD 碼只有 0~9 的編碼方式，並沒有 $1010_{(BCD)}$ 這種碼可使用

3 (B)。因為 LCD 的驅動電壓不高，故達到較低耗電的特性

4 (D)。由題意圖中可得此為四位元的並列加法器

5 (B)。(A)僅讀取記憶體（ROM）。
　　　(B)可規劃的僅讀取記憶體（PROM）。
　　　(C)靜態隨意存取記憶體（SRAM）。
　　　(D)動態隨意存取記憶體（DRAM）。

6 (B)。$S_i = A_i \oplus B_i \oplus C_i$，$C_{i+1} = A_i B_i + B_i C_i + A_i C_i$，故此為全加器的電路，

P.163 **7 (C)**。EPROM這是一種讓使用者可以利用紫外線清除資料的ROM，這是利用MOS的特性所製造的ROM

8 (C)。由布林代數可得當 $A=1$，$B=0$ 選擇第三條線即為 I_2 的資料

9 (A)。七段顯示器如圖所示，故可知a,b,c,d,g五根接腳組合而成數字3

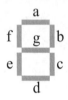

10 (A)。依照題目可畫出多工器電路如下，故可得輸入線 I_6 的值應為0

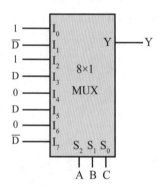

11 (B)。如圖電路可導出真值表如下，此為XNOR閘的真值表

A	B	X
0	0	1
0	1	0
1	0	0
1	1	1

P.164 **12 (C)**。由圖可得該記憶體總容量為輸入$16 \times 2 = 32$，故總記憶體可得 $\Rightarrow 32 \times 4$

13 (A)。利用$\dfrac{6}{3} = 2$，$\dfrac{64}{8} = 8$，利用$8+2-1=9$ 故需要有9個74LS138邏輯IC

14 (C)。利用半減器電路如圖，故可得 $W = A'B$

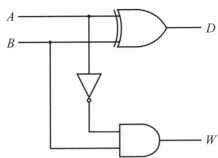

15 (B)。利用題意可得如圖邏輯電路，又輸出 $Y_0 \sim Y_7$ 為低電位動作，

故可得 $F(A,B,C) = \prod(0,4,7)$

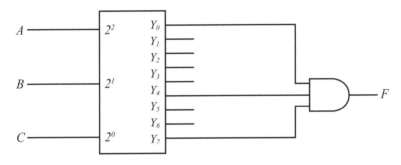

P.165 **16 (D)**。利用布林代數式可得，當B,C不過何種狀態時，輸出都為1，
故可得 $I_0 = 1$, $I_1 = 1$

17 (A)。由於 C_{in} 是屬於第一位，沒有前一位的進位所以就直接接地代表永遠
為邏輯0

18 (D)。共陰極7段顯示器的IC編號為7448

19 (C)。當A、B的輸入均為1時，可得 $\overline{S_0} = \overline{B} \oplus 1 = 1 \Rightarrow S_0 = 0$ ，

$C_0 = \overline{B} \cdot 1 = 0 \quad \overline{S_1} = \overline{A} \oplus 0 = 0 \Rightarrow S_1 = 1$

P.166 **20 (D)**。此為利用X，Y當輸入，輸出可解出X，Y此時代表多少，
故可得此為解碼器邏輯電路如圖

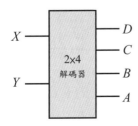

21 (A)。可寫出真值表如下,故可得知為 $\sum(1,2,4,6,7)$

B	C	Y
0	0	A
0	1	$\overline{A}$
1	0	1
1	1	A

22 (D)。七段顯示器只是呈現出組合邏輯的結果的電路,並不是組合邏輯電路

23 (A)。一位元的二進制全加器可利用如圖電路組成

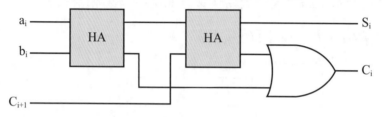

24 (B)。由圖中邏輯電路可寫出真值表為,故可知當S=1,Y_1=D,Y_0=0

S	D	Y_0	Y_1
0	0	0	0
0	1	1	0
1	0	0	0
1	1	0	1

第七章 正反器

模擬演練

P.183

1 (B)

2 (C)。RS正反器的真值表,此為NOR閘所組成

A	B	Q
0	0	Q_n
0	1	1
1	0	0
1	1	(不允許)

3 (A)。同上題

4 (C)　　　　　　**5 (C)**

6 (D)。

J	1	0	1	0
K	0	1	1	0
Q_n	1	1	0	1
Q_{n+1}	1	0	1	1

7 (D)

8 (D)。

A	1	0	0	1
Q_n	1	0	0	0
Q_{n+1}	0	0	0	1

9 (A)

P.184 **10 (B)**。當A=1、B=0時只有在狀態1時不變

11 (B)

12 (B)。如狀態圖

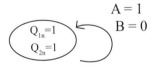

P.185 **13 (D)**。如狀態圖

14 (B)。可簡化為

目前狀態	次態		輸出
	X = 0	X = 1	
a	b	b	1
b	a	e	0
e	f	a	0
f	e	b	0

T	Q_{n+1}
0	Q_n
1	$\overline{Q_n}$

15 (B)。正緣觸發代表當脈波由L變為H時，正反器動作且

歷屆考題

1 (A)，可得J-K正反器的真值表為，

J	K	Q_{n+1}
0	0	Q_n
0	1	0
1	0	1
1	1	$\overline{Q_n}$

故可得Q輸出變化為$0 \rightarrow 0 \rightarrow 1 \rightarrow 1$

2 (B)，正反器因為輸出會有兩種穩態(0或1)，故屬於雙穩態電路

P.186　**3 (C)**，利用JK正反器的激勵表可得，當K＝1時不管J等於多少$Q_{n+1}＝0$

J	K	Q_{n+1}
0	0	Q_n
0	1	0
1	0	1
1	1	$\overline{Q_n}$

4 (D)，利用$f_o = \dfrac{f_i}{M} = \dfrac{1000}{2} = 500Hz$

5 (B)，請參照題3詳解之JK正反器的激勵表

6 (A)，一個正反器只能儲存0或1，一個位元資料

7 (C)，如圖可知此為T型正反器

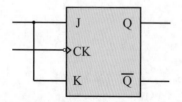

第八章　循序邏輯電路設計及應用

模擬演練

P.216　**1 (A)**

2 (B)。$2^{n-1} < \text{MOD} \leq 2^n$　∴$2^{4-1} < 12 \leq 2^4 \Rightarrow n=4$

3 (C)。奇數強生計數器輸出為$2 \times 5 - 1 = 9$

4 (A)　　　　　　　**5 (A)**

6 (A)。因為NAND閘由Q2、Q0端接出($101=5$)

7 (D)。$f_{i(max)} = \dfrac{1}{T_d} = \dfrac{1}{n \cdot t_{d(F,F)} + t_{d(G)}} = \dfrac{1}{3 \times 50 + 20} = 5.88\text{MHz}$

P.217　**8 (C)**。$f_o = \dfrac{f_i}{M} = \dfrac{5.88}{5} = 1.176\text{MHz}$

9 (B)。8模計數器需用3個正反器，$\dfrac{f_{i(max)}\text{同步}}{f_{i(max)}\text{非同步}} = n = 3 \atop \uparrow \atop 正反器個數$

10 (C)。由0到127，共計數128個數字

11 (A)。$f_o = \dfrac{f_i}{M} = \dfrac{30}{3} = 10\text{KHz}$

12 (C)。此為3模同步計數器

13 (A)。$f_{i(max)} = \dfrac{1}{T_d} = \dfrac{1}{10\text{ns}} = 100\text{MHz}$

14 (B)。0101010左移三位，且將101寫入則為1010101

P.218　**15 (B)**

16 (C)。Q1的工作週期$= \dfrac{正反器為1的次數}{計數的次數} \times 100\% = \dfrac{3}{6} \times 100\% = 50\%$

17 (D)

18 (C)。$2^{n-1} < M \leq 2^n$　=> n = 4

19 (A)

20 (B)。將真值表列出

$\overline{Q_2}$	Q_2	Q_1	Q_0
1	0	0	0
1	0	0	1
1	0	1	1
0	1	1	0
0	1	0	0

$\therefore Q_1 = \dfrac{2}{5} \times 100\% = 40\%$

21 (A)。$f_o = \dfrac{f_i}{M} = \dfrac{25}{5} = 5KHz$

歷屆考題

P.219

1 (A)。NAND閘由Q_B，Q_C接出，故可知此為計數至110模數為6的漣波計數器，故可得Q_C的輸出頻率為 $f_o = \dfrac{f_i}{M} = \dfrac{30k}{6} = 5kHz$ ，工作週期為 $\dfrac{2}{6} \times 100\% = 33.3\%$ 。

2 (C)。當要設計模數MOD=M的同步計數器時，最少需要n個正反器，公式為 $2^{n-1} < M \leq 2^n$ ，故 $100 \leq 2^n \Rightarrow n \geq 7$

3 (D)。當要設計模數MOD=M的同步計數器時，需要n個正反器，故 $32 = 2^n \Rightarrow n = 5$ ，漣波計數器的最大輸入頻率就是漣波計數器延遲時間的倒數，　$f_{i(Max)} = \dfrac{1}{T_d} = \dfrac{1}{n \cdot t_{d(F.F)}} = \dfrac{1}{5 \cdot 20ns} = 10MHz$ 。

4 (D)。漣波計數器屬於非同步計數器

5 (B)。0~16代表模數為17，當要設計模數MOD=M的同步計數器時，最少需要 n 個正反器，公式為 $2^{n-1} < M \leq 2^n$ ，故 $17 \leq 2^n \Rightarrow n \geq 5$

6 (C)。當要設計模數MOD＝M的同步計數器時，需要n個正反器，
故 $M = 2^n = 2^4 \Rightarrow M = 16$

P.220 **7 (B)**。利用當要設計模數MOD＝M的非同步計數器時，最少需要n個正反器，公式為 $2^{n-1} < M \le 2^n$，故 $17 \le 2^n \Rightarrow n \ge 5$

8 (C)。因有4個正反器，$M = 2^4 = 16$

9 (A)。由於必須要有4個狀態，故需使用 $4 = 2^n \Rightarrow n = 2$ 個JK正反器

10 (D)。如圖可得此為非同步計數器

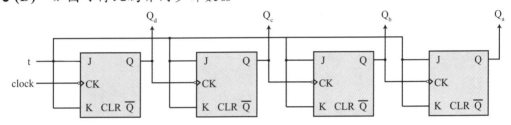

11 (D)。此為上數計數器，故5個脈波後，
$Q_3Q_2Q_1Q_0 = 0000 \rightarrow 0001 \rightarrow 0011 \rightarrow 0111 \rightarrow 1111 \rightarrow 1110$

P.221 **12 (D)**。由A與C拉出來，此計數器電路模數為5

13 (A)。可畫出如圖，

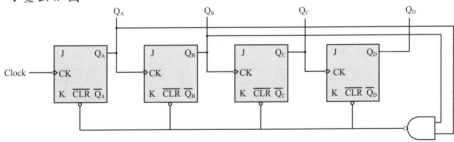

此計數至1100為12模計數器。

14 (B)。由題意中可得強生計數器的電路與真值表如下，故可得為6模計數器

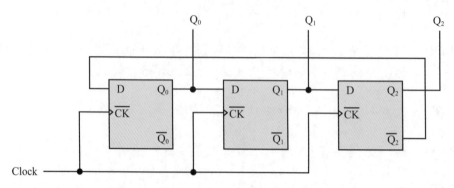

$\overline{Q_2}$	Q_2	Q_1	Q_0
1	0	0	0
1	0	0	1
1	0	1	1
0	1	1	1
0	1	1	0
0	1	0	0
1（從0開始）	0	0	0

15 (A)。可畫出如圖，故可得連接至表示個位數之SN 7490計數器的輸出MSB Q_D接腳

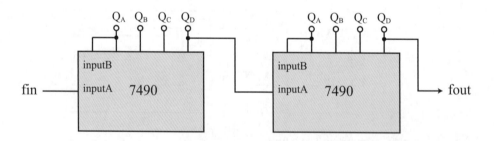

P.222 **16 (C)**。由題意圖中可得輸出Y一個週期時，輸入A為六個週期，

故 $f_o = \dfrac{30M}{6} = 5MHz$

17 (C)。當要設計模數MOD=M的漣波計數器時，最少需要n個正反器，

公式為 $2^{n-1} < M \leq 2^n$，故 $56 \leq 2^n \Rightarrow n \geq 6$

18 (D)。因環形計數器必只有一個位元為1，故選項(D) 不可能出現。

19 (C)。可列出狀態表如圖

Q_n		輸入		Q_{n+1}	
Q_1	Q_0	D_1	D_0	Q_1	Q_0
0	0	0	1	0	1
0	1	1	1	1	1
1	1	0	0	0	0

故可畫出狀態圖

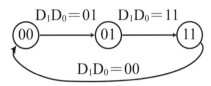

20 (C)。此為8模計數器，利用 $f_i = \dfrac{1}{T} = \dfrac{1}{1.25\mu S} = 800\text{kHz}$，

Q_B 輸出頻率 $f_{o,Q_B} = \dfrac{f_i}{M_B} = \dfrac{800k}{4} = 200\text{kHz}$

21 (B)。(A)為反及閘IC。
(B)為BCD非同步計數器。
(C)為七段顯示解碼器。
(D)為反相閘IC。

22 (D)。因為將時脈接在一起，故可得此為同步計數器
$T_d = t_f + t_g \Rightarrow f_{max} \le \dfrac{1}{T_d} = \dfrac{1}{t_f + t_g}$

第九章　全真模擬試題

 第一回

1 (C)。(C)和輸出 $S = A \oplus B$。

2 (D)。$(21)_{16} \times (21)_8 = (33)_{10} \times (17)_{10} = (561)_{10}$
$= (3A9)_{12} = (1061)_8 = (231)_{16} = (20301)_4$

3 (A)。(1)BCD加法器內之校正加法器功能為加6。(4)BCD加法器做二進制加法運算，在超過9的數時再加6做為進位補償。(2)(3)正確。

4 (C)。互斥或(XOR)閘與反或(NOR)閘可以組成半加器。

5 (A)

P.225 **6 (D)**。

X ⊕ 0 (X XOR 0)	輸出
X = 0	0
X = 1	1

Y ⊕ 1 (Y XOR 1)	輸出
Y = 0	1
Y = 1	0

$$F = (X \oplus 0) + (Y \oplus 1) = X + \overline{Y}$$

7 (D)

8 (A)。

A	B	C	
0	0	0	0
0	1	0	2
1	0	0	4
1	1	0	6

$$\Rightarrow F(A，B，C) = \Sigma(0，2，4，6)$$

9 (B)。(A)差輸出 $D = X \oplus Y$。

(C)(D)

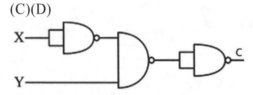

如上圖，根據題意僅能以二輸入NAND閘來實現借位輸出 $C = \overline{X}Y$，至少需要使用3個NAND閘。

$$\because C = \overline{X}Y = \overline{\overline{\overline{X}Y}} = \overline{\overline{X \cdot Y}\,\overline{X} \cdot Y} \Rightarrow 至少使用3個NAND閘。$$

10 (C)。$F = A \cdot B = \overline{\overline{A}} \cdot \overline{\overline{B}} = \overline{\overline{A} + \overline{B}}$

11 (A)。$(6)_{10} = (0110)_2$

由 $0.625 \times 2 = 1.25 \rightarrow 0.25 \times 2 = 0.5 \rightarrow 0.5 \times 2 = 1$

得 $(6.625)_{10} = (0110.101)_2$

P.226 **12 (D)**。(A)兩個半加器可以組成一個全加器。(B)與加法器相比，減法器其及閘輸入端多加了一個反相器。(C)並加法器屬於組合邏輯電路。

13 (B)

14 (A)。(C)(D)$R=KQ$，$S=J\overline{Q}$

15 (A)。在JK正反器中，當CLOCK(時脈)信號激發後，其輸出Q如下：

J	K	Q_{n+1}
1	0	1
0	1	0
0	0	Q_n
1	1	$\overline{Q_n}$

如題目電路：

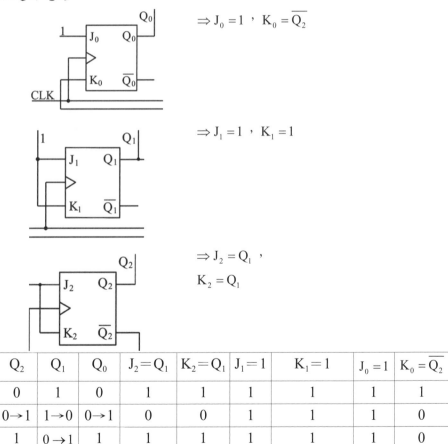

$\Rightarrow J_0 = 1$，$K_0 = \overline{Q_2}$

$\Rightarrow J_1 = 1$，$K_1 = 1$

$\Rightarrow J_2 = Q_1$，

$K_2 = Q_1$

Q_2	Q_1	Q_0	$J_2=Q_1$	$K_2=Q_1$	$J_1=1$	$K_1=1$	$J_0=1$	$K_0=\overline{Q_2}$
0	1	0	1	1	1	1	1	1
0→1	1→0	0→1	0	0	1	1	1	0
1	0→1	1	1	1	1	1	1	0

$Q_2Q_1Q_0$初值為010，若CLK輸入2個時脈週期後，則$Q_2Q_1Q_0$輸出值為111

P.227 **16 (C)**。在JK正反器中，當CLOCK(時脈)信號激發後，其輸出Q如下：

J	K	Q_{n+1}
1	0	1
0	1	0
0	0	Q_n
1	1	$\overline{Q_n}$

代入電路圖得：

Q_2	Q_1	Q_0	$J_2=Q_1$	$K_2=Q_1$	$J_1=1$	$K_1=1$	$J_0=1$	$K_0=\overline{Q_2}$
0	0	1	0	0	1	1	1	1
0	0→1	1→0	1	1	1	1	1	1
0→1	1→0	0→1	0	0	1	1	1	0
1	0→1	1	1	1	1	1	1	0

$Q_2Q_1Q_0$初值為001，若CLK輸入3個時脈週期後，則$Q_2Q_1Q_0$輸出值為111

17 (B)。∵$15=2N-1$　$N=8$⇒故需要8個JK正反器。

18 (D)。N個輸入端的XOR閘，其閘輸出結果為1的情況有$\frac{2^N}{2}$種

⇒$\frac{2^4}{2}=8$種

19 (A)。(A)(B)第摩根定理⇒$\overline{XY}=\overline{X}+\overline{Y}$、$\overline{X+Y}=\overline{X}\cdot\overline{Y}$。

(C)消去定理⇒$X(X+Y)=X$、自補定理⇒$\overline{\overline{X}}=X$。

(D)單一律⇒$X\cdot X=X$。

20 (B)。

A＼BC	00	01	11	10
0	0+0+0=0	0+1+0=1	0+1+1=1	0+0+0=0
1	0+0+0=0	0+0+0=0	1+0+1=1	1+0+0=1

⇒$AB+\overline{A}C+BC=\overline{A}C+AB$

21 (B)。(A)$(11111)_2 = (31)_{10}$

$\quad$(B)$(1B)_{16} = (27)_{10} \Rightarrow 1 \times 16^1 + 11 \times 16^0 = (27)_{10}$

$\quad$(C)$(28)_{16} = (40)_{10} \Rightarrow 2 \times 16^1 + 8 \times 16^0 = (40)_{10}$

$\quad$(D)$(52)_8 = (42)_{10} \Rightarrow 5 \times 8^1 + 2 \times 8^0 = (42)_{10}$

22 (B)。(B)設狀態初值為001，經過2個時脈週期後，輸出狀態值為101。

P.228 **23 (C)**。要讓LED顯示為明滅閃爍，則Q端要恆變，故將S＝開關開路且 J=K=1$\Rightarrow$T開關閉合。

24 (A)。

AB＼CD	00	01	11	10
00	1	0	0	0
01	1	0	1	1
11	1	1	1	1
10	1	0	0	0

由上述表格可整理得：

A	B	C	D	
0	0	0	1	1
0	0	1	0	2
0	0	1	1	3
0	1	0	1	5
1	0	0	1	9
1	0	1	0	10
1	0	1	1	11

$\Rightarrow \overline{F}(A，B，C，D) = \Sigma(1，2，3，5，9，10，11)$

$= \overline{B}CD + \overline{B}C\overline{D} + \overline{B}\overline{C}D + A\overline{C}D$

$= \overline{B}C(D + \overline{D}) + \overline{B}\overline{C}D + A\overline{C}D = \overline{B}C \cdot 1 + \overline{B}\overline{C}D + A\overline{C}D = \overline{B}C + \overline{B}\overline{C}D + A\overline{C}D$

$= \overline{B}(C + \overline{C}D) + A\overline{C}D = \overline{B}(C + D) + A\overline{C}D = \overline{B}C + \overline{B}D + A\overline{C}D$

25 (A)。

A	B	C	F₁	F₂	$F_1 \odot F_2$ (F₁ XNOR F₂)
0	0	0	0	0	1
0	0	1	1	0	0
0	1	0	0	1	0
0	1	1	1	1	1
1	0	0	0	0	1
1	0	1	0	1	0
1	1	0	1	0	0
1	1	1	1	1	1

$\Rightarrow F_1 \odot F_2 = \Sigma(0 \cdot 3 \cdot 4 \cdot 7)$

26 (A)。

	右移移位暫存器A	右移移位暫存器B
初值	1011	0111
1個Clock信號輸入	1101	1011
2個Clock信號輸入	1110	1101
3個Clock信號輸入	0111	0110
4個Clock信號輸入	1011	1011

P.229 **27 (D)**

28 (D)。由 $F(A,B,C,D) = \Sigma(1 \cdot 3 \cdot 7 \cdot 11 \cdot 15) + d(0 \cdot 2 \cdot 5)$

A	B	C	D	
0	0	0	0	0
0	0	0	1	1
0	0	1	0	2
0	0	1	1	3
0	1	0	1	5
0	1	1	1	7
1	0	1	1	11
1	1	1	1	15

AB \ CD	00	01	11	10
00	1	1	1	1
01		1	1	
11			1	
10			1	

$\Rightarrow F(A,B,C,D)=CD+\overline{A}\,\overline{B}+D\overline{A}$

(D)任意項分別為 $\overline{A}\,\overline{B}\,\overline{C}\,\overline{D}$、$\overline{A}\,BCD$、$\overline{A}BC\overline{D}$。

29 (C)。

X	Y	X ≤ Y	X = Y	X ≥ Y	X < Y
0	0	1	1	1	0
0	1	1	0	0	1
1	0	0	0	1	0
1	1	1	1	1	0

(A)代表 $X \leq Y$ 之輸出為 $\overline{X}+Y$。

(B)代表 $X = Y$ 之輸出為 $\overline{X}\,\overline{Y}+XY$。

(D)代表 $X < Y$ 之輸出為 $\overline{X}Y$。

30 (D)

P.230 **31 (A)**。(1)(2)(3)正確。(4)(5)非同步計數器缺點為電路總延遲時間會隨著正反器數目增加而增加，因此缺點為速度較慢、不適合用在高頻電路；電路設計簡單為其優點。

32 (C)。$(B+C)(A+B+\overline{B}C+B\overline{C}+C)$

$=(B+C)(A+B+C+B+C)$ $\quad\because B+\overline{B}C=B+C$ $\quad\because B\overline{C}+C=B+C$

$=(B+C)(A+B+C)$

$=(B+C)(A+1)=(B+C)\cdot 1=B+C$

33 (B)。$(621)_8 = 6\times 8^2 + 2\times 8^1 + 1 = (401)_{10}$

$2\underline{|401}---1$
$2\underline{|200}---0$
$2\underline{|100}---0$
$2\underline{|50}---0$
$2\underline{|25}---1$
$2\underline{|12}---0$
$2\underline{|6}---0$
$2\underline{|3}---1$
$\quad 1$

$=(110010001)_2 = (0001\ 1001\ 0001)_2 = (191)_{16}$

34 (A)

P.231 **35 (A)**

P.232 **36 (B)**。(A)X AND X = X（$X \cdot X = X$單一律）

$\quad$ (B)(X OR Y) AND(X OR(NOT Y))$\Rightarrow (X+Y)(X+\overline{Y})$

$\quad\quad = X \cdot X + X \cdot \overline{Y} + Y \cdot X + Y \cdot \overline{Y}$

$\quad\quad = X + X \cdot \overline{Y} + Y \cdot X + 0 = X \cdot (1+\overline{Y}) + Y \cdot X = X \cdot (1) + Y \cdot X$

$\quad\quad = X \cdot (1+Y) = X \cdot 1 = X$

$\quad$ (C)X AND(NOT X) = 0

$\quad$ (D)X OR 1 = 1

37 (D)。$(100.1)_2 \times (100.1)_2 = (4.5)_{10} \times (4.5)_{10} = (20.25)_{10}$

$\quad$ $2\underline{|20} - - - 0$

$\quad$ $2\underline{|10} - - - 0$

$\quad$ $2\underline{|5} - - - 1$

$\quad$ $2\underline{|2} - - - 0$

$\quad\quad 1$

$\quad$ 由 $0.25 \times 2 = 0.5$，$0.5 \times 2 = 1 \Rightarrow (20.25)_{10} = (10100.01)_2$

38 (D)。$2^8 - 1 = 255$

39 (C)。$D_0 = Q_0 = 0$，$D_1 = \overline{Q_0} = 1 \Rightarrow Q_1 = 1 \Rightarrow F = 1$

CLK	D_1	Q_1
0	X	$Q_{n+1} = D$輸出=輸入
0	0	0
0	1	1
1	0	0
1	1	1

40 (D)。(A)(C)$\overline{AB} + A\overline{B} = (\overline{A} + \overline{B}) + A\overline{B}$

$\quad = \overline{A} + (\overline{B} + A\overline{B}) = \overline{A} + \overline{B}(1+A) = \overline{A} + \overline{B}(1) = \overline{A} + \overline{B} = \overline{AB}$

$\quad$ (B)(D)$(\overline{A}+B)C + (A+\overline{B})C = \overline{A}C + BC + AC + \overline{B}C = (\overline{A}C + AC) + (BC + \overline{B}C)$

$\quad = C(\overline{A}+A) + C(B+\overline{B}) = C(1) + C(1) = C$

第二回

P.233

1 (C)。(C)只有高電位和低電位的信號稱為數位信號。

2 (B)。$\text{fan out} = \dfrac{I_{o(max)}}{I_{i(max)}} = \dfrac{5mA}{2mA} = 2.5$

3 (C)。(A)第摩根定理。

$\text{(B)}\overline{A} + A\overline{B} = \overline{A}\left(\overline{B} + B\right) + A\overline{B} = \overline{A}\,\overline{B} + \overline{A}B + A\overline{B} = \overline{B}\left(\overline{A} + A\right) + \overline{A}B = \overline{B} + \overline{A}B$

$\text{(C)}A \oplus B = \overline{A}B + A\overline{B}\;；\;A \odot B = \overline{A}\,\overline{B} + AB$

$\text{(D)}A\left(\overline{A} + B\right) = A\overline{A} + AB = 0 + AB = AB$

4 (B)。$F(A,B,C,D) = \overline{\left(A + \overline{\overline{B}\,\overline{C}} + CD\right) \cdot \overline{BC}} = \overline{A + \overline{\overline{B}\,\overline{C}} + CD} + \overline{\overline{BC}}$

$= \overline{A} \cdot \overline{\overline{\overline{B}\,\overline{C}}} \cdot \overline{CD} + BC = \overline{A} \cdot \overline{B}\,\overline{C} \cdot \overline{CD} + BC = \overline{A} \cdot \overline{B}\,\overline{C} \cdot \left(\overline{C} + \overline{D}\right) + BC$

$= \overline{A}\,\overline{B}\left(\overline{C} + \overline{C}\,\overline{D}\right) + BC = \overline{A}\,\overline{B}\,\overline{C}\left(1 + \overline{D}\right) + BC = \overline{A}\,\overline{B}\,\overline{C}(1) + BC$

$= \overline{A}\,\overline{B}\,\overline{C} + BC = \overline{A}\,\overline{B}\,\overline{C} + BC\left(\overline{A} + 1\right) = \overline{A}\,\overline{B}\left(\overline{C} + C\right) + BC$

$= \overline{A}\,\overline{B} + BC$

5 (C)。$(1AE)_{16} = 1 \times 16^2 + 10 \times 16 + 14$

$= (430)_{10} = (110101110)_2 = (656)_8 = (12232)_4$

6 (B)。(B)MSI積體電路中含有12個~100個邏輯閘；LSI積體電路中含有100個~1000個邏輯閘。

P.234

7 (B)。$F(A,B,C,D) = \overline{B}\,\overline{D} + AB\overline{D} = \overline{D}\left(\overline{B} + AB\right)$

$= \overline{D}\left(\overline{B}(A+1) + AB\right) = \overline{D}\left(\overline{B}A + \overline{B} + AB\right) = \overline{D}\left(A\left(\overline{B} + B\right) + \overline{B}\right) = \overline{D}\left(A + \overline{B}\right)$

8 (B)

9 (D)。$Y = (A+B) \oplus \overline{CD} = \overline{A+B} \cdot \overline{CD} + (A+B) \cdot \overline{\overline{CD}} = \left(\overline{A+B}\right)\overline{CD} + (A+B)CD$

P.235 **10 (D)**。$F(X,Y,Z) = \overline{\overline{\overline{XYZ}}} \cdot \left(X + \overline{\overline{YZ}}\right)$

$$= \overline{\overline{\overline{XYZ}}} \cdot \left(X + YZ\right)$$

$$= \left(\overline{\overline{\overline{XY}}} + \overline{Z}\right) \cdot \left(X + YZ\right) = \left(\overline{XY} + \overline{Z}\right) \cdot \left(X + YZ\right)$$

$$= \overline{XY} \cdot X + \overline{XY} \cdot YZ + \overline{Z} \cdot X + \overline{Z} \cdot YZ$$

$$= 0 + \overline{X}YZ + \overline{Z}X + 0 = \overline{X}YZ + \overline{Z}X$$

11 (A)

12 (D)。$F(A,B,C) = A\overline{B}\overline{C} + \overline{A}\,\overline{B}C + ABC + \overline{A}B\overline{C}$

$$= \left(\overline{A}B\overline{C} + A\overline{B}\overline{C}\right) + \left(\overline{A}\,\overline{B}C + ABC\right)$$

$$= \left(\overline{A}B + A\overline{B}\right)\overline{C} + \left(\overline{A}\,\overline{B} + AB\right)C$$

$$= (A \oplus B)\overline{C} + (A \odot B)C = (A \oplus B)\overline{C} + \overline{(A \oplus B)}C$$

$$= (A \oplus B) \oplus C$$

13 (A)。(A)$(100111)_2 - (11000)_2 = (1111)_2 = (15)_{10}$

(B)$(53)_8 - (24)_8 = (27)_8 = (23)_{10}$

(C)$(102)_{10} - (86)_{10} = (16)_{10}$

(D)$(9E)_{16} - (8A)_{16} = (14)_{16} = (20)_{10}$

14 (A)。$\begin{array}{r} (FBAD)_{16} \\ - \ (BABA)_{16} \\ \hline (\ 40F3)_{16} \end{array}$

15 (B)。(B)半減器中的輸出借位邏輯運算$B_i = \overline{a}b$

16 (B)。(B)解多工器可稱為資料分配器。

P.236 **17 (C)**

18 (D)。(A)脈波前緣由振幅的10%至90%所需的時間為上升時間。
(B)脈波由後緣振幅90%至後緣振幅10%所需的時間為下降時間。
(C)脈波前緣由振幅的0%至10%所需的時間為延遲時間。

19 (A) 。 $(A)_{16} = (10)_{10} = (1010)_2$ ， $(C)_{16} = (12)_{10} = (1100)_2$

由 $(AC)_{16} = (1010\ 1100)_2$ 和 $(96)_{16} = (1001\ 0110)_2$

$$\underset{\text{XOR閘}}{\underline{\quad}}\frac{\begin{array}{r}(1010\ 1100)_2\\(1001\ 0110)_2\end{array}}{(0011\ 1010)_2} \Rightarrow (0011\ 1010)_2 = (3A)_{16}$$

20 (C) 。 $(A)\overline{A}B + \overline{A}\,\overline{B} = \overline{A}(B + \overline{B}) = \overline{A}$

$(B)\overline{A} + AB = \overline{A}(1 + B) + AB = \overline{A} + B(\overline{A} + A) = \overline{A} + B$

$(C)\overline{A} + \overline{A}B\overline{C} + \overline{A}D = \overline{A}(1 + B\overline{C} + D) = \overline{A}(1) = \overline{A}$

$(D)\overline{A}D(B + BC + \overline{B}C + B\overline{C} + \overline{B}\overline{C}) = \overline{A}DB + \overline{A}D(BC + \overline{B}C + B\overline{C} + \overline{B}\overline{C})$

$= \overline{A}DB + \overline{A}D(B + \overline{B})(C + \overline{C}) = \overline{A}DB + \overline{A}D(1)(1) = \overline{A}D(B + 1) = \overline{A}D$

P.237 **21 (B)**

A	B	C	
0	0	0	0
0	0	1	1
1	0	0	4
1	1	0	6

$F(A,B,C) = \pi(0,1,4,6) = (A + B + C)(A + B + \overline{C})(\overline{A} + B + C)(\overline{A} + \overline{B} + C)$

$= (A + B + C)(A + B + \overline{C})(\overline{A} + C + B)(\overline{A} + C + \overline{B})$

$= \left(A + B + (A + B)(\overline{C} + C) + C\overline{C}\right)\left(\overline{A} + C + (\overline{A} + C)(\overline{B} + B) + B\overline{B}\right)$

$= \left(A + B + (A + B)(1) + 0\right)\left(\overline{A} + C + (\overline{A} + C)(1) + 0\right)$

$= (A + B)(\overline{A} + C)$

22 (A)

23 (D) 。 $(A) F_1 = A\overline{B}$ 。 $(B) F_2 = \overline{A \oplus B}$ 。 $(C) F_3 = \overline{A}B$ 。

24 (C)。由

X	Y	Z	
0	0	1	1
0	1	1	3
1	1	0	6
1	1	1	7

$$F(X,Y,Z) = \Sigma(1,3,6,7) = \overline{X}\,\overline{Y}Z + \overline{X}YZ + XY\overline{Z} + XYZ$$

$$= \overline{X}Z(\overline{Y} + Y) + XY(\overline{Z} + Z) = \overline{X}Z(1) + XY(1) = \overline{X}Z + XY$$

25 (C)。$Y(A,B) = \overline{\overline{A} + \overline{B}} + \overline{AB} = (\overline{\overline{A}} \cdot \overline{\overline{B}}) + (\overline{A} + \overline{B}) = A(B+1) + \overline{B} = A(1) + \overline{B} = A + \overline{B} = \overline{\overline{A}B}$

P.238 **26 (C)**。(A)$(1001010)_2 - (11111)_2 = (101011)_2$

(B)$(1001011)_2 - (100000)_2 = (101011)_2$

(C)$(1010000)_2 - (10101)_2 = (111011)_2$

(D)$(111100)_2 - (10001)_2 = (101011)_2$

27 (B)

28 (A)。(C)(D)用NAND組成之RS閂鎖器。

R	S	Q_{n+1}
0	0	Q_n
0	1	1
1	0	0
1	1	不允許

29 (B)。(2)計算機中之記憶體為序向邏輯。(3)串加法器為序向電路。

P.239 **30 (B)**。(B)函數$F(A,B,C) = 1$

31 (B)。$Y(A,B) = \overline{\overline{\overline{A} \cdot \overline{B}}} = \overline{A} \cdot \overline{B} = \overline{A+B}$

P.240 **32 (D)**。$Y(A,B) = \overline{(\overline{A \oplus 1})} + \overline{(\overline{B \oplus 1})} = \overline{(\overline{A \cdot 0 + \overline{A} \cdot 1})} + \overline{(\overline{B \cdot 0 + \overline{B} \cdot 1})} = \overline{(\overline{\overline{A}})} + \overline{(\overline{\overline{B}})} = \overline{A + B}$

A	B	Y(A,B)
0	0	1
0	1	0
1	0	0
1	1	0

33 (D)。$Y=\overline{\overline{\overline{AB}\cdot\overline{CD}}}=\overline{\overline{AB}}\cdot\overline{\overline{CD}}=\overline{AB}+\overline{CD}=AB+\overline{CD}$

A	B	C	D	Y(A,B,C,D)
0	0	0	0	1
0	0	0	1	1
0	0	1	0	1
0	0	1	1	0
0	1	0	0	1
0	1	0	1	1
0	1	1	0	1
0	1	1	1	0
1	0	0	0	1
1	0	0	1	1
1	0	1	0	1
1	0	1	1	0
1	1	0	0	1
1	1	0	1	1
1	1	1	0	1
1	1	1	1	1

AB \\ CD	00	01	11	10
00	1	1	0	1
01	1	1	0	1
11	1	1	1	1
10	1	1	0	1

P.241 **34 (C)**。$2^{n-1}<M\le 2^n \Rightarrow 2^4<20\le 2^5 \Rightarrow n=5$①

$\because 2^3<10\le 2^4 \Rightarrow n=4$②

35 (B)。$\overline{\overline{\overline{\overline{A+B\cdot C\cdot D}}\cdot E}}=\overline{\overline{\overline{A+B\cdot C\cdot D}}+\overline{E}}=\overline{\overline{A+B\cdot C\cdot D}}+\overline{E}$

$=\overline{(A+B)\cdot\overline{C}}\cdot D+\overline{E}=(\overline{A+B}+\overline{C})\cdot D+\overline{E}=\overline{A+B}\cdot D+\overline{C}\cdot D+\overline{E}$

$=\overline{A}\cdot\overline{B}\cdot D+\overline{C}\cdot D+\overline{E}$

36 (D)。$(5D)_{16}=(93)_{10}>(1000010)_2=(66)_{10}>(50)_8=(40)_{10}$

P.242 **37 (C)**。$(A)(0.24)_8=2\times 8^{-1}+4\times 8^{-2}=(0.3125)_{10}$

$(B)(0.22)_4=2\times 4^{-1}+2\times 4^{-2}=(0.625)_{10}$

$(C)(0.42)_5 = 4 \times 5^{-1} + 2 \times 5^{-2} = (0.88)_{10}$

$(D)(0.11)_2 = 1 \times 2^{-1} + 1 \times 2^{-2} = (0.75)_{10}$

38 (A)

39 (B)。2個半加器可以組成一個全加器、並加法器須使用n個全加器、串加法器只需使用1個全加器。

40 (A)。$Y(A,B,C) = AB+AC+BC$

A	B	C	Y(A,B,C)
0	0	0	0
0	0	1	0
0	1	0	0
0	1	1	1
1	0	0	0
1	0	1	1
1	1	0	1
1	1	1	1

A＼BC	00	01	11	10
0	0	0	1	0
1	0	1	1	1

第三回

P.243 **1 (C)**。(A)正弦波信號是類比信號。(B)脈波信號是數位信號。(D)三角波信號是類比信號。

2 (B)。對一個有n個輸入的XOR閘，當輸入為奇數個1則輸出為1

A	B	C	XOR閘輸出
0	0	0	0
0	0	1	1
0	1	0	1
0	1	1	0
1	0	0	1
1	0	1	0
1	1	0	0
1	1	1	1

3 (C)。$\overline{\overline{\overline{A+\overline{B}+C+D}}+E} = \overline{\overline{\overline{A+\overline{B}+C+D}}} \cdot \overline{E} = \left(\overline{A+\overline{B}+C+D}\right) \cdot \overline{E}$

$= \overline{A+\overline{B}} \cdot \overline{E} + C\overline{E} + D\overline{E} = \overline{A} \cdot \overline{\overline{B}} \cdot \overline{E} + C\overline{E} + D\overline{E} = \overline{E}\left(\overline{AB}+C+D\right)$

4 (B)。(C)(D)至少需要使用3個雙輸入的NOR閘才能組成一個2輸入的AND閘。

5 (D)。$(A)\overline{A}+\overline{A} \cdot \overline{C} = \overline{A}\left(1+\overline{C}\right) = \overline{A}(1) = \overline{A}$

$(B)\overline{\overline{A} \cdot \overline{B}} = \overline{\overline{A}} + \overline{\overline{B}} = A+B$

$(C)A \oplus 0 = A$

6 (B)。$(1357.642)_8 = (001\ 011\ 101\ 111.110\ 100\ 010)_2 = (1011101111.11010001)_2$

$=(0010\ 1110\ 1111.1101\ 0001)_2$

$=(2EF.D1)_{16}$

7 (A)。

A(20%)	B(30%)	C(40%)	D(10%)	$F(A,B,C,D)$	以十進位表示數值
0	0	0	0	0	
0	0	0	1	0	
0	0	1	0	0	
0	0	1	1	0	
0	1	0	0	0	
0	1	0	1	0	
0	1	1	0	1	6
0	1	1	1	1	7
1	0	0	0	0	
1	0	0	1	0	
1	0	1	0	1	10
1	0	1	1	1	11
1	1	0	0	0	
1	1	0	1	1	13
1	1	1	0	1	14
1	1	1	1	1	15

$\Rightarrow F(A,B,C,D) = \sum(6,7,10,11,13,14,15)$

P.244 **8 (B)**。(A)$F(A,B,C,D) = \overline{AB} + \overline{CD} + CD$填入卡諾圖為：

AB＼CD	00	01	11	10
00	1	1	1	1
01	1		1	
11	1		1	
10	1		1	

(B)$F(A,B,C,D) = \overline{BC} + \overline{CD}$填入卡諾圖為：

$$F(A,B,C,D) = \overline{BC} + \overline{CD} = \overline{C} \cdot (\overline{B} + \overline{D})$$

AB＼CD	00	01	11	10
00			0	0
01		0	0	0
11		0	0	0
10			0	0

(C)$F(A,B,C) = A\overline{C} + \overline{A}C$填入卡諾圖為：

AB＼CD	00	01	11	10
0		1	1	
0	1			1

(D)$F(A,B,C) = A\overline{A} + A\overline{C} + C\overline{A} + C\overline{C}$填入卡諾圖為：

$$F(A,B,C) = A\overline{A} + A\overline{C} + C\overline{A} + C\overline{C} = (A+C)(\overline{A}+\overline{C})$$

AB＼CD	00	01	11	10
0	0			0
1		0	0	

9 (C)。(1)(2)(3)正確。
(4)串加器耗用的矽晶片面積小於並加器。
(5)並加器操作模式較快速，串加器的速度較慢。

P.245 **10 (C)**。(C)當所有輸入均為0則輸出為0的邏輯閘為OR閘。

11 (B)。(A)(B)邏輯分析儀的主要功能為邏輯電路時序分析。
(C)函數波形產生器可輸出不同頻率之時脈信號。
(D)欲看信號波形，可使用的最簡便儀器為示波器。

12 (A)。$F = \overline{\overline{\overline{A+B+C}} + \overline{\overline{BD}}} = A+B+C+BD = A+B(1+D)+C = A+B+C$

$\overline{F} = \overline{A+B+C} = \overline{A}\cdot\overline{B}\cdot\overline{C}$

13 (C)。$F(A,B,C,D) = \sum(5,6,7,8,9,12,13,14,15)$

A	B	C	D	相對應的十進位數
0	1	0	1	5
0	1	1	0	6
0	1	1	1	7
1	0	0	0	8
1	0	0	1	9
1	1	0	0	12
1	1	0	1	13
1	1	1	0	14
1	1	1	1	15

AB＼CD	00	01	11	10
00	0	0	0	0
01	0	1	1	1
11	1	1	1	1
10	1	1	0	0

$F(A,B,C,D) = A\overline{C} + BD + BC$

14 (C)。由 $(X+D)(X+\overline{D}) = X + X\overline{D} + DX + D\overline{D} = X + X(\overline{D}+D) = X$

$F(A,B,C,D) = (A+B+C+D)(A+B+C+\overline{D})(A+B+\overline{C})(\overline{A}+\overline{B}+\overline{C})(\overline{A}+B)$

$= (A+B+C)(A+B+\overline{C})(\overline{A}+\overline{B}+\overline{C})(\overline{A}+B)$

$= (A+B)(\overline{A}+\overline{B}+\overline{C})(\overline{A}+B)$

$= (\overline{A}+\overline{B}+\overline{C})(A\cdot\overline{A}+A\cdot B+B\cdot\overline{A}+B\cdot B) = (\overline{A}+\overline{B}+\overline{C})B = (\overline{A}+\overline{C})B$

15 (A)。$(DA2)_{16} = (1101\ 1010\ 0010)_2$，$(41)_{10} = (101001)_2$

$(DA2)_{16} + (41)_{10} = (110110100010)_2 + (101001)_2 = (110111001011)_2$

$$\begin{array}{r} 110110100010 \\ +101001 \\ \hline 110111001011 \end{array}$$

16 (A)

P.246 **17 (A)**。(A)漣波進位加法器亦稱並行加法器。(C)前瞻快速加法器(Carry Look-ahead, CLA)具有減少延遲時間的優點、可加快運算速度。

18 (C)。$(25.3)_8 - (16.4)_8 = (6.7)_8$

$$
\begin{array}{r}
25.3 \\
-\ 16.4 \\
\hline
06.7
\end{array}
$$

19 (B)

20 (A)。

A	B	NAND閘輸出
0	0	1
0	1	1
1	0	1
1	1	0

21 (D)。$F = \overline{\overline{\overline{AB} \cdot \overline{CD}}} + \overline{\overline{\overline{A+B} \cdot \overline{C+D}}} = \overline{(AB) \cdot (CD)} + \overline{\overline{A+B} \cdot \overline{C+D}}$

$= \overline{AB} + \overline{CD} + \overline{\overline{A+B} + \overline{C+D}} = \overline{AB} + \overline{CD} + A+B+C+D$

$= \overline{A} + \overline{B} + \overline{C} + \overline{D} + A+B+C+D = 1$

22 (D)。(A)$\Sigma(0,5,6)$為$F(A,B,C)$SOP式的數字式。

(B)$\pi(1,2,3,4,7)$為$F(A,B,C)$POS式的數字式。

(C)積項之和式即SOP式，和項之積式即POS式。

(D)

A	B	C	相對應的十進位數	最小項
0	0	0	0	$\overline{A} \cdot \overline{B} \cdot \overline{C}$
1	0	1	5	$A \cdot \overline{B} \cdot C$
1	1	0	6	$A \cdot B \cdot \overline{C}$

$F(A,B,C) = \Sigma(0,5,6) = \overline{A} \cdot \overline{B} \cdot \overline{C} + A \cdot \overline{B} \cdot C + A \cdot B \cdot \overline{C}$

23 (A)。$F(X,Y,Z,W) = \overline{X} \cdot \overline{Z} + \overline{W} \cdot \overline{Z} + X \cdot \overline{Z} + \overline{X} \cdot Z \cdot \overline{W} + \overline{X} \cdot \overline{Y} \cdot W + \overline{X} \cdot Y \cdot W$

$$=\left(\overline{X}\cdot\overline{Z}+X\cdot\overline{Z}\right)+\overline{W}\cdot\overline{Z}+\overline{X}\cdot Z\cdot\overline{W}+\left(\overline{X}\cdot\overline{Y}\cdot W+\overline{X}\cdot Y\cdot W\right)$$

$$=\overline{Z}\left(\overline{X}+X\right)+\overline{W}\cdot\overline{Z}+\overline{X}\cdot Z\cdot\overline{W}+\overline{X}W\left(\overline{Y}+Y\right)$$

$$=\overline{Z}(1)+\overline{W}\cdot\overline{Z}+\overline{X}\cdot Z\cdot\overline{W}+\overline{X}W(1)$$

$$=\overline{Z}\left(1+\overline{W}\right)+\overline{X}\left(W+\overline{W}Z\right)=\overline{Z}+\overline{X}\left(W+Z\right)=\left(\overline{Z}+\overline{X}Z\right)+\overline{X}W$$

$$=\left(\overline{Z}+\overline{X}\right)+\overline{X}W=\overline{Z}+\overline{X}\left(1+W\right)=\overline{Z}+\overline{X}$$

P.247 **24 (D)**。(A)$(3F)_{16}=(0011\ 1111)_2=(000\ 111\ 111)_2=(77)_8$

$\quad\quad\left(\because 111\Rightarrow 1\times 2^2+1\times 2^1+1\times 2^0=7\right)$

(B)$(A4.D)_{16}=(1010\ 0100.1101)_2=(10100100.1101)_2$

$\quad\quad\left(\because A\Rightarrow 1010=1\times 2^3+0\times 2^2+1\times 2^1+0\times 2^0=10\right)$

(C)$(25.7)_8=(010\ 101.111)_2=(0001\ 0101.1110)_2=(15.E)_{16}$

(D)$(36.1)_8=(011\ 110.001)_2=(11110.001)_2$

25 (B)。(A)若輸入端J＝1，K＝0，則時脈輸入時$Q_{n+1}=1$。

(C)若輸入端J＝0，K＝1，則時脈輸入時$Q_{n+1}=0$。

(D)若輸入端J＝1，K＝1，則時脈輸入時$Q_{n+1}=\overline{Q_n}$。

26 (A)。(A)針對儀器設備使用不當所引起的電器火災，其首要滅火步驟是斷絕電源，並應在切斷電源後才使用水撲滅。

27 (B)。(C)(D)

輸入		輸出		
X	Y	$F_{X\leq Y}$	$F_{X\geq Y}$	$F_{X=Y}$
0	0	1	1	1
0	1	1	0	0
1	0	0	1	0
1	1	1	1	1

P.248 **28 (C)**。(A)$F_{X<Y}=\overline{X}Y$，$F_{X>Y}=X\overline{Y}\Rightarrow F_{X<Y}+F_{X>Y}=\overline{X}Y+X\overline{Y}=X\oplus Y$

(B)$F_{X\leq Y}=\overline{X}+Y$，$F_{X\geq Y}=X+\overline{Y}$

輸入		輸出	
X	Y	$F_{X \leq Y}$	$F_{X \geq Y}$
0	0	1	1
0	1	1	0
1	0	0	1
1	1	1	1

(C) $F_{X=Y} = XY + \overline{XY}$

輸入		輸出
X	Y	$F_{X=Y}$
0	0	1
0	1	0
1	0	0
1	1	1

29 (B)。(A)當現在狀態為S_2，依序輸入0及1之後的次一狀態依序為S_4、S_4。

(C)當現在狀態為S_0，依序輸入1及0之後的次一狀態依序為S_1、S_2。

(D)當現在狀態為S_0，依序輸入0及1之後的輸出邏輯值依序為1、0。

30 (D)。(D)$(1.5)_{10} = (1.8)_{16}(\because 0.5 \times 16 = 8)$

31 (B)

A	B	C	F(A,B,C)
0	0	0	0
0	0	1	0
0	1	0	0
0	1	1	1
1	0	0	0
1	0	1	1
1	1	0	1
1	1	1	1

$F(A,B,C) = (A+B)(A+C)(B+C) = \sum(3,5,6,7)$

32 (C)。(C)若輸入端S=0，R=0，則A_{n+1}=不允許，B_{n+1}=不允許。

P.249 **33 (B)**。由電路圖可知

Q_1	D_0	Q_0	D_1
0	1	0	$\bar{0}$ AND 0 = 0
0	1	1	$\bar{0}$ AND 1 = 1
1	0	0	$\bar{1}$ AND 0 = 0
1	0	1	$\bar{1}$ AND 1 = 0

已知Q_1Q_0初始為00

Q_1Q_0	D_1D_0	
00	01	←
01(Q_{n+1}=D)	11	│
11(Q_{n+1}=D))	00	⌐

00→01→11→00循環

34 (C)

35 (A)。(A)甲電路等效於T型正反器，

輸入端	輸出
T	
0	$Q_{n+1} = Q_n$
1	$Q_{n+1} = \overline{Q_n}$

當Q_0=1，輸入Y=00111001時，

Y		0	0	1	1	1	0	0	1
Q	Q_0=1	1(Q_{n+1}=Q_n)	1	0(Q_{n+1}=$\overline{Q_n}$)	1	0	0	0	1

得Q=11010001

(B)甲電路等效於T型正反器，
當Q_0=0，輸入Y=00111001時，

Y		0	0	1	1	1	0	0	1
Q	Q_0=0	0(Q_{n+1}=Q_n)	0	1(Q_{n+1}=$\overline{Q_n}$)	0	1	1	1	0

得Q=00101110

(C)乙電路等效於D型正反器，由D型正反器：Q_{n+1}=D
當Q_0=1，輸入Y=11000110時，

Y		1	1	0	0	0	1	1	0
Q	Q_0=1	1(Q_{n+1}=D)	1	0	0	0	1	1	0

得Q=11000110

(D)乙電路等效於D型正反器，由D型正反器：$Q_{n+1}=D$

當$Q_0=0$，輸入$Y=10101010$時，

Y		1	0	1	0	1	0	1	0
Q	$Q_0=0$	$1(Q_{n+1}=D)$	0	1	0	1	0	1	0

得$Q=10101010$

36 (C)。

A_3	$\overline{C}$	B_3(XNOR)
0	1	0
A_2	$\overline{C}$	B_2(XNOR)
1	1	1
A_1	$\overline{C}$	B_1(XNOR)
1	1	1
A_0	$\overline{C}$	B_0(XNOR)
0	1	0

P.250 **37 (A)**

P.251 **38 (C)**。$Y = \overline{\overline{A+B}+AB} = \overline{\overline{A+B}}\cdot\overline{AB} = (A+B)\cdot\overline{AB} = (A+B)\cdot(\overline{A}+\overline{B})$

$= A\overline{A}+A\overline{B}+B\overline{A}+B\overline{B} = A\overline{B}+B\overline{A} = A\oplus B$

39 (B)

40 (A)。

A \ BC	00	01	11	10
0	1	x	0	0
1	x	1	x	1

(A)(D) $F(A,B,C) = \overline{B}+A$ ， $\overline{F}(A,B,C) = \overline{\overline{B}+A} = \overline{\overline{B}}\cdot\overline{A} = B\overline{A}$

(B) $F(A,B,C)$ 可表示為 $\sum(0,5,6)+d(1,4,7)$

(C) $F(A,B,C)$ 可表示為 $\pi(2,3)+d(1,4,7)$

第四回

P.252 **1 (D)**。

X＼YZ	00	01	11	10
0	0	1	1	0
1	0	0	1	1

$$Y(X,Y,Z)=(X+Z)(\overline{X}+Y)=\overline{X}Z+XY=\sum(1,3,6,7)=\pi(0,2,4,5)$$

(D)$Y(X,Y,Z)$可表示為$(X+Y+Z)(X+\overline{Y}+Z)(\overline{X}+Y+Z)(\overline{X}+Y+\overline{Z})$

2 (C)

3 (B)。(A)正邏輯：AND閘＆負邏輯：OR閘。
(C)正邏輯：NOR閘＆負邏輯：NAND閘。
(D)正邏輯：XNOR閘＆負邏輯：XOR閘。

4 (C)。(C)當輸入端有偶數的1則輸出為1、當輸入端有奇數的1則輸出為0的邏輯閘為反互斥或閘。

5 (C)。$(11000101.101)_2=(011\ 000\ 101.101)_2$

$011\Rightarrow 0\times 2^2+1\times 2^1+1\times 2^0=3$

$000\Rightarrow 0\times 2^2+0\times 2^1+0\times 2^0=0$

$101\Rightarrow 1\times 2^2+0\times 2^1+1\times 2^0=5$

故$(011\ 000\ 101.101)_2=(305.5)_8$

P.253 **6 (D)**。$(1000010101001.111)_2=(0001\ 0000\ 1010\ 1001.1110)_2$

$0001\Rightarrow 0\times 2^3+0\times 2^2+0\times 2^1+1\times 2^0=1$

$0000\Rightarrow 0\times 2^3+0\times 2^2+0\times 2^1+0\times 2^0=0$

$1010\Rightarrow 1\times 2^3+0\times 2^2+1\times 2^1+0\times 2^0=10(A)$

$1001\Rightarrow 1\times 2^3+0\times 2^2+0\times 2^1+1\times 2^0=9$

$1110\Rightarrow 1\times 2^3+1\times 2^2+1\times 2^1+0\times 2^0=14(E)$

故$(0001\ 0000\ 1010\ 1001.1110)_2=(10A9.E)_{16}$

7 (A)。$(26.34)_8 \Rightarrow (2)_{10} = (010)_2 \cdot (6)_{10} = (110)_2 \cdot (3)_{10} = (011)_2 \cdot (4)_{10} = (100)_2$

故 $(26.34)_8 = (010\ 110.011\ 100)_2 = (10110.0111)_2 = (0001\ 0110.0111)_2$

$0001 \Rightarrow 0 \times 2^3 + 0 \times 2^2 + 0 \times 2^1 + 1 \times 2^0 = 1$

$0110 \Rightarrow 0 \times 2^3 + 1 \times 2^2 + 1 \times 2^1 + 0 \times 2^0 = 6$

$0111 \Rightarrow 0 \times 2^3 + 1 \times 2^2 + 1 \times 2^1 + 1 \times 2^0 = 7$

故 $(0001\ 0110.0111)_2 = (16.7)_{16}$

8 (B)。$(1010010000001111)_2 = (1010\ 0100\ 0000\ 1111)_2 = (A40F)_{16}$

$1010 \Rightarrow 1 \times 2^3 + 0 \times 2^2 + 1 \times 2^1 + 0 \times 2^0 = 10(A)$

$0100 \Rightarrow 0 \times 2^3 + 1 \times 2^2 + 0 \times 2^1 + 0 \times 2^0 = 4$

$0000 \Rightarrow 0 \times 2^3 + 0 \times 2^2 + 0 \times 2^1 + 0 \times 2^0 = 0$

$1111 \Rightarrow 1 \times 2^3 + 1 \times 2^2 + 1 \times 2^1 + 1 \times 2^0 = 15(F)$

由 $(A569)_{16} - (A40F)_{16} = (015A)_{16} = (15A)_{16} = 16^2 + 5 \times 16 + 10 = (346)_{10}$

$$\begin{array}{r} (A569)_{16} \\ -\ (A40F)_{16} \\ \hline (015A)_{16} \end{array}$$

9 (D)。(D)JK正反器若外加一反相電路使 $K = \bar{J}$，可視為D型正反器。

10 (D)。$f_o = \dfrac{2kHz}{2} = 1kHz$

11 (C)。$F(A,B,C) = \overline{Y_0 Y_4 Y_7} = (A+B+C)(\bar{A}+B+C)(\bar{A}+\bar{B}+\bar{C}) = \pi(0,4,7) = \Sigma(1,2,3,5,6)$

12 (A)

P.254 **13 (A)**

14 (C)。$(1F6.C)_{16} \Rightarrow (1)_{10} = (0001)_2 \cdot (15)_{10} = (1111)_2 \cdot (6)_{10} = (0110)_2 \cdot$

$(12)_{10} = (1100)_2$ 故 $(1F6.C)_{16} = (0001\ 1111\ 0110.1100)_2 = (111110110.11)_2$

由 $(111\ 110\ 110.110)_2 \Rightarrow 111 \Rightarrow 1 \times 2^2 + 1 \times 2^1 + 1 \times 2^0 = 7$

$110 \Rightarrow 1 \times 2^2 + 1 \times 2^1 + 0 \times 2^0 = 6$

得 $(111\ 110\ 110.110)_2 = (766.6)_8$

15 (C)。 $F = \overline{\overline{A+B+C} + \overline{\overline{B}+\overline{D}}} = A+B+C + \overline{\overline{B}} \cdot \overline{\overline{D}} = A+B+C+BD$

$= A + B(1+D) + C = A + B(1) + C \Rightarrow \overline{F} = \overline{A+B+C} = \overline{A} \cdot \overline{B} \cdot \overline{C}$

16 (A)。 (A)(B)

A	B	C	D	10進位表示	最小項
0	0	0	0	0	A+B+C+D
0	0	0	1	1	A+B+C+$\overline{D}$
1	1	0	1	13	$\overline{A}$+$\overline{B}$+C+$\overline{D}$
1	1	1	1	15	$\overline{A}$+$\overline{B}$+$\overline{C}$+$\overline{D}$

$Y(A,B,C,D) = \sum(2,3,4,5,6,7,8,9,10,11,12,14)$

$= \pi(0,1,13,15)$

$= (A+B+C+D)(A+B+C+\overline{D})(\overline{A}+\overline{B}+C+\overline{D})(\overline{A}+\overline{B}+\overline{C}+\overline{D})$

$= (A+B+C)(\overline{A}+\overline{B}+\overline{D})$

$\because (X+D)(X+\overline{D}) = X + X(\overline{D}+D) + D \cdot \overline{D} = X + X(1) + 0 = X$

$\Rightarrow (A+B+C+D)(A+B+C+\overline{D}) = A+B+C$,

$(\overline{A}+\overline{B}+\overline{D}+C)(\overline{A}+\overline{B}+\overline{D}+\overline{C}) = \overline{A}+\overline{B}+\overline{D}$

(C)(D)$Y(A,B,C,D) = \pi(0,1,13,15)$

17 (D)。 $Y = (A+BC)(AB+\overline{C}) = A \cdot AB + A \cdot \overline{C} + BC \cdot AB + BC \cdot \overline{C}$

$= AB + A\overline{C} + ABC + 0 = AB(1+C) + A\overline{C} = AB(1) + A\overline{C} = A(B+\overline{C})$

$\overline{Y} = \overline{A(B+\overline{C})} = \overline{A} + \overline{B+\overline{C}} = \overline{A} + \overline{B} \cdot \overline{\overline{C}} = \overline{A} + \overline{B}C$

(D) $\overline{A} + \overline{B}C + \overline{B}CA = \overline{A} + \overline{B}C(1+A) = \overline{A} + \overline{B}C(1) = \overline{A} + \overline{B}C$

18 (C)。 $S(A,B) = A \oplus B(A\ XOR\ B)$，$C(A,B) = AB(A\ AND\ B)$

(A)若$(A,B) = (0,0)$，則$(S,C) = (0,0)$

(B)若$(A,B) = (0,1)$，則$(S,C) = (1,0)$

(D)若$(A,B) = (1,0)$，則$(S,C) = (1,0)$

19 (B)。 (A)(B)AND、OR、NOT邏輯閘可組成所有邏輯電路，但無法組出所有組合電路。
(C)(D)NAND、NOR邏輯閘可模擬三種基本邏輯閘，稱為萬用邏輯閘。

20 (D)．$S = AB + A\overline{B}C = A(B + \overline{B}C) = A(B(1+C) + \overline{B}C) = A(B + C(B + \overline{B})) = A(B+C)$

(A)$A=1$，$C=0$，$S=1$
(B)$A=1$，$C=1$，$S=1$
(C)$A=0$，$C=1$，$S=0$

P.255 **21 (A)**．

A	B	C	Y
0	0	1	0
0	1	1	0
1	0	1	0

$Y(A,B,C) = \pi(1,3,5)$

22 (B)．(B)數位表示法適用於不連續的位階表示法。
(C)以高電位代表邏輯1或H，低電位代表邏輯0或L稱為正邏輯；以高電位代表邏輯0或L，低電位代表邏輯1或H稱為負邏輯。
(D)數位信號常以Hi與Low或1與0表示。

23 (D)．(C)XNOR閘：$F = A \odot B = \overline{A}\,\overline{B} + AB$
(D)XOR閘：$F = A \oplus B = \overline{A}B + A\overline{B}$

24 (D)．(A)當有任一輸入端為1則輸出端即為1的邏輯閘是OR閘。
(B)當全部的輸入端為1則輸出端為1的邏輯閘是AND閘。
(C)當有任一輸入端為1則輸出端即為0的邏輯閘是NOR閘。

25 (A)．$Y = (A+B)(\overline{A} + \overline{B}) = A\overline{A} + A\overline{B} + B\overline{A} + B\overline{B} = A\overline{B} + B\overline{A} = A \oplus B$

P.256 **26 (D)**．(D)SWP VAR：調整波形在顯示螢幕中的水平位置；VARIABLE：調整波形在顯示螢幕中的垂直位置。

27 (B)．(A)RS型正反器：$Q_{n+1}(R,S,Q_n) = S + \overline{R}Q_n$

R	S	下一個輸出狀態
0	0	$Q_{n+1} = Q_n$
0	1	$Q_{n+1} = 1$
1	0	$Q_{n+1} = 0$
1	1	不允許

(C)D型正反器：$Q_{n+1}(D,Q_n) = D$

D	下一個輸出狀態
0	$Q_{n+1} = 0$
1	$Q_{n+1} = 1$

(D)T型正反器：$Q_{n+1}(T,Q_n) = T \oplus Q_n$

T	下一個輸出狀態
0	$Q_{n+1} = Q_n$
1	$Q_{n+1} = \overline{Q_n}$

28 (D)。數位信號在傳送控制的過程中，將信號轉變成Hi與Low或1與0表示，因此具有容易儲存及還原的優點，但只能用近似值去代表原信號，有不易精確表示原信號的缺點。

29 (C)。(A)若A=10101，B=01100，Y=11001，則此閘應為XOR閘。
(B)若A=10101，B=01100，Y=00100，則此閘應為AND閘。
(D)若A=00111，B=10101，Y=10111，則此閘應為OR閘。

30 (A)。雙輸入NAND閘。

A	B	NAND閘輸出
0	0	1
0	1	1
1	0	1
1	1	0

(A)若NAND閘的兩輸入A=B=0，NAND閘輸出為1；若NAND閘的兩輸入A=B=1，NAND閘輸出為0。
雙輸入的AND閘：

A	B	AND閘輸出
0	0	0
0	1	0
1	0	0
1	1	1

31 (D)。$Y = \overline{(\overline{A}+B)(A+\overline{B})} = \overline{\overline{A}+B} + \overline{A+\overline{B}} = \overline{\overline{A}}\cdot\overline{B} + \overline{A}\cdot\overline{\overline{B}} = A\cdot\overline{B} + \overline{A}\cdot B = A \oplus B$

P.257 **32 (B)**。$\overline{\overline{A+B}\cdot\overline{C+D}} + \overline{\overline{A\cdot B}\cdot\overline{C\cdot D}} = \left(\overline{\overline{A+B}} + \overline{\overline{C+D}}\right) + \left(\overline{AB} + \overline{CD}\right)$

$= (A+B+C+D) + \left(\overline{A}+\overline{B}+\overline{C}+\overline{D}\right) = 1$

33 (A)。$\left(A+\overline{B}+\overline{C}\right)\left(A+\overline{B}+C\right)\left(A+\overline{B}+\overline{A}B+\left(A+\overline{B}\right)\overline{A}C\right)$

$= \left(A+\overline{B}\right)\left(A+\overline{B}+\overline{A}B+\left(A+\overline{B}\right)\overline{A}C\right)$

$= \left(A+\overline{B}\right)\left(A+\overline{B}+\overline{A}B+A\overline{A}C+\overline{B}\overline{A}C\right) = \left(A+\overline{B}\right)\left(A+\overline{B}+\overline{A}B+\overline{B}\overline{A}C\right)$

$$= (A+\overline{B})\left(A(\overline{B}+B)+\overline{B}+AB+\overline{B}\,\overline{A}C\right)$$

$$= (A+\overline{B})\left(\overline{B}(A+1+\overline{A}C)+B(A+\overline{A})\right)$$

$$= (A+\overline{B})\left(\overline{B}(1)+B(1)\right) = A+\overline{B}$$

34 (D)。$F(X,Y,Z,W) = \overline{X}\cdot\overline{Y}\cdot\overline{Z}\cdot\overline{\overline{\overline{Y}\cdot\overline{W}}} = \overline{X}\cdot\overline{Y}\cdot\overline{Z}\cdot\overline{Y}\cdot\overline{W}$

$= \overline{X}\cdot\overline{Y}\cdot\overline{Z}\cdot(\overline{Y}+\overline{W}) = \overline{X}\,\overline{Y}\,\overline{Z}+\overline{X}\,\overline{Y}\,\overline{Z}\,\overline{W} = \overline{X}\,\overline{Y}\,\overline{Z}(1+\overline{W}) = \overline{X}\,\overline{Y}\,\overline{Z} = \overline{X+Y+Z}$

$\overline{F} = \overline{\overline{X+Y+Z}} = X+Y+Z$

35 (A)。$Y(A,B,C,D) = \sum(0,1,4,5,8,10) = \overline{A}\,\overline{C}+A\overline{B}\,\overline{D}$

AB \ CD	00	01	11	10
00	1	1	0	0
01	1	1	0	0
11	0	0	0	0
10	1	0	0	1

36 (C)。$Y(A,B,C,D) = \pi(8,9,10,11,12,14,15) + d(3,6,7,13) = \overline{A}$

AB \ CD	00	01	11	10
00	1	1	x	1
01	1	1	x	x
11	0	x	0	0
10	0	0	0	0

任意項d可定義為0或1,

AB \ CD	00	01	11	10
00	1	1	x	1
01	1	1	x	x
11	0	x	0	0
10	0	0	0	0

37 (C)

38 (B)。傳統汽車速度表、水銀溫度計、指針式電壓表為類比量。電子碼表、數字溫度計為數位量。

P.258 **39 (C)**。(A)XNOR閘即輸入端有偶數個1時，輸出為1。

(B)XOR閘即輸入端有奇數個1時，輸出為1。

(C)

AB＼CD	00	01	11	10
00	1	0	0	0
01	0	0	0	0
11	0	0	0	0
10	0	0	0	0

⇒NOR閘，當所有輸入都為0輸入時輸出才為1

40 (C)。(B)$\overline{X}Y+X\overline{Y}+XY = \overline{X}Y+X\overline{Y}+(XY+XY) = (\overline{X}Y+XY)+(X\overline{Y}+XY) = Y+X$

(C)$X\overline{Y}+XYZ = X\overline{Y}(1+Z)+XYZ$

$= X\overline{Y}+(X\overline{Y}Z+XYZ) = X\overline{Y}+XZ(\overline{Y}+Y) = X\overline{Y}+XZ$

(D)$(X+Y)(X+\overline{Y}) = XX+X\overline{Y}+YX+Y\overline{Y} = X+X\overline{Y}+YX = X(1+\overline{Y}+Y) = X$

第十章　近年試題

109年　統測試題

P.259 **1 (B)**。傳輸七個位元的ASCII 碼時，會採用偶同位或奇同位的驗證方式：
偶同位元驗證採用XOR閘、奇同位元驗證採用XNOR閘。
(A)(C)反及(NAND)閘和反或(NOR)閘可以組成各種邏輯閘，所以反
及(NAND)閘或反或(NOR)閘可組合出XOR閘或XNOR閘。
(B)OR閘無法自組成NOT閘，無法使用OR閘來組合出XOR閘或
XNOR閘⇒無法進行偶同位或奇同位的驗證。

2 (C)。(A)或(OR)閘：(A+B)+C=A+(B+C)=A+B+C
(B)及(AND)閘：A・B・C=(A・B)・C=A・(B・C)
(C)反或(NOR)閘、反及(NAND)閘具交換性，不具結合性。
(D)互斥或(XOR)閘：A⊕B⊕C=(A⊕B)⊕C=A⊕(B⊕C)

3 (C)。$F=\overline{\overline{A+B+C}\cdot(\overline{B}+\overline{D})}=\overline{\overline{A+B+C}}+\overline{(\overline{B}+\overline{D})}=A+B+C+\left(\overline{\overline{B}}\cdot\overline{\overline{D}}\right)$

$=A+B+C+BD=A+B(1+D)+C=A+B(1)+C=A+B+C$

4 (A)。(B)(D)PAL為AND陣列可規劃，OR陣列不可規劃。
(C)PLA為AND陣列可規劃，OR陣列可規劃。

5 (D)。4對1線多工器(I_0, I_1, I_2, I_3為資料輸入端、Y為輸出端、S_1, S_0為選擇控制端)

法一：

真值表為

選擇控制		輸出
S_0	S_1	Y
0	0	I_0
0	1	I_2
1	0	I_1
1	1	I_3

選擇控制		輸入	輸出	
S_0	S_1	C	Y	
0	0	0	I_0	$\Rightarrow I_0=0$
0	0	1	I_0	$\Rightarrow I_0=0$
0	1	0	I_2	$\Rightarrow I_2=1$
0	1	1	I_2	$\Rightarrow I_2=1$
1	0	0	I_1	$\Rightarrow I_1=C=0$
1	0	1	I_1	$\Rightarrow I_1=C=1$
1	1	0	I_3	$\Rightarrow I_1=\overline{C}=1$
1	1	1	I_3	$\Rightarrow I_1=\overline{C}=0$

由

$S_0(A)$	$S_1(B)$	C	Y	(十進位表達)
0	1	0	1	2
0	1	1	1	3
1	0	1	1	5
1	1	0	1	6

$\Rightarrow Y=F(A,B,C)=\sum(2,3,5,6)$

法二：

多工器布林函數：

$$Y = F(A,B,C) = \overline{S_1}\overline{S_0}I_0 + \overline{S_1}S_0I_1 + S_1\overline{S_0}I_2 + S_1S_0I_3 = \overline{B}\overline{A}I_0 + \overline{B}AI_1 + B\overline{A}I_2 + BAI_3$$

$$= \overline{B}\overline{A} \cdot 0 + \overline{B}A \cdot C + B\overline{A} \cdot 1 + BA \cdot \overline{C}$$

$$= 0 + \overline{B}A \cdot C + B\overline{A} + BA \cdot \overline{C}$$

$$= \overline{B}A \cdot C + B\overline{A}(C + \overline{C}) + BA \cdot \overline{C} = A\overline{B}C + \overline{A}BC + \overline{A}B\overline{C} + AB\overline{C} = \sum(2,3,5,6)$$

A	B	C	(十進位表達)
1 (A)	0 ($\overline{B}$)	1 (C)	5
0	1	1	3
0	1	0	2
1	1	0	6

P.260

6 (C)。 $X = \overline{A} + A\overline{B}C + AB\overline{C}$

C＼AB	00	01	11	10
0	1	1	1	0
1	1	1	0	1

$$X = \overline{A} + A\overline{B}C + AB\overline{C} = \sum(0,1,2,3,5,6)$$

X=1輸入組合共有6種

7 (C)。 使$(55)_{10} = (00110111)_2$
1的補數為$(11001000)_2 \Rightarrow 2$的補數為$(11001001)_2$

8 (D)。 (A)字母"s"之ASCII碼為73。
(B)字母"u"之ASCII碼為75。
(C)字母"c"之ASCII碼為63。

9 (D)。 為T型正反器電路圖。

10 (B)。 CK=1，可知Q=Input，Q端輸出訊號為Input輸入訊號，若Input腳輸入一週期性方波，則Q的輸出狀態為週期性方波

CK	Input	Q_n	Q_{n+1}
1	0	0	0
1	0	1	1

CK	Input	Q_{n+1}
1	0	Q_n
1	1	$\overline{Q_n}$

CK	Input	Q_n	Q_{n+1}
1	1	0	1
1	1	1	0

11 (C)。

CK	$Q_3Q_2Q_1Q_0$	
0	$(0010)_2$	
1	$(0001)_2$	$(-1\leftarrow^\lrcorner)$
2	$(0000)_2$	$(-1\leftarrow^\lrcorner)$
3	$(1111)_2$	$(-1\leftarrow^\lrcorner)$
4	$(1110)_2$	$(-1\leftarrow^\lrcorner)$

12 (D)。

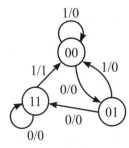

可利用狀態圖表，完成下列表格：

現在狀態	下次狀態		輸出	
	輸入0	輸入1	輸入0	輸入1
00	01	00	0	0
01	11	00	0	0
11	11	00	0	1

P.261 **13 (C)**。下降時間之定義：電壓準位90%至10%的間隔時間。
上升時間之定義：電壓準位10%至90%的間隔時間。
儲存時間之定義：電壓準位100%至90%的間隔時間。

14 (C)。一個反及閘(NAND)接一個緩衝閘(Buffer gate)
$F=\overline{ABCD}$，所以ABCD有其中一個輸入端輸入為0時，F端輸出信號
為1。

15 (D)。(D)因為兩條引線接腳的輸出端皆為開路狀態，在兩條引線上可接成線接及(Wired-AND)閘。

16 (B)。$F=\overline{A+B+C+D}=\overline{(A+B)+(C+D)}=\overline{\overline{\overline{(A+B)}}+\overline{\overline{(C+D)}}}$，故最少需要5個2輸入NOR閘。

17 (C)。5V=輸入訊號為1、0V=輸入訊號為0：
$A=\overline{1+0}=0\Rightarrow$正常。圖中A輸出為0.2V，因訊號經過邏輯閘處理而有變化。
$B=0+1=1\Rightarrow$正常。圖中B輸出為3.4V，因訊號經過邏輯閘處理發生電壓消耗。
$C=\overline{1\cdot1}=0\Rightarrow$異常。
$D=\overline{0\cdot1\cdot1}=1\Rightarrow$正常。圖中D輸出為3.4V，等同於輸出訊號為1。

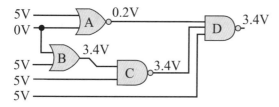

18 (B)。此邏輯電路的指撥開關有4個，輸出LED有2個，　輸入訊號組數(4組)>輸出訊號組數(2組)，故此邏輯電路的功能為編碼器。
編碼器是多對少。
編碼器：能將多個輸入壓縮成更少數目輸出。
解碼器：較少輸入變為較多輸出。
多工器：從多個輸入訊號中，通過控制端來選擇其中一個訊號作為輸出。
解多工器：將一個輸入訊號選擇由多個輸出端中的一個傳送出去。

19 (A)。

$$F_1 = \overline{A \cdot \overline{AB}} = \overline{A} + AB = \overline{A} + B$$

$$F_3 = \overline{B \cdot \overline{AB}} = \overline{B} + AB = \overline{B} + A$$

$$F_2 = \overline{F_1 F_3} = \overline{(\overline{A} + B)(\overline{B} + A)} = \overline{(\overline{A} + B)} + \overline{(A + \overline{B})} = A\overline{B} + \overline{A}B$$

AB	$F_1F_2F_3$
00	101
01	110
10	011
11	101

此為比較器，當F_1=0時A>B，F_2=0時A=B，F_3=0時A<B

20 (A)。(A)把燃燒中的物質移開或斷絕可燃物的供應，讓火焰無可燃物燃燒而停止。
(B)窒息法：隔絕氧氣供應或稀釋氧濃度，讓火焰因燃燒中的氧含量不夠而停止。
(C)冷卻法：降低溫度與去除熱源，使火場溫度降到可燃物的燃點以下而停止燃燒。
(D)抑制法：破壞或阻礙燃燒過程中產生的連鎖反應。

21 (A)。示波器EXT TRIG(External Trigger Input)接頭：接收外部觸發信號當作時基(取樣速率，time/div)觸發信號。

22 (D)。(A)數位IC測試器為檢測數位IC功能之儀器。
(B)函數波形產生器為產生波形之儀器，無法量測數位接腳之時序。
(C)邏輯測試棒可量測數位接腳之時序，但通常僅能量測1支數位接腳之時序。
(D)邏輯分析儀可同時量測多通道數位接腳之時序。

23 (A)。

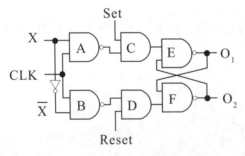

(1)X輸入A閘，$\overline{X}$輸入B閘⇒D型正反器
(2)if Set=0，C閘輸出為"0"，通過E閘後O_1必為"1"，所以Set為低態動作的預置輸入，同理，Reset為低態動作的清除輸入。
(3)if CLK=0，A、B閘輸出皆為"1"，X的值不影響後端反應。
(4)if CLK=1，X的值可反應到後端，所以CLK為高準位觸發。
故(A)最為相符。

P.263 **24 (B)**。題意為通電後發現兩個LED一直都亮：

(A)兩個LED極性接反了⇒兩個LED都不會亮。

(B)PR及CLR短路到GND⇒PR=0，使Q=1、CLR=0，使$\overline{Q}$=1故兩個LED都會亮。

(C)(D)CLK按鍵卡住或J、K皆空接⇒不影響輸出功能，Q,$\overline{Q}$都維持目前邏輯值，兩個LED為一亮一滅。

25 (A)。四位元的環形記數器其任一級的輸出脈波的工作週期為$\frac{100\%}{4}=25\%$

(B)四位元同步式上數計數器、(C)四位元非同步式上數計數器、(D)四位元同步式下數計數器：上數、下數或同步、非同步的四位元計數器的輸出脈波的工作週期均為50%。

110年 統測試題

P.264 **1 (A)**。$T = 10ms \Rightarrow f = \frac{1}{T} = 0.1KHz = 100Hz$

$$工作週期 = \frac{1ms}{10ms} \times 100\% = 10\%$$

2 (D)。$(2A)_{16}=(00101010)_2=(11010110)_{2's}=(D6)_{16}$
由$(00101010)_2=(11010101)_{1's}$

```
    1  1  0  1  0  1  0  1
 +                        1
 ――――――――――――――――――――――――――
    1  1  0  1  0  1  1  0
```

3 (D)。$X = \overline{\left(A+\overline{B}\right)\left(\overline{C}+D\right)} = \overline{\left(A+\overline{B}\right)} + \overline{\left(\overline{C}+D\right)} = \left(\overline{A}\cdot\overline{\overline{B}}\right) + \left(\overline{\overline{C}}\cdot\overline{D}\right) = \overline{A}B + C\overline{D}$

4 (A)。S

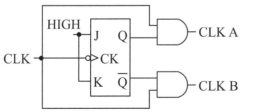

CLK	J	K	Q_{n+1}
↓	1	1	$\overline{Q_n}$

已知(A)~(D)選項的時脈輸入為：

CLK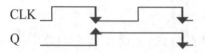

已知Q的初始狀態為0，利用輸入信號負緣進來時，輸出會改變狀態為 $\overline{Q_n}$，可畫出Q輸出波形為：

CLK

Q

由CLKA=Q·CLK、 $CLKB = \overline{Q}·CLK$

Q	CLK	AND閘
0	0	0
0	1	0
1	0	0
1	1	1

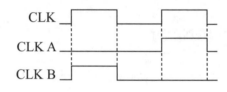

故選(A)。

P.265 **5 (C)**。 $\overline{\overline{\overline{A+B}+B}+\overline{\overline{C+D}+A}}$

$=(\overline{A}\,\overline{B}+B)(\overline{C}\,\overline{D}+A)$

$=\overline{A}\,\overline{B}\,\overline{C}\,\overline{D}+B\overline{C}\,\overline{D}+D+BA$

$=\overline{A}\,\overline{B}\,\overline{C}\,\overline{D}+\overline{A}BC\overline{D}+ABC\overline{D}+BA$

$=\overline{A}\,\overline{C}\,\overline{D}(\overline{B}+B)+ABC\overline{D}+BA$

$=\overline{A}\,\overline{C}\,\overline{D}+ABC\overline{D}+BA$

$=\overline{A}\,\overline{C}\,\overline{D}+(ABC\overline{D}+BA)$ 由A+AB=A

$=\overline{A}\,\overline{C}\,\overline{D}+(AB)$

6 (B)。題目敘述「把16個1位元的資料用16個時脈週期暫存到1個16位元的移位暫存器」為串列輸入(Serial In)。

題目敘述「把1個16位元的移位暫存器所存資料，用1個時脈週期傳給1個16位元的微控制器來處理」屬於並列輸入(Parallel Out)。

故選(B)SIPO(Serial In Parallel Out)。

7 (A)。計數器如下圖，

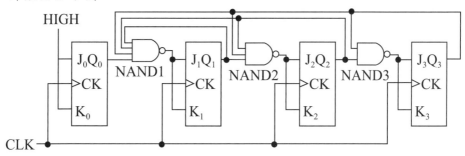

由圖可知$J_0=K_0=1$，NAND1閘之輸出連接至JK正反器的J_1,K_1輸入端，NAND2閘之輸出連接至JK正反器的J_2,K_2輸入端，NAND3閘之輸出連接至JK正反器的J_3,K_3輸入端，由以下可完成表格：

$NAND1 = \overline{Q_0Q_1Q_2Q_3}$ 、 $NAND2 = \overline{Q_1Q_2Q_3}$ 、 $NAND3 = \overline{Q_2Q_3}$

JK正反器：$J=K=1$時當觸發信號到 $CLK \Rightarrow Q_{n+1} = \overline{Q_n}$ 、$J=K=0$時當觸發

信號到$CLK \Rightarrow Q_{n+1}=Q_n$

狀態	Q_3	Q_2	Q_1	Q_0	--	NAND1	NAND2	NAND3
初始狀態	0	0	0	0	--	$\overline{Q_0Q_1Q_2Q_3}$	$\overline{Q_1Q_2Q_3}$	$\overline{Q_2Q_3}$

狀態	Q_3	Q_2	Q_1	Q_0	--	--	--	--
初始狀態	0	0	0	0	--	NAND1	NAND2	NAND3
					--	1	1	1
	J_0	J_0	J_1	K_1	J_2	K_2	J_3	K_3
	1	1	1	1	1	1	1	1

1	1 (∵J3=K3=1 ∴0→1)	1 (∵J2=K2=1 ∴0→1)	1 (∵J1=K1=1 ∴0→1)	1 (∵J0=K0=1 ∴0→1)	--	NAND1	NAND2	NAND3
					--	0	0	0
					J_0	J_0	J_1 K_1	J_2 K_2 J_3 K_3
					1	1	0 0	0 0 0 0

2	1 (∵J3=K3=0 ∴不變)	1 (∵J2=K2=0 ∴不變)	1 (∵J1=K1=0 ∴不變)	0	--	NAND1	NAND2	NAND3
					--	1	0	0
					J_0	J_0	J_1 K_1	J_2 K_2 J_3 K_3
					1	1	1 1	0 0 0 0

狀態	Q_3	Q_2	Q_1	Q_0	--	NAND1	NAND2	NAND3
					--	NAND1	NAND2	NAND3
3	1	1	0	1	--	1	1	0
	J_0 1	J_0 1	J_1 1	K_1 1	J_2 1	K_2 1	J_3 0	K_3 0
					--	NAND1	NAND2	NAND3
4	1	0	1	0	--	1	1	1
	J_0 1	J_0 1	J_1 1	K_1 1	J_2 1	K_2 1	J_3 1	K_3 1
					--	NAND1	NAND2	NAND3
5	0	1	0	1	--	1	1	1
	J_0 1	J_0 1	J_1 1	K_1 1	J_2 1	K_2 1	J_3 1	K_3 1
					--	NAND1	NAND2	NAND3
6	1	0	1	0	--	1	1	1
	J_0 1	J_0 1	J_1 1	K_1 1	J_2 1	K_2 1	J_3 1	K_3 1
					--	NAND1	NAND2	NAND3
7	0	1	0	1	--	1	1	1
	J_0 1	J_0 1	J_1 1	K_1 1	J_2 1	K_2 1	J_3 1	K_3 1
					--	NAND1	NAND2	NAND3
8	1	0	1	0	--			1
	J_0 1	J_0 1	J_1 1	K_1 1	J_2 1	K_2 1	J_3 1	K_3 1

得 $Q_3Q_2Q_1Q_0=0000\rightarrow1111\rightarrow1110\rightarrow1101\rightarrow1010\rightarrow0101\rightarrow1010\rightarrow0101$

$\Rightarrow Q_3Q_2Q_1Q_0=0\rightarrow15\rightarrow14\rightarrow13\rightarrow10\rightarrow5\rightarrow10\rightarrow5\rightarrow10$

P.266 **8 (A)**。(A)-10強森計數器需要 $\dfrac{10}{2}=5$ 個正反器、工作週期為 50%

Mod-10環形計數器需要10個正反器、工作週期為 $\dfrac{1}{10}\times100\%=10\%$

9 (B)。(A)分配律X(Y＋Z)=XY＋XZ。
(C)交換律XY=YX。

10 (A)。若 $Q_2Q_1Q_0 = 001 \Rightarrow \overline{Q_2} = 1 \Rightarrow K_0 = 1$

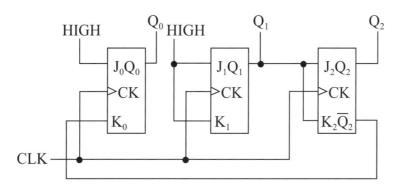

由JK正反器：J=K=1時當觸發信號到 CLK $\Rightarrow Q_{n+1} = \overline{Q_n}$、J=K=0時當觸

發信號到CLK$\Rightarrow Q_{n+1}=Q_n$

狀態	Q_1	J_1	K_1
初始狀態	0	1	1
1	1	1	1
2	0	1	1
3	1	1	1
4	0	1	1

由Q_1輸出連接至JK正反器的J_2、K_2輸入端

狀態	Q_2	J_2	K_2	Q_1
初始狀態	0	0	0	0
1	0	1	1	1
2	1	0	0	0
3	1	1	1	1
4	0	0	0	0

由$\overline{Q_2}$輸出連接至JK正反器的K_0輸入端，由JK正反器：J=1、K=0時

當觸發信號到CLK$\Rightarrow Q_{n+1}=1$

狀態	Q_0	J_0	K_0	$\overline{Q_2}$
初始狀態	1	1	1	1
1	0	1	1	1
2	1	1	0	0
3	1	1	0	0
4	1	1	1	1

故選
$Q_2 \Rightarrow 0 \to 0 \to 1 \to 1$、
$Q_1 \Rightarrow 0 \to 1 \to 0 \to 1$、
$Q_0 \Rightarrow 1 \to 0 \to 1 \to 1$
$Q_2 Q_1 Q_0 \Rightarrow 001 \to 010 \to 101 \to 111$

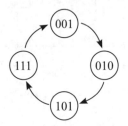

P.267 **11 (D)**。(D)Sub是加減法控制輸入端，Sub=0執行加法，Sub=1執行減法。

12 (A)。由$G(A,B)=A\overline{B}$、$E(A,B)=\overline{A \oplus B}$、$L(A,B)=\overline{A}B$
故選(A)。

A	B	$G \Rightarrow A>B$	$\overline{B}$	$A\overline{B}$
0	0	0	1	0
0	1	0	0	0
1	0	1	1	1
1	1	0	0	0

A	B	$E \Rightarrow A=B$	$\overline{A \oplus B}=A \odot B$
0	0	1	1
0	1	0	0
1	0	0	0
1	1	1	1

A	B	$L \Rightarrow A=B$	$\overline{A}$	$A\overline{B}$
0	0	0	1	0

A	B	L⇒A=B	$\overline{A}$	$A\overline{B}$
0	1	1	1	1
1	0	0	0	0
1	1	0	0	0

P.268 **13 (D)**。由圖可知$F(A,B,C,D)=A\overline{B}CD+\overline{A}\ \overline{C}D+B\overline{C}\ \overline{D}$

真值表：

CD \ AB	00	01	11	10
00	0	1	1	0
01	1	1	0	0
11	0	0	0	1
10	0	0	0	0

$F(A,B,C,D)=B\overline{C}\ \overline{D}+\overline{A}\ \overline{C}D+A\overline{B}CD$

14 (D)。(A)。限流保護目的在為了防止電路因電流過大而毀損，必須限制電源供應器的最大輸出電流。因此非設定愈大愈好。
(B)(C)(D)。電流過載時，才會自動轉為定電流供電。
故選(D)。

15 (B)。全加器：

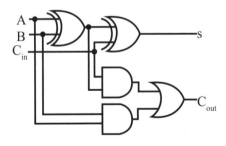

需要2個AND、2個XOR、1個OR，即74 LS 08（AND）、74 LS 32（OR）、74 LS 86（XOR）各一顆

P.269 **16 (D)**。(D)由$XNOR=A\odot B=\overline{A}\ \overline{B}+AB$
$=\overline{A}\ \overline{B}\cdot\overline{A}\ \overline{B}+AB$
$=\overline{A}\ \overline{B}\cdot\overline{A}\ \overline{B}+AB+\overline{A}\ \overline{B}\cdot A+\overline{A}\ \overline{B}\cdot B$
$=(\overline{AB}+A)\cdot(\overline{A}\ \overline{B}+B)$

$$=\left(\overline{A+\overline{B}+A}\right)\cdot\left(\overline{\overline{A}+B+B}\right)=\left(\overline{\overline{A+\overline{B}+A}}\right)\cdot\left(\overline{\overline{\overline{A}+B+B}}\right)$$

$$=\overline{\left(\overline{\overline{A+\overline{B}+A}}\right)+\left(\overline{\overline{\overline{A}+B+B}}\right)}，$$

組成一個XNOR邏輯閘至少需要5顆NOR閘
XOR=A⊕B且XNOR=$\overline{A\oplus B}$

∵74LS02內有四個NOR閘
∴組成1個XOR邏輯閘最少需要2顆74LS02

17 (#)。　題目標示有誤，送分。

18 (D)。$V_{NH}=V_{OH}-V_{IH}=3.6-2=1.6V$
$V_{NL}=V_{IL}-V_{OL}=0.9-0.3=0.6V$

P.270 **19 (C)**。$\begin{cases}BCDA=0011\Rightarrow DCBA=1001\Rightarrow 9(9)\\BCDA=1100\Rightarrow DCBA=0110\Rightarrow 6(8)\end{cases}$

應顯示"6"時卻顯示"8"，表示a、b段一直亮，故選(C)
(A)顯示器顯示數字不正常。
(B)可能情況為七段顯示器的a段和b段LED接線未連接
　　到IC7447。
(D)IC7447的第(3)接腳：LT(LED測試線 Lamp Test)為
　　低態(0)動作的接腳。

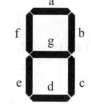

20 (C)。(A)輸出的振盪波形的頻率與R_1、R_2及C_1有關。
(B)V_{CC}工作電壓為5V，可與CMOS族邏輯IC配合使用。
(C)Duty Cycle$=\dfrac{R_1+R_2}{R_1+2R_2}=\dfrac{2}{3}>50\%$

(D)C_2用來抑制雜訊干擾，需較大。

P.271 **21 (D)**。(D)電容可以濾除電源雜訊，無法提供電壓整流。

22 (B)。因為濃煙上升的速度會比爬樓梯還快，所以「不能」採低姿勢迅速
往頂樓逃生，故選(B)。

23 (B)。(A)接二極體會一直斷路，無法推動TTL IC。
(B)電晶體會一直導通。
(C)使用CMOS來推動TTL IC，需注意的是CMOS的I_{OL}過低，要推動
　　TTL IC，I_{OL}須滿足TTL的I_{IH}和I_{IL}，而加上Q_1可提高I_{OL}。
(D)CMOS輸出為0時，+5.0V會灌電流至CMOS，無法推動TTL IC。

P.272 **24 (D)**。由

A \ BC	00	01	11	10
0	0	0	1	0
1	0	1	1	1

(A)Z(A,B,C)=AB+AC+BC

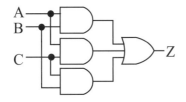

(B)Z(A,B,C)=(A+B)(B+C)(A+C)=AC+AB+CB

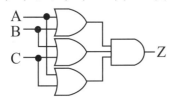

(C) $Z(A,B,C) = \overline{\overline{AB} \cdot \overline{AC} \cdot \overline{BC}} = AB + AC + BC$

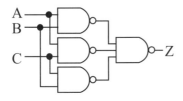

(D) $Z(A,B,C) = \overline{\overline{AB} + \overline{AC} + \overline{BC}} = AB \cdot AC \cdot BC = ABC$ ，故選(D)。

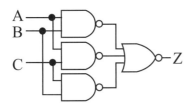

25 (A)。

	C	B	A
初始	0	0	0
1	0	0	1
2	0	1	0
3	0	1	1
4	1	0	0
5	1	0	1
6	1	1	0
7	1	1	1

NAND閘

	SW1 1(ON)	SW2 0(OFF)	SW3 1(ON)	NAND閘
初始	0	1	0	1
1	0	1	1	1
2	0	1	0	1
3	0	1	1	1
4	1	1	0	1
5	1	1	1	0

故選(A)X為3輸入NAND，且SW1 = ON、SW2 = OFF、SW3 = ON。

111年 統測試題

P.273 **1 (B)**。脈波頻率為25KHz　週期為 $\frac{1}{25}$ ms = 0.04ms

脈波寬度時間為0.025ms $\Rightarrow$ 工作週期為 $\frac{0.025ms}{0.04ms} = 0.625 = 62.5\%$

2 (A)。

$C = \overline{\overline{AB} + 0} = \overline{\overline{AB}} = \overline{A} + \overline{B}$

A	0	1	1	0
B	1	1	0	0
$\overline{A}$	1	0	0	1
$\overline{B}$	0	0	1	1
C	1	0	1	1

$\Rightarrow$ 前兩列；$\Rightarrow$ C列

3 (C)。電路為全加器，A為被加數、B為加數、C為前一級進位、P為輸出端和、Q為輸出端進位。

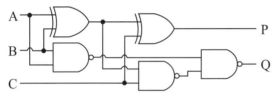

(A) $P = (A \oplus B) \oplus C = A \oplus B \oplus C$

(B) $Q = \overline{\overline{(A \oplus B)C} \cdot \overline{AB}} = \overline{\overline{(A \oplus B)C}} + \overline{\overline{AB}} = (A \oplus B)C + AB = (\overline{A}B + A\overline{B})C + AB$

$= \overline{A}BC + A\overline{B}C + AB$

$= \overline{A}BC + A\overline{B}C + AB(C + \overline{C}) = \overline{A}BC + A\overline{B}C + ABC + AB\overline{C}$

$= \overline{A}BC + A\overline{B}C + (ABC + ABC) + AB\overline{C}$

$= \overline{A}BC + A\overline{B}C + ABC + AB(C + \overline{C}) = \overline{A}BC + A\overline{B}C + ABC + AB$

$= \overline{A}BC + A\overline{B}C + (ABC + ABC) + AB$

$= (\overline{A}BC + ABC) + (A\overline{B}C + ABC) + AB = BC + AC + AB$

(C)

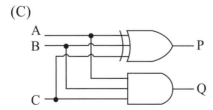

$P_{(C)} = A \oplus B \oplus C = P$

$Q_{(C)} = ABC \neq Q$

P.274　**4 (C)**。NAND(反及閘)$Y=\overline{ABC}$

$(A)\left(Y=\overline{ABC}=\overline{A}+\overline{B}+\overline{C}\right)\neq\left(\overline{A}\cdot\overline{B}\cdot\overline{C}\right)$

$(B)\left(Y=\overline{ABC}=\overline{A}+\overline{B}+\overline{C}\right)\neq\left(\overline{\overline{A}+B}\cdot\overline{C}=\overline{A}\cdot\overline{B}\cdot\overline{C}\right)$

$(C)\overline{A}+\overline{AB}+\overline{C}+\overline{BC}=\overline{A}+\left(\overline{A}+\overline{B}\right)+\overline{C}+\left(\overline{B}+\overline{C}\right)=\left(\overline{A}+\overline{A}\right)+\left(\overline{B}+\overline{B}\right)+\left(\overline{C}+\overline{C}\right)=\overline{A}+\overline{B}+\overline{C}$

$(D)\left(Y=\overline{ABC}=\overline{A}+\overline{B}+\overline{C}\right)\neq\left(\overline{A}\cdot\overline{BC}=\overline{A}\cdot\left(\overline{B}+\overline{C}\right)\right)$

5 (A)。$F=\overline{\overline{A\overline{BC}}\cdot\overline{\overline{B}\ \overline{A}(C+D)}\cdot\overline{\overline{DC}}}=\overline{\overline{A\overline{BC}}}+\overline{\overline{\overline{B}\ \overline{A}(C+D)}}+\overline{\overline{\overline{DC}}}=A\overline{BC}+\overline{B}\ \overline{A}(C+D)+DC$

$=A\overline{BC}+\overline{B}\ \overline{A}C+\overline{B}\ \overline{A}D+DC$

$=\left(A\overline{BC}+\overline{B}\ \overline{A}C\right)+\overline{B}\ \overline{A}D+DC=\overline{BC}+\overline{B}\ \overline{A}D+DC$

　6 (C)。$F(A,B,C,D)=\sum(1,3,7,11,15)+d(0,2,5)$

輸入				輸出
A	B	C	D	F(A,B,C,D)
0	0	0	1	1
0	0	1	1	1
0	1	1	1	1
1	0	1	1	1
1	1	1	1	1

已知d為不睬條件，設k值為對應函數值

輸入				輸出
A	B	C	D	F(A,B,C,D)
0	0	0	0	k
0	0	1	0	k
0	1	0	1	k

卡諾圖化簡為

CD \ AB	00	01	11	10
00	k	0	0	0
01	1	k	0	0
11	1	1	1	1
10	k	0	0	0

$$\Rightarrow F(A,B,C,D) = (\overline{A}+C)(\overline{A}+\overline{C}+D)(A+\overline{B}+D)$$

$$= (\overline{A}+C)\left[(\overline{A}+\overline{C}+D)(A+\overline{B})+(\overline{A}+\overline{C}+D)D\right]$$

$$= (\overline{A}+C)\left[(\overline{A}+\overline{C}+D)(A+\overline{B})+D\right] (\because x(x+y)=x)$$

$$= (\overline{A}+C)\left[(\overline{A}A+\overline{C}A+DA+\overline{A}\,\overline{B}+\overline{C}\,\overline{B}+D\overline{B})+D\right]$$

$$= (\overline{A}+C)\left[\overline{C}A+D+\overline{A}\,\overline{B}+\overline{C}\,\overline{B}\right](\because x\overline{x}=0 \because x+xy=x)$$

$$= (\overline{A}+C)\left[(\overline{A}\,\overline{B}+\overline{B}\,\overline{C}+\overline{C}A)+D\right](\because xy+yz+\overline{x}z=xy+\overline{x}z)$$

$$= (\overline{A}+C)\left[(\overline{A}\,\overline{B}+\overline{C}A)+D\right]$$

$$= \overline{A}\cdot\overline{A}\,\overline{B}+\overline{A}\cdot\overline{C}A+\overline{A}\cdot D+C\cdot\overline{A}\,\overline{B}+C\cdot\overline{C}A+C\cdot D$$

$$= \overline{A}\,\overline{B}+\overline{A}\cdot D+C\cdot D\left(\because x\overline{x}=0 \because x+xy=x\right)$$

$$= \overline{A}\,\overline{B}(\overline{A}D+A\overline{D})+\overline{A}\cdot D+C\cdot D\left(\because x\cdot 1=x \because x+\overline{x}=1\right)$$

$$= \overline{A}D+CD\left(\because x\overline{x}=0 \because x+xy=x\right)$$

$$= D(\overline{A}+C)$$

7 (A)。　$(254)_{10}=(11111110)_2$

2 ⌊254
2 ⌊127　餘0
2 ⌊63　餘1
2 ⌊31　餘1　　　(整數部分由下往上取)
2 ⌊15　餘1
2 ⌊7　餘1
2 ⌊3　餘1
　1　餘1

8 (A)。將十進制換成8位元的二進制，將減數換成1的補數後加1，把兩個二進位數值相加

2 ⌊16　　　　　　　2 ⌊32
2 ⌊8　餘0　　　　　2 ⌊16　餘0
2 ⌊4　餘0　　　　　2 ⌊8　餘0
2 ⌊2　餘0　　　　　2 ⌊4　餘0
　1　餘0　　　　　　2 ⌊2　餘0
　　　　　　　　　　　1　餘0

$16-32 \Rightarrow 10000-100000 \Rightarrow (00010000)_2-(00100000)_2$

$\underset{\Rightarrow}{2's}(00010000)_2+(11100000)_2$

```
  0 0 0 1 0 0 0 0
+ 1 1 1 0 0 0 0 0
─────────────────
1 1 1 1 0 0 0 0
```

9 (A)。(A)多工器：可由N條輸入的資料端將其中之一的資料送到唯一的輸出端

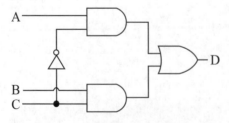

寫出輸出端布林代數$D=A\bar{C}+BC \Rightarrow$上圖為2×1多工器。

(B)半加器：有兩個輸入(加數、被加數)，有兩個輸出(和數、進位)。
全加器：有三個輸入(加數、被加數、低位進位數)，有兩個輸出(和數、進位)，下圖為全加法器。

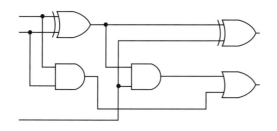

(C)比較器是比較兩個數字大小的一種組合邏輯電路，一位元數
　位比較器電路有兩個輸入(兩個數字a,b)，和三個輸出(代表
　a>b,a=b,a<b)。
(D)減法器和加法器的差別為及閘的輸入端會多加一個反相器。

10 (A)。

數字　接腳	A	B	C	D	E	F	G
3	亮	亮	亮	亮	暗	暗	亮
	0	0	0	0	1	1	0

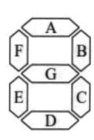

P.276 **11 (C)。**

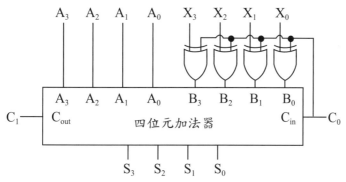

進位輸入$C_0=1$，

$$X_3X_2X_1X_0=0101\Rightarrow\begin{cases}B_3\,(01)_{XOR閘}=1\\B_2\,(11)_{XOR閘}=0\\B_1\,(01)_{XOR閘}=1\\B_0\,(11)_{XOR閘}=0\end{cases}，而A_3A_2A_1A_0=1010$$

$$\begin{array}{r}A_3A_2A_1A_0\\C_0\\+\quad B_3B_2B_1B_0\\\hline\end{array}\Rightarrow\begin{array}{r}1010\\1\\+\quad1010\\\hline 0001\quad0101\end{array}(\because 進位輸入C_0=1)$$

得進位輸出$C_1=1$，和$S_3S_2S_1S_0=0101$

12 (A)。(A)全加器比半加器多一個接收進位的輸入端C_{in}，全加器要考慮低位進位而半加器無C_{in}。

13 (B)。為JK正反器，由圖可知其低電位動作的Preset和Clear都連接到"1"當輸入訊號J＝K＝1，CLK採負緣觸發，JK正反器此時變成一個除頻電路，輸出頻率為輸入時脈頻率的$\frac{1}{2}$：

$$f_o = \frac{1}{2}f_i = \frac{100MHz}{2} = 50MHz$$

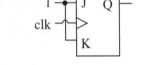

P.277 **14 (D)**。為D型正反器：負緣觸發控制D型正反器，在CLK為負緣時D輸入端才有作用且D、Q_{n+1}關係為

CK	D	Q_{n+1}
↓	0	0
↓	1	1

故選(D)。

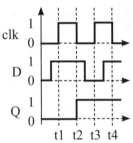

15 (C)。

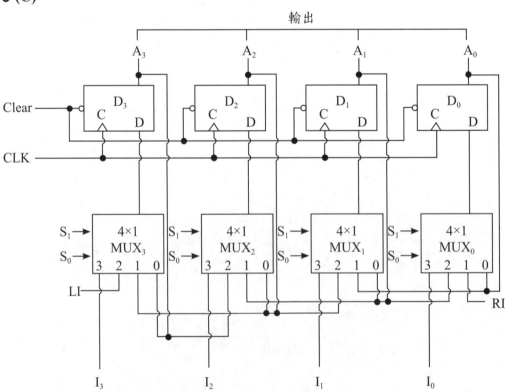

$S_1 S_0$為多工器的選擇線，其真值表為

選擇線		從資料輸入線I_0,I_1,I_2,I_3中選擇其中一個傳送到輸出端
S_1	S_0	Y
0	0	I_0
0	1	I_1
1	0	I_2
1	1	I_3

(A)$S_1 S_0$=00時，多工器選擇接腳0將輸入訊號I_0傳送到輸出端 ，資料傳送路徑如下圖：

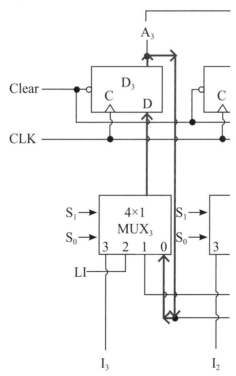

∵輸入訊號I_0通過D_3型正反器後，D_3型正反器的輸出再接回多工器資料輸入端0，其他D_2,D_1,D_0型正反器的訊號傳送路徑相同，故可知當S_1S_0=00，輸出結果不變、不影響。

(B)S_1S_0=01時，多工器選擇接腳1，將輸入訊號I_1送到輸出端，資料傳送路徑如下圖，觀察MUX_0多工器有R1訊號從接腳1輸入後通過D_0型正反器，D_0型正反器輸出會接到MUX_1多工器接腳1，由此推導到A_3輸出端會接回MUX_3多工器接腳0和MUX_2多工器接腳2，但因S_1S_0=0，多工器只選擇接腳1訊號傳送到輸出端，S_1S_0=0時為向左移位。

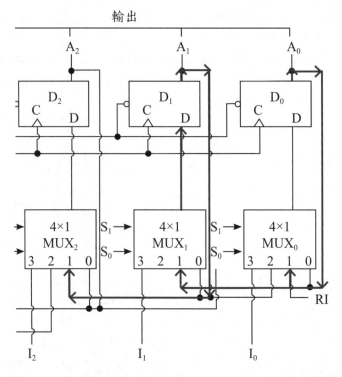

(C)S_1S_0=10時，多工器選擇接腳2，將輸入訊號I_2送到輸出端，資料傳送路徑如下圖，觀察MUX_3多工器有L1訊號從接腳2輸入後通過D_3型正反器，D_3型正反器輸出會接到MUX_2多工器接腳2，由此推導到A_0輸出端會接回MUX_0多工器接腳0和MUX_1多工器接腳1，但因S_1S_0=10，多工器只選擇接腳2訊號傳送到輸出端，S_1S_0=10時為向右移位。

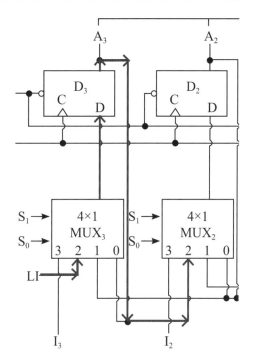

(D)S_1S_0=11時，多工器選擇接腳3，將輸入訊號I_3送到輸出端，觀察 MUX$_3$多工器有I_3訊號從接腳3輸入、MUX$_2$多工器有I_2訊號從接腳3 輸入、MUX$_1$多工器有I_1訊號從接腳3輸入、MUX$_0$多工器有I_0訊號從 接腳3輸入，為平行載入或並列載入。

P.278 **16 (A)**。

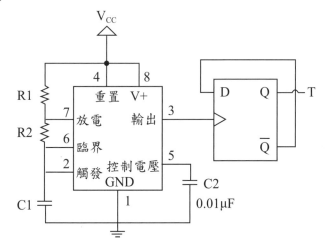

555定時器及D型正反器設計一個脈波產生器，V_{CC}=+5V~+15V、T輸 出脈波頻率為1KH$_Z$、C_1=0.01μF，電阻組合R_1=KΩ、R_2=KΩ
T_H=0.7(R_1+R_2)C_1=0.7(R_1+R_2)×0.01×10^{-6}=7(R_1+R_2)×10^{-9}
T_L=0.7$R_2$$C_1$)=0.7$R_2$×0.01×$10^{-6}$=7$R_2$$10^{-9}$
⇒T=T_H+T_L=7(R_1+2R_2)×10^{-9}

$$\begin{cases} f = \dfrac{1}{T} = \dfrac{1}{7(R_1+2R_2)\times 10^{-9}} = \dfrac{1}{7(R_1+2R_2)}\times 10^9 \\ f = 2\times f_{\text{輸出脈波}} = 2\times 1\text{KHz} = 2\text{KHz} \end{cases} \Rightarrow \dfrac{1}{7(R_1+2R_2)}\times 10^9 = 2\times 10^3$$

$$\Rightarrow R_1+2R_2 \approx 7.14\times 10^4 = 71.4\text{K}\Omega$$

(A)$R_1+2R_2=70\text{K}\Omega$
(B)$R_1+2R_2=105\text{K}\Omega$
(C)$R_1+2R_2=140\text{K}\Omega$
(D)$R_1+2R_2=210\text{K}\Omega$
選最相近的(A)。

17 (A)。狀態用Q_1Q_0表示，題意：

Q_1Q_0	S
$Q_1Q_0=00$	S_0
$Q_1Q_0=01$	S_1
$Q_1Q_0=10$	S_2
$Q_1Q_0=11$	S_3

若輸入為X其狀態圖為下圖：

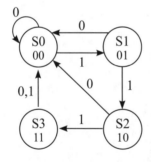

可利用狀態圖表，完成下列表格：

現在狀態	下次狀態	
(Q_1Q_0)	輸入X=0	輸入X=1
00	00	01
01	00	10
10	00	11
11	00	00

P.279 **18 (D)**。心肺復甦術的實施步驟依序為「叫、叫、C、A、B、D」

叫：確定病患有無意識

叫：請人撥打119求救並拿來AED

C：施行胸外心臟按摩，壓胸30下

A：打開呼吸道，維持呼吸道通暢

B：人工呼吸2次

D：依據機器指示操作電擊除顫

Note

Note

千華會員享有最值優惠！

立即加入會員

會員等級	一般會員	VIP 會員	上榜考生
條件	免費加入	1. 直接付費 1500 元 2. 單筆購物滿 5000 元 3. 一年內購物金額累計滿 8000 元	提供國考、證照相關考試上榜及教材使用證明
折價券	200 元	500 元	
購物折扣	‧平時購書 9 折 ‧新書 79 折 (兩周)	‧書籍 75 折　‧函授 5 折	
生日驚喜		●	●
任選書籍三本		●	●
學習診斷測驗(5科)		●	●
電子書(1本)		●	●
名師面對面		●	

facebook

公職‧證照考試資訊

專業考用書籍｜數位學習課程｜考試經驗分享

f 千華公職證照粉絲團

按讚送E-coupon

E-coupon　壹佰圓

Step1. 於FB「千華公職證照粉絲團」按 👍
Step2. 請在粉絲團的訊息，留下您的千華會員帳號
Step3. 粉絲團管理者核對您的會員帳號後，將立即回贈e-coupon 200元。

挑戰職涯發展的無限可能！

就業證照
食品品保、保健食品、會計事務、國貿業務、門市服務、就業服務

公職考試
高普考、初等考試、鐵路特考、一般警察、警察特考、司法特考、稅務特考、海巡、關務、移民特考

專技證照
導遊/領隊、驗光人員、職業安全、職業衛生人員、食品技師、記帳士、地政士、不動產經紀人、消防設備士/師

教職考試
教師檢定、教師甄試

國民營考試
中華郵政、中油、台電、台灣菸酒、捷運招考、經濟部聯招、台水、全國農會

銀行招考
臺灣銀行、土地銀行、合作金庫、兆豐銀行、第一銀行、台灣中小企銀、彰化銀行

金融證照
外匯人員、授信人員、衍生性金融產品、防治洗錢與打擊資恐、理財規劃、信託業務、內控內稽、金融數位力檢定

其 他
警專入學考、國軍人才招募、升科大四技、各類升資/等考試

影音輔助學習

透過書籍導讀影片、數位課程，能更深入了解編撰特色、應考技巧！隨處都是你的教室！

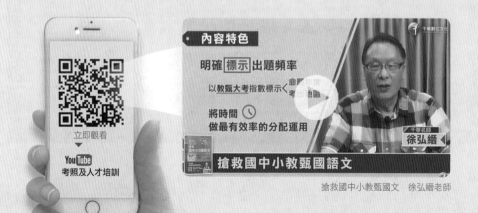

立即觀看
▼
YouTube
考照及人才培訓

內容特色
明確 標示 出題頻率
以教甄大考指數標示 命題趨勢 考試重點

將時間 做最有效率的分配運用

千華名師 徐弘縉

搶救國中小教甄國語文

搶救國中小教甄國文　徐弘縉老師

千華影音課程

打破傳統學習模式，結合多元媒體元素，利用影片、聲音、動畫及文字，達到更有效的影音學習模式。

立即體驗

○ 自我安排學習時段
○ 循序漸進厚植實力
○ 節省通勤時間
○ 提升準備效率

課程品質
業界No.1

2014、2017 獲頒學習科技金質獎

自主學習彈性佳
· 時間、地點可依個人需求好選擇
· 個人化需求選取進修課程

補強教學效果好
· 獨立學習主題　· 區塊化補強學習
· 一對一教師親臨教學

嶄新的影片設計
· 名師講解重點　· 簡單操作模式
· 趣味生動教學動畫　· 圖像式重點學習

優質的售後服務
· FB粉絲團、 Line@生活圈
· 專業客服專線

系統化
學習流程

04 STEP 考前衝刺期
實力養成期 01 STEP
專業強化期 02 STEP
03 STEP 能力檢驗期

四大關鍵階段
學習安排，
突破國考重重難關！

超越傳統教材限制，
系統化學習進度安排。

推薦課程

■ 公職考試　　　■ 特種考試
■ 國民營考試　　■ 教甄考試
■ 證照考試　　　■ 金融證照
■ 學習方法　　　■ 升學考試

學習方法 系列

如何有效率地準備並順利上榜，學習方法正是關鍵！

江湖流傳已久的必勝寶典
———— 國考救星 王永彰 ————

九個月上榜的驚人歷程	十餘年的輔導考生經驗	上榜率高達 95%

國考救星 · 讓考科從夢魘變成勝出關鍵
地表最狂 · 前輩跟著學都上榜了
輔導考生上榜率高達 95%
國考 YouTuber 王永彰精心編撰

作者公開九個月就考取的驚人上榜歷程，及長達十餘年的輔導考生經驗，所有國考生想得到的問題，都已收錄在這本《國考聖經》中。希望讓更多考生朋友，能站在一個可以考上的角度來思考如何投入心力去準備。

作者線上分享

網路書店

國考網紅 Youtuber
開心公主

首本著作

榮登博客來排行第 7 名
金石堂排行第 10 名

初考、普考、高考
連連上榜秘訣大公開

挑戰國考前必看的一本書

開心公主以淺白的方式介紹國家考試與豐富的應試經驗，與你無私、毫無保留分享擬定考場戰略的秘訣，內容囊括申論題、選擇題的破解方法，以及獲取高分的小撇步等，讓你能比其他人掌握考場先機！

作者線上分享

國家圖書館出版品預行編目(CIP)資料

(升科大四技)數位邏輯設計完全攻略/李俊毅編著. -- 第
二版. -- 新北市 ： 千華數位文化股份有限公司,
2022.11
　　面 ；　公分
ISBN 978-626-337-375-4 (平裝)

1.CST: 積體電路　2.CST: 設計

448.62　　　　　　　　　　111017091

[升科大四技] **數位邏輯設計 完全攻略**

編 著 者：李 俊 毅　　　　　　審 校 者：賴 威 東

發 行 人：廖 雪 鳳
登 記 證：行政院新聞局局版台業字第 3388 號
出 版 者：千華數位文化股份有限公司
　　　　　地址／新北市中和區中山路三段 136 巷 10 弄 17 號
　　　　　電話／ (02)2228-9070　　傳真／ (02)2228-9076
　　　　　郵撥／第 19924628 號　千華數位文化公司帳戶
　　　　　千華公職資訊網：http://www.chienhua.com.tw
　　　　　千華網路書店：http://www.chienhua.com.tw/bookstore
　　　　　網路客服信箱：chienhua@chienhua.com.tw

法律顧問：永然聯合法律事務所
編輯經理：甯開遠
主　　編：甯開遠
執行編輯：廖信凱
校　　對：千華資深編輯群
排版主任：陳春花
排　　版：蕭韻秀

出版日期：2022 年 11 月 10 日　　第二版／第一刷

本書如有勘誤或其他補充資料，
將刊於千華公職資訊網　http://www.chienhua.com.tw
歡迎上網下載。